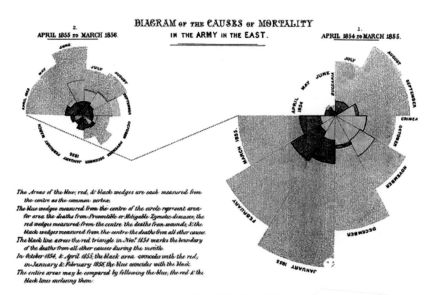

图 1-2 南丁格尔"极区图"

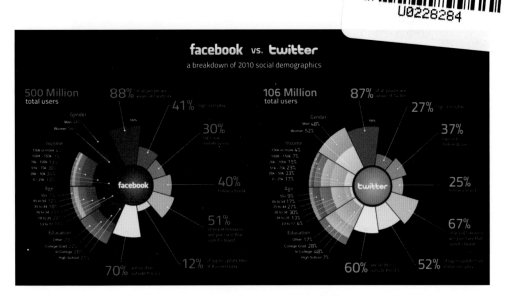

图 1-3 极区图:Facebook vs. 推特

图 1-4　萤火虫之路(http://quit007.deviantart.com/)

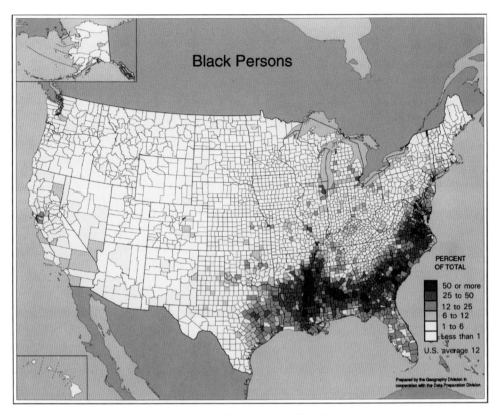

图 1-13　美国人口密度分布图

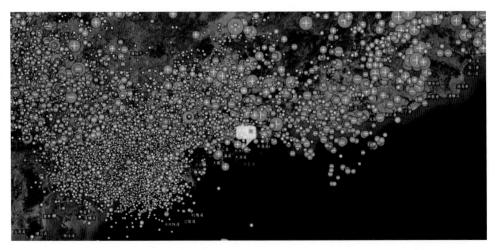

图 1-16　深圳受大面积雷电影响,某日 18 时至次日 0 时共记录到 9119 次闪电

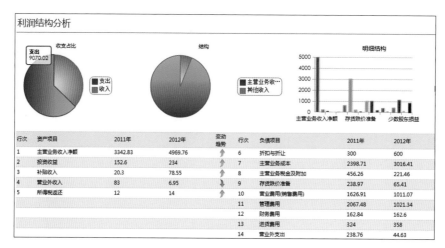

图 1-18 可视化数据分析

图 1-19 用 Tableau 制作的可视化数据分析图表

图 2-2　亚马逊丛林 30 年变迁

	A	B	C	D	E	F
1	产品	冰箱	电视	空调	风扇	洗衣机
2	销售额	31%	20%	15%	21%	13%

产品一季度销售额占比情况

产品一季度销售额占比情况

图 3-13　分离圆饼图扇区

	A	B	C	D	E
1	系列	系列A	系列B	系列C	系列D
2	店铺A	60%	13%	10%	17%
3	店铺B	49%	24%	16%	11%
4	店铺C	55%	23%	14%	8%

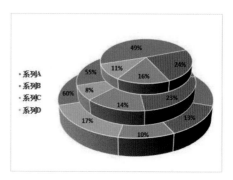

图 3-15　堆叠圆饼图

	A	B	C	D
1		客户数	辅助值	百分比
2	市场调查	1000	0	100%
3	潜在客户	800	100	80%
4	客户跟踪	600	200	60%
5	客户邀约	500	250	50%
6	客户谈判	300	350	30%
7	签订合同	100	450	10%

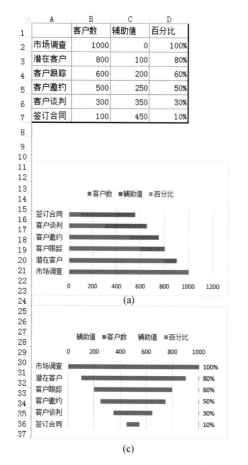

(a)

(c)

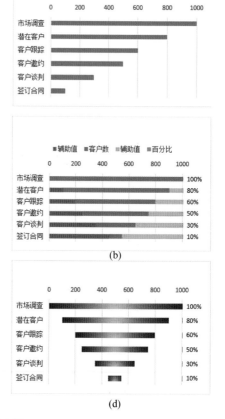

(b)

(d)

图 3-22　漏斗图

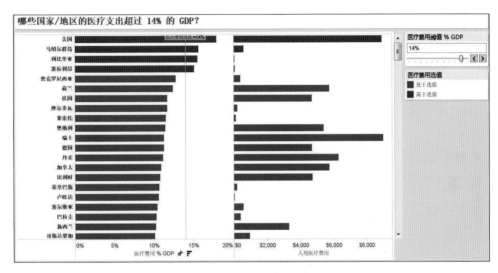

图 5-1　世界指标-医疗

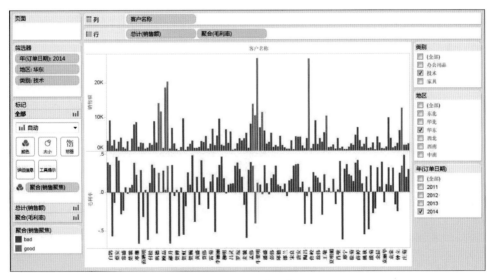

图 5-30　聚合计算

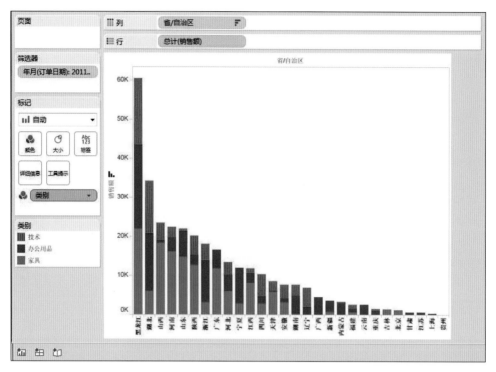

图 6-6　排序后的分省市销售额分类别分布

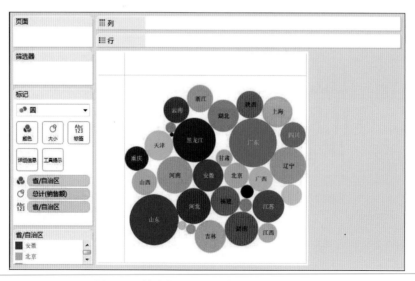

图 6-19　填充气泡图——分省市销售额情况

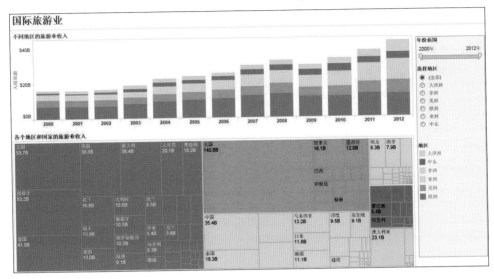

图 8-1　世界指标-旅游业

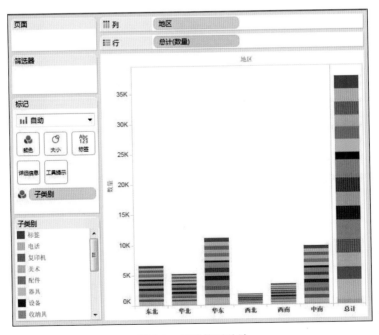

图 8-8　只计算列总计

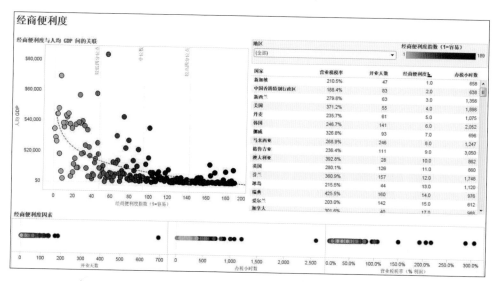

图 9-1　世界指标-经济

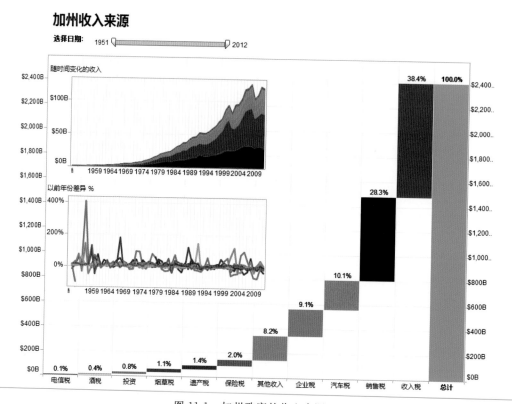

图 11-1　加州政府的收入来源

大数据系列丛书

大数据可视化技术

周苏　张丽娜　王文　编著

清华大学出版社

北京

内 容 简 介

这是一个大数据爆发的时代。面对信息的激流,多元化数据的涌现,大数据已经为个人生活、企业经营,甚至国家与社会的发展都带来了机遇和挑战,成为 IT 信息产业中最具潜力的蓝海。

大数据可视化这种新的视觉表达形式是应信息社会蓬勃发展而出现的——因为我们不仅要呈现世界,更重要的是要通过呈现来处理更庞大的数据,理解各种各样的数据集合,表现多维数据之间的关联。换句话说,就是归纳数据内在的模式、关联和结构。复杂数据可视化既涉及科学也涉及设计,它的艺术性实际上是使用独特手法展示万千世界的某个局部,从而提出问题。大数据可视化,位于科学、设计和艺术三学科的交叉领域(准确地说,应该是位于三个不同维度的人类活动的交叉领域),蕴藏着无限可能性。

大数据可视化技术是一门理论性和实践性都很强的课程。本教材针对计算机、信息管理和其他相关专业学生的发展需求,系统、全面地介绍了关于大数据技术及其可视化的基本知识和技能,详细介绍了数据可视化之美、Excel 数据可视化方法、Excel 数据可视化应用、Tableau 应用初步、Tableau 数据管理与计算、Tableau 可视化分析、Tableau 预测分析、Tableau 仪表板、Tableau 故事、Tableau 分享与发布以及课程设计与实验总结等内容,共 11 章。各章均配套设计了导读案例、实验与思考等部分,具有较强的系统性、可读性和实用性。

本书是为高等院校相关专业"大数据可视化"、"数据媒体设计"等课程全新设计编写的,具有丰富实践特色的主教材,也可供有一定实践经验的软件开发人员、管理人员参考和作为继续教育的教材。

与本书配套的教学 PPT 课件等文档可从清华大学出版社网站的下载区下载,欢迎教师与作者交流并索取为本书教学配套的相关资料:zhousu@qq.com,QQ:81505050,个人博客:http://blog.sina.com.cn/zhousu58。

图书在版编目(CIP)数据

大数据可视化技术/周苏,张丽娜,王文编著. —北京:清华大学出版社,2016(2022.12重印)
(大数据系列丛书)
ISBN 978-7-302-44978-2

Ⅰ. ①大… Ⅱ. ①周… ②张… ③王… Ⅲ. ①数据处理 Ⅳ. ①TP274

中国版本图书馆 CIP 数据核字(2016)第 216210 号

责任编辑:张 玥 薛 阳
封面设计:常雪影
责任校对:梁 毅
责任印制:丛怀宇

出版发行:清华大学出版社
　　　网　　　址:http://www.tup.com.cn,http://www.wqbook.com
　　　地　　　址:北京清华大学学研大厦 A 座　　　邮　　编:100084
　　　社　总　机:010-83470000　　　邮　　购:010-62786544
　　　投稿与读者服务:010-62776969,c-service@tup.tsinghua.edu.cn
　　　质　量　反　馈:010-62772015,zhiliang@tup.tsinghua.edu.cn
　　　课　件　下　载:http://www.tup.com.cn,010-83470236
印 装 者:天津鑫丰华印务有限公司
经　　销:全国新华书店
开　　本:185mm×260mm　　印　张:16.5　　彩　插:5　　字　　数:415 千字
版　　次:2016 年 11 月第 1 版　　　印　　次:2022 年 12 月第 9 次印刷
定　　价:55.00 元

产品编号:071417-03

前　言

PREFACE

大数据(Big Data)的力量,正在积极地影响着我们社会的方方面面,它冲击着社会的各行各业,同时也正在彻底地改变人们的学习和日常生活。如今,通过简单、易用的移动应用和基于云端的数据服务,人们能够追踪自己的行为以及饮食习惯,还能提升个人的健康状况。因此,有必要真正理解大数据这个极其重要的议题。

然而,仅有数据是不够的。对于身处大数据时代的企业而言,成功的关键还在于找出大数据所隐含的真知灼见。"以前,人们总说信息就是力量,但如今,对数据进行分析、利用和挖掘才是力量之所在。"

大数据可视化这种新的视觉表达形式是应信息社会蓬勃发展而出现的——因为我们不仅要呈现世界,更重要的是要通过呈现来处理更庞大的数据,理解各种各样的数据集合,表现多维数据之间的关联。换句话说,就是归纳数据内在的模式、关联和结构。复杂数据可视化既涉及科学也涉及设计,它的艺术性实际上是使用独特手法展示万千世界的某个局部,从而提出问题。大数据可视化,位于科学、设计和艺术三学科的交叉领域(准确地说,应该是位于三个不同维度的人类活动的交叉领域),蕴藏着无限可能性。

对于在校大学生来说,大数据及其可视化的理念、技术与应用是一门理论性和实践性都很强的"必修"课程。在长期的教学实践中,我们体会到,坚持"因材施教"的重要原则,把实践环节与理论教学相融合,抓实践教学促进理论知识的学习,是有效地改善教学效果和提高教学水平的重要方法之一。本书的主要特色是:理论联系实际,结合一系列了解和熟悉大数据可视化理念、技术与应用的学习和实践活动,把大数据可视化的相关概念、基础知识和技术技巧融入在实践当中,使学生保持浓厚的学习热情,加深对大数据及其可视化技术的兴趣、认识、理解和掌握。

本书是为高等院校相关专业,尤其是计算机、信息管理类专业开设"大数据"相关课程而全新设计编写、具有丰富实践特色的主教材,也可供有一定实践经验的 IT 应用人员、管理人员参考和作为继续教育的教材。

本书系统、全面地介绍了大数据可视化技术的知识和应用技能,详细介绍了数据可视化之美、Excel 数据可视化方法、Excel 数据可视化应用、Tableau 应用初步、Tableau 数据管理与计算、Tableau 可视化分析、Tableau 预测分析、Tableau 仪表板、Tableau 故事、Tableau 分享与发布以及课程设计与实验总结等内容,共 11 章。各章均配套设计了导读案例、实验与思考等部分,具有较强的系统性、可读性和实用性。

结合课堂教学方法改革的要求,全书设计了课程教学过程,为每章教学内容都针对性地安排了导读案例和课后实验与思考等环节,要求和指导学生在课前、课后阅读课文、网络搜索浏览的基础上,延伸阅读,深入理解课程知识内涵。

本课程的教学进度设计见课程教学进度表,该表可作为教师授课参考和学生课程学习的概要。实际执行时,应按照教学大纲编排教学进度,按照校历考虑本学期节假日安排来确定本课程的教学进度。

课程教学进度表

(20 —20 学年第 学期)

课程号:_____ 课程名称: 大数据可视化技术 学分: 2 周学时: 2
总学时: 32 (其中理论学时(课内): 32 (课外)实践学时: 24)
主讲教师:_____

序号	校历周次	章节(或实验、习题课等)名称与内容	学时	教学方法	课后作业布置
1	1	引言与第1章 数据可视化之美	2		
2	2	第1章 数据可视化之美	2		实验与思考
3	3	第2章 Excel 数据可视化方法	2		实验与思考
4	4	第3章 Excel 数据可视化应用	2		
5	5	第3章 Excel 数据可视化应用	2		实验与思考
6	6	第4章 Tableau 应用初步	2		实验与思考
7	7	第5章 Tableau 数据管理与计算	2	导读案例	
8	8	第5章 Tableau 数据管理与计算	2	课堂教学	实验与思考
9	9	第6章 Tableau 可视化分析	2	实验与思考	
10	10	第6章 Tableau 可视化分析	2		实验与思考
11	11	第7章 Tableau 预测分析	2	课程设计	
12	12	第7章 Tableau 预测分析	2		实验与思考
13	13	第8章 Tableau 仪表板	2		实验与思考
14	14	第9章 Tableau 故事	2		实验与思考
15	15	第10章 Tableau 分享与发布	2		实验与思考
16	16	第11章 课程设计与实验总结	2		课程设计与实验总结

填表人(签字):   日期:

系(教研室)主任(签字):   日期:

本课程的教学评测可以从以下几个方面入手,即:

(1)每章的导读案例(11 次);

(2)每章的实验与思考(10 次);

(3)课程设计与实验总结(第 11 章);

(4)结合平时考勤;

（5）任课老师认为必要的其他考核方法。

与本书配套的教学 PPT 课件等文档可从清华大学出版社网站的下载区下载，欢迎教师与作者交流并索取为本书教学配套的相关资料并交流：zhousu@qq.com，QQ：81505050，个人博客：http://blog.sina.com.cn/zhousu58。

本书的编写得到了浙江安防职业技术学院、浙江商业职业技术学院、浙江大学城市学院等多所院校的支持，在此一并表示感谢！

周　苏
2016 年初夏于西子湖畔

目 录

CONTENTS

数据可视化之美

【导读案例】

南丁格尔"极区图"

弗洛伦斯·南丁格尔(1820年5月12日出生,1910年8月13日去世,见图1-1)是世界上第一个真正意义上的女护士,被誉为现代护理业之母,5·12国际护士节就是为了纪念她,这一天是南丁格尔的生日。除了在医学和护理界的辉煌成就,实际上,南丁格尔还是一名优秀的统计学家——她是英国皇家统计学会的第一位女性会员,也是美国统计学会的会员。据说南丁格尔早期大部分声望都来自其对数据清楚且准确的表达。

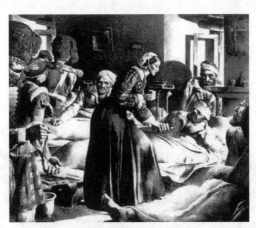

图1-1 南丁格尔

南丁格尔生活的时代各个医院的统计资料非常不精确,也不一致,她认为医学统计资料有助于改进医疗护理的方法和措施。于是,在她编著的各类书籍、报告等材料中使用了大量的统计图表,其中最为著名的就是极区图,也叫南丁格尔玫瑰图(见图1-2)。南丁格尔发现,战斗中阵亡的士兵数量少于因为受伤却缺乏治疗的士兵。为了挽救更多的士兵,她画了这张《东部军队(战士)死亡原因示意图》(1858年)。

这张图描述了1854年4月至1856年3月期间士兵死亡情况,右图是1854年4月至1855年3月,左图是1855年4月至1856年3月,用蓝、红、黑三种颜色表示三种不同的情况,蓝色代表可预防和可缓解的疾病治疗不及时造成的死亡,红色代表战场阵亡,黑色代

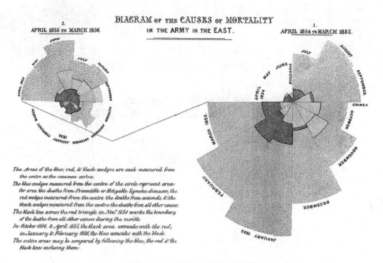

图 1-2　南丁格尔"极区图"

表其他死亡原因。图表各个扇区角度相同,用半径及扇区面积来表示死亡人数,可以清晰地看出每个月因各种原因死亡的人数。显然,1854—1855 年,因医疗条件而造成的死亡人数远远大于战死沙场的人数,这种情况直到 1856 年年初才得到缓解。南丁格尔的这张图表以及其他图表"生动有力地说明了在战地开展医疗救护和促进伤兵医疗工作的必要性,打动了当局者,增加了战地医院,改善了军队医院的条件,为挽救士兵生命做出了巨大贡献"。

南丁格尔"极区图"是统计学家对利用图形来展示数据进行的早期探索,南丁格尔的贡献,充分说明了数据可视化的价值,特别是在公共领域的价值。

图 1-3 是社交网站(Facebook vs. 推特)对比信息图,是一张典型的南丁格尔玫瑰图(极区图)案例。极区图在数据统计类信息图表中是常见到的一类图表形式。

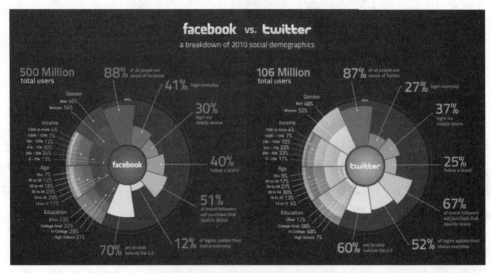

图 1-3　极区图:Facebook vs. 推特

阅读上文,请思考、分析并简单记录:

(1)你看到过且印象深刻的数据可视化的案例。

答:_____

_____

_____

(2)你此前知道南丁格尔吗?你此前是否知道南丁格尔玫瑰图(极区图)?

答:_____

_____

_____

(3)发展大数据可视化,那么传统的数据或信息的表示方式是否还有意义?请简述你的看法。

答:_____

_____

_____

_____

_____

(4)请简单记述你所知道的上一周发生的国际、国内或者身边的大事。

答:_____

_____

_____

_____

_____

_____

1.1　数据与可视化

数据是什么?大部分人会含糊地回答说,数据是一种类似电子表格的东西,或者一大堆数字。有点儿技术背景的人会提及数据库或者数据仓库。然而,这些回答只说明了获取数据的格式和存储数据的方式,并未说明数据的本质是什么,以及特定的数据集代表着什么。

1.1.1　数据是什么

要想把数据可视化,就必须知道它表达的是什么。事实上,数据是现实世界的一个快照,会传递给我们大量的信息。一个数据点可以包含时间、地点、人物、事件、起因等因素,因此,一个数字不再只是沧海一粟。可是,从一个数据点中提取信息并不像一张照片那么简单。你可以猜到照片里发生的事情,但如果对数据心存侥幸,认为它非常精确,并和周围的事物紧密相关,就有可能曲解真实的数据。你需要观察数据产生的来龙去脉,并把数据集作为一个整体来理解。关注全貌,比只注意到局部更容易做出准确的判断。

通常在实施记录时,由于成本太高或者缺少人力,人们不大可能记录下一切,而是只能获取零碎的信息,然后寻找其中的模式和关联,凭经验猜测数据所表达的含义,数据是对现实世界的简化和抽象表达。当你可视化数据的时候,其实是在将对现实世界的抽象表达可视化,或至少是将它的一些细微方面可视化。可视化能帮助人们从一个个独立的数据点中解脱出来,换一个不同的角度去探索它们。

数据和它所代表的事物之间的关联既是把数据可视化的关键,也是全面分析数据的关键,同样还是深层次理解数据的关键。计算机可以把数字批量转换成不同的形状和颜色,但是必须建立起数据和现实世界的联系,以便使用图表的人能够从中得到有价值的信息。数据会因其可变性和不确定性而变得复杂,但放入一个合适的背景信息中,就会变得容易理解了。

1.1.2　数据的可变性

德国物理学家兼业余摄影师克里斯蒂安·克维塞克经常晚上带着相机到小镇的森林里,用长时间曝光摄影,抓拍萤火虫在树丛中飞舞的情景。这种昆虫特别小,在白天几乎看不见,但是在晚上,除了树林里,又很难在别的地方看到。

虽然对观察者来说,萤火虫飞行中的每个时刻都像是空间中随机的点,但克维塞克的照片中还是出现了一个模式。如图 1-4 所示,看上去萤火虫们好像沿着小径,环绕着大树,朝既定的方向飞舞。

图 1-4　萤火虫之路(http://quit007.deviantart.com/)

然而,这些依然是随机的。下一次你可以根据这条飞行路线图猜测萤火虫会往哪儿飞吗?一只萤火虫随时上下左右地飞蹿,这种变化使得萤火虫的每次飞行都是独一无二的。也正因为如此,观察萤火虫才那么有趣,拍出来的照片才那么漂亮。你关心的是萤火虫飞行的路径,而它们的起点、终点和平均位置并没有那么重要。

从这些数据中,可以发现一些模式、趋势和周期,但从 A 点到 B 点往往都不是一条平滑的线路(实际上,几乎从来都不是)。总数、平均值和聚合测量可能很有趣,但它们都只揭示了冰山一角而已。数据中的波动才是最有趣、最重要的部分。

下面以美国国家公路交通安全管理局发布的公路交通事故数据为例，来了解数据的可变性。

从 2001 年到 2010 年，根据美国国家公路交通安全管理局发布的数据，全美共发生了363 839 起致命的公路交通事故。这个总数代表着那部分逝去的生命，如图 1-5 所示把所有注意力放在这个数字上，能让你深思，甚至反省自己的一生。

图 1-5　2001—2010 年全美公路致命交通事故总数

然而，除了安全驾驶之外，从这个数据中还学到什么呢？美国国家公路交通安全管理局提供的数据具体到了每一起事故及其发生的时间和地点，我们可以从中了解到更多的信息。

如果在地图中画出 2001—2010 年间全美国发生的每一起致命的交通事故，用一个点代表一起事故，就可以看到事故多集中发生在大城市和高速公路主干道上，而人烟稀少的地方和道路几乎没有事故发生过。这样，这幅图除了告诉我们对交通事故不能掉以轻心之外，还告诉了我们关于美国公路网络的情况。

观察这些年里发生的交通事故，人们会把关注焦点切换到这些具体的事故上。图 1-6 显示了每年发生的交通事故数，所表达的内容与简单告诉你一个总数完全不同。虽然每年仍会发生成千上万起交通事故，但通过观察可以看到，2006—2010 年间事故显著呈下降趋势。

从图 1-7 中可以看出，交通事故发生的季节性周期很明显。夏季是事故多发期，因为此时外出旅游的人较多。而在冬季，开车出门旅行的人相对较少，事故就会少

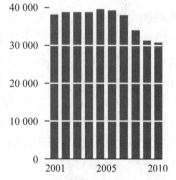

图 1-6　每年的致命交通事故数

很多。每年都是如此。同时，还可以看到 2006—2010 年呈下降趋势。

如果比较那些年的具体月份，还有一些变化。例如，在 2001 年，8 月份的事故最多，9月份相对回落。从 2002 年到 2004 年每年都是这样。从 2005 年到 2007 年，每年 7 月份的事故最多。从 2008 年到 2010 年又变成了 8 月份。另一方面，因为每年 2 月份的天数最少，事故数也就最少，只有 2008 年例外。因此，这里存在着不同季节的变化和季节内的变化。

我们还可以更加详细地观察每日的交通事故数，例如高峰和低谷模式，可以看出周循

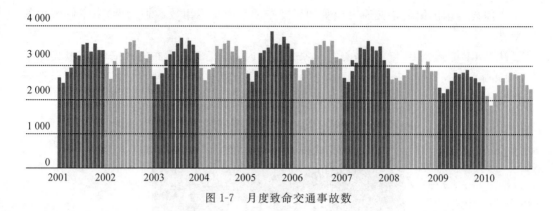

图 1-7　月度致命交通事故数

环周期,就是周末比周中事故多,每周的高峰日在周五、周六和周日间波动。可以继续增加数据的粒度,即观察每小时的数据。

　　重要的是,查看这些数据比查看平均数、中位数和总数更有价值,那些测量值只是告诉了你一小部分信息。大多数时候,总数或数值只是告诉了你分布的中间在哪里,而未能显示出应该关注的细节。

　　一个独立的离群值可能是需要修正或特别注意的。也许在你的体系中随着时间推移发生的变化预示有好事(或坏事)将要发生。周期性或规律性的事件可以帮助你为将来做好准备,但面对那么多的变化,它往往就失效了,这时应该退回到整体和分布的粒度来进行观察。

　　麻省理工学院和哈佛大学的科学家们在他们所著的一篇《为什么现实生活中识别可视物体这么困难?》的论文中说道:"人们可以轻松识别可视物体,这种轻松正是计算机识别的难处。主要挑战就是图像的多变性——例如物体的位置、大小、方位、姿势、亮度等,任何一个物体都可以在视网膜上投射下无数个不同的图像。"简单说来,图像变化多端,因此很难分辨不同的图片是否包含相同的人或物。而且,图案识别也更加困难;尽管要在一个句子中找出"总统"这个单词很容易,在上百万个句子中找出它来也相对简单,但要在图片中找出拥有"总统"这个头衔的人却困难重重。

　　让某个人描述一张图片的特征很容易,但要描述上百万张图片该怎么办呢?为了解决图片特征问题,像亚马逊和 Facebook 这样的公司开始向众包市场①,如 oDesk 平台和亚马逊土耳其机器人②寻求帮助。在这些市场中,满足特定条件的版主在通过了某项测试之后便有权使用图片,并对这些图片进行描绘和过滤。如今的计算机比较擅长帮我们制作可视化效果。而在将来,随着像谷歌眼镜这样的产品不断演变,它们能更好地帮我们理解实时的可视化信息。

---

　　① **众包**(Crowdsourcing)指的是一个公司或机构把过去由员工执行的工作任务,以自由自愿的形式外包给非特定的(而且通常是大型的)大众网络的做法。众包的任务通常是由个人来承担,但如果涉及需要多人协作完成的任务,也有可能以依靠开源的个体生产的形式出现。众包植根于一个平等主义原则:每个人都拥有对别人有价值的知识或才华。众包作为桥梁将"我"和"他人"联系起来。

　　② **亚马逊土耳其机器人**(Amazon Mechanical Turk)是一个 Web 服务应用程序接口(API),开发商通过它将人的智能与远程过程调用(RPC)整合,用来完成计算机很难完成但人工智能容易执行的任务,如写产品描述等。

1.1.3　数据的不确定性

通常,大部分数据都是估算的,并不精确。分析师会研究一个样本,并据此猜测整体的情况。你会基于自己的知识和见闻来猜测,即使大多数时候你确定猜测是正确的,但仍然存在着不确定性。例如,笔记本电脑上的电池寿命估计会按小时增量跳动,地铁预告说下一班车将会在 10 分钟内到达,但实际上是 11 分钟,或者预计在周一送达的一份快件往往周三才到。

如果你的数据是一系列平均数和中位数,或者是基于一个样本群体的一些估算,就应该时时考虑其存在的不确定性。当人们基于类似全国人口或世界人口的预测数做影响广泛的重大决定时,这一点尤为重要,因为一个很小的误差可能会导致巨大的差异。

换个角度,想象一下你有一罐彩虹糖,你想猜猜罐子里每种颜色的彩虹糖各有多少颗。如果把一罐彩虹糖统统倒在桌子上,一颗颗数过去,就不用估算了,你已经得到了总数。但是你只能抓一把,然后基于手里的彩虹糖推测整罐的情况。这一把越大估计值就越接近整罐的情况,也就越容易猜测。相反,如果只能拿一颗彩虹糖,那你几乎就无法推测罐子里的情况。

只拿一颗彩虹糖,误差会很大。而拿一大把彩虹糖,误差会小很多。如果把整罐都数一遍,误差就是零。当有数百万颗彩虹糖装在上千个大小不同的罐子里时,分布各不相同,每一把的大小也不一样,估算就会变得更复杂了。接下来,把彩虹糖换成人,把罐子换成城、镇和县,把那一把彩虹糖换成随机分布的调查,误差的含义就有分量多了。

如果不考虑数据的真实含义,很容易产生误解。要始终考虑到不确定性和可变性。这也就到了背景信息发挥作用的时候了。

1.1.4　数据的背景信息

仰望夜空,满天繁星看上去就像平面上的一个个点(见图 1-8)。你感觉不到视觉深度,会觉得星星都离你一样远,很容易就能把星空直接搬到纸面上,于是星座也就不难想

图 1-8　星空视图

象了,把一个个点连接起来即可。然而,实际上不同的星星与你的距离可能相差许多光年。假如你能飞得比星星还远,星座看起来又会是什么样子呢?

如果切换到显示实际距离的模式,星星的位置转移了,原先容易辨别的星座几乎认不出了。从新的视角出发,数据看起来就不同了。这就是背景信息的作用。背景信息可以完全改变你对某一个数据集的看法,它能帮助你确定数据代表着什么以及如何解释。在确切了解了数据的含义之后,你的理解会帮你找出有趣的信息,从而带来有价值的可视化效果。

使用数据而不了解除数值本身之外的任何信息,就好比拿断章取义的片段作为文章的主要论点引用一样。这样做或许没有问题,但却可能完全误解说话人的意思。你必须首先了解何人、如何、何事、何时、何地以及何因,即元数据,或者说关于数据的数据,然后才能了解数据的本质是什么。

何人(Who): "谁收集了数据"和"数据是关于谁的"同样重要。

如何(How): 大致了解怎样获取你感兴趣的数据。如果数据是你收集的,那一切都好,但如果数据只是从网上获取到的,这样,你不需要知道每种数据集背后精确的统计模型,但要小心小样本,样本小,误差率就高,也要小心不合适的假设,比如包含不一致或不相关信息的指数或排名等。

何事(What): 你还要知道自己的数据是关于什么的,你应该知道围绕在数字周围的信息是什么。你可以跟学科专家交流,阅读论文及相关文件。

何时(When): 数据大都以某种方式与时间关联。数据可能是一个时间序列,或者是特定时期的一组快照。不论是哪一种,你都必须清楚地知道数据是什么时候采集的。由于只能得到旧数据,于是很多人便把旧数据当成现在的对付一下,这是一种常见的错误。事在变,人在变,地点也在变,数据自然也会变。

何地(Where): 正如事情会随着时间变化,它们也会随着城市、地区和国家的不同而变化:例如,不要将来自少数几个国家的数据推及整个世界。同样的道理也适用于数字定位。来自推特或 Facebook 之类网站的数据能够概括网站用户的行为,但未必适用于物理世界。

为何(Why): 最后,你必须了解收集数据的原因,通常这是为了检查一下数据是否存在偏颇。有时人们收集甚至捏造数据只是为了应付某项议程,应当警惕这种情况。

首要任务是竭尽所能地了解自己的数据,这样,数据分析和可视化会因此而增色。可视化通常被认为是一种图形设计或破解计算机科学问题的练习,但是最好的作品往往来源于数据。要可视化数据,必须理解数据是什么,它代表了现实世界中的什么,以及应该在什么样的背景信息中解释它。

在不同的粒度上,数据会呈现出不同的形状和大小,并带有不确定性,这意味着总数、平均数和中位数只是数据点的一小部分。数据是曲折的、旋转的,也是波动的、个性化的,甚至是富有诗意的。因此,可以看到多种形式的可视化数据。

1.1.5 打造最好的可视化效果

当然存在计算机不需要人为干涉就能单独处理数据的例子。例如,当要处理数十亿条搜索查询的时候,要想人为地找出与查询结果相匹配的文本广告是根本不可能的。同样,计算机系统非常善于自动定价,并在百万多个交易中快速判断出哪些具有欺骗性。

但是,人类可以根据数据做出更好的决策。事实上,我们拥有的数据越多,从数据中提取出具有实践意义的见解就显得越发重要。可视化和数据是相伴而生的,将这些数据可视化,可能是指导我们行动的最强大的机制之一。

可视化可以将事实融入数据,并引起情感反应,它可以将大量数据压缩成便于使用的知识。因此,可视化不仅是一种传递大量信息的有效途径,它还和大脑直接联系在一起,并能触动情感,引起化学反应。可视化可能是传递数据信息最有效的方法之一。研究表明,不仅可视化本身很重要,何时、何地、以何种形式呈现对可视化来说也至关重要。

通过设置正确的场景,选择恰当的颜色甚至选择一天中合适的时间,可视化可以更有效地传达隐藏在大量数据中的真知灼见。科学证据证明了在传递信息时环境和传输的重要性。

1.2　数据与图形

将信息可视化能有效地抓住人们的注意力。有的信息如果通过单纯的数字和文字来传达,可能需要花费数分钟甚至几小时,甚至可能无法传达;但是通过颜色、布局、标记和其他元素的融合,图形却能够在几秒钟之内就把这些信息传达给我们。

1.2.1　地图传递信息

假设你是第一次来到华盛顿,你很兴奋,想到处跑跑,参观白宫和各处的纪念碑、博物馆。为此,你需要利用当地的交通系统——地铁。这看上去挺简单,但如果没有地图,不知道怎么走,那么即使遇上个把好心人热情指点,要弄清楚搭哪条线路,在哪个站上车、下车,这简直就是一场噩梦。不过,幸运的是,华盛顿地铁图(见图1-9)可以传达这些数据信息。

地图上每条线路的所有站点都按照顺序用不同颜色标记出来,还可以在上面看到线路交叉的站点。这样一来,要知道在哪里换乘,就很容易了。可以说突然之间,弄清楚如何搭乘地铁变成了轻而易举的事情。地铁图呈献的不仅是数据信息,更是清晰的认知。

你不仅知道了该搭乘哪条线路,还大概知道了到达目的地需要花多长时间。无须多想,你就能知道到达目的地有几站,每个站之间大概需要几分钟。除此之外,地铁图上的路线不仅标注了名字或终点站,还使用了不同的颜色——红、黄、蓝、绿、橙来帮助你辨认。这样一来,不管是在地图上还是地铁外的墙壁上,只要想查找地铁线路,都能通过颜色快速辨别。

通过仔细阅读华盛顿地铁图,理清了头绪,你发现其实华盛顿特区只有86个地铁站。日本东京地铁系统包括东京地铁公司(Tokyo Metro)和都营地铁公司(the Toei)两大地铁运营系统,一共有274个站。算上东京更大片区的所有铁路系统,东京一共有882个车站(见图1-10)。要是没有地图的话,人们将很难了解这么多的站台信息。

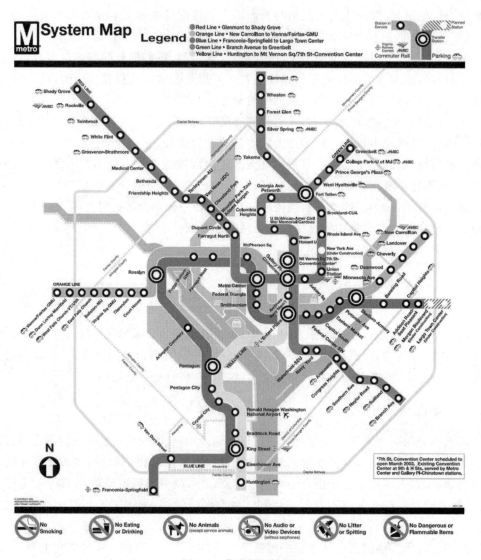

图 1-9　华盛顿地铁图

1.2.2　数据与走势

我们在使用电子表格软件处理数据时会发现,要从填满数字的单元格中发现走势是困难的。这就是诸如微软电子表格(Microsoft Excel)这类软件内置图表生成功能的原因之一。一般来说,我们在看一个折线图、饼状图或条形图的时候,更容易发现事物的变化走势(见图 1-11)。

人们在制定决策的时候了解事物的变化走势至关重要。不管是讨论销售数据还是健康数据,一个简单的数据点通常不足以告诉我们事情的整个变化走势。

投资者常常要试着评估一个公司的业绩,一种方法就是及时查看公司在某一特定时刻的数据。比方说,管理团队在评估某一特定季度的销售业绩和利润时,若没有将之前几

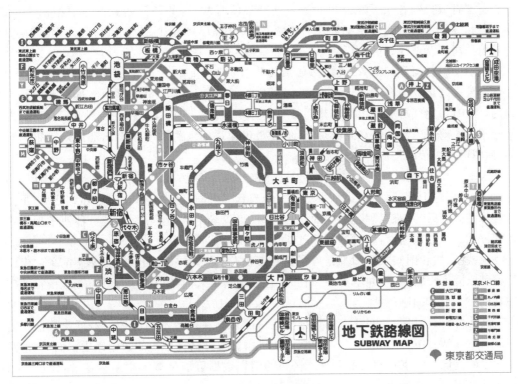

图 1-10　东京地铁图

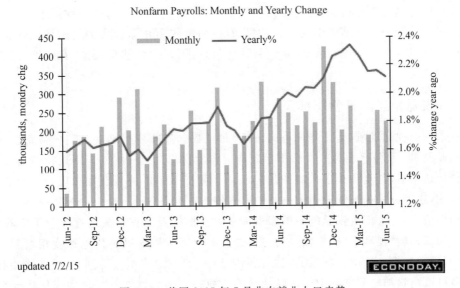

图 1-11　美国 2015 年 7 月非农就业人口走势

个季度的情况考虑进去的话,他们可能会总结说公司运营状况良好。但实际上,投资者没有从数据中看出公司每个季度的业绩增幅都在减少。表面上看公司的销售业绩和利润似乎还不错,而事实上如果不想办法来增加销量,公司甚至很快就会走向破产。

　　管理者或投资者在了解公司业务发展趋势的时候,内部环境信息是重要指标之一。管理者和投资者同时也需要了解外部环境,因为外部环境能让他们了解自己的公司相对于其他公司运营情况如何。

　　在不了解公司外部运营环境时,如果某个季度销售业绩下滑,管理者就有可能会错误地认为公司的运营情况不好。可事实上,销售业绩下滑的原因可能是由大的行业问题引起的,例如,房地产行业受房屋修建量减少的影响,航空业受出行减少的影响等。但是,即使管理者了解了内部环境和外部环境,但要想仅通过抽象的数字来看出端倪还是很困难的,而图形可以帮助他们解决这一问题。

　　大卫·麦克坎德莱斯说:"可视化是压缩知识的一种方式"。减少数据量是一种压缩方式,如采用速记、简写的方式来表示一个词或者一组词。但是,数据经过压缩之后,虽然更容易存储,却让人难以理解。然而,图片不仅可以容纳大量信息,还是一种便于理解的表现方式。在大数据里,这样的图片就叫作"可视化"。

　　地铁图、饼状图和条形图都是可视化的表现方式。乍一看,可视化似乎很简单。但由于种种原因,要理解起来并不容易。首先,它很难满足人们希望将所有数据相互衔接并出现在同一个地方的愿望。

　　其次,内部环境和外部环境的数据信息可能存储在两个不同的地方。行业数据可能存储在市场调查报告之中,而公司的具体销售数据则存储在公司的数据库中。而且,这两种数据的存储模式也有细微的差别。公司的销售数据可能是按天更新存储的,而可用的行业数据可能只有季度数据。

　　最后,数据信息不统一的表达方式也使我们难以理解数据真正想传达的信息。但是,通过获取所有这些数据信息,并将之绘制成图表,数据就不再是简单的数据了,它变成了知识。可视化是一种压缩知识的形式,因为看似简单的图片却包含大量结构化或非结构化的数据信息。它用不同的线条、颜色将这些信息进行压缩,然后快速、有效地传达出数据表示的含义。

1.2.3　视觉信息的科学解释

　　在数据可视化领域,爱德华·塔夫特被誉为"数据界的列奥纳多·达·芬奇"。他的一大贡献就是:聚焦于将每一个数据都制作成图示物——无一例外。塔夫特的信息图形不仅能传达信息,甚至被很多人看作是艺术品。塔夫特指出,可视化不仅能作为商业工具发挥作用,还能以一种视觉上引人入胜的方式传达数据信息。

　　通常情况下,人们的视觉能吸纳多少信息呢? 根据美国宾夕法尼亚大学医学院的研究人员估计,人类视网膜"视觉输入(信息)的速度可以和以太网的传输速度相媲美"。在研究中,研究者将一只取自豚鼠的完好视网膜和一台叫作"多电极阵列"的设备连接起来,该设备可以测量神经节细胞中的电脉冲峰值。神经节细胞将信息从视网膜传达到大脑。基于这一研究,科学家们能够估算出所有神经节细胞传递信息的速度。其中一只豚鼠视网膜含有大概 100 000 个神经节细胞,然后,相应地,科学家们就能够计算出人类视网膜中的细胞每秒能传递多少数据。人类视网膜中大约包含 1 000 000 个神经节细胞,算上所有的细胞,人类视网膜能以大约每秒 10 兆的速度传达信息。

丹麦的著名科学作家陶·诺瑞钱德证明了人们通过视觉接收的信息比其他任何一种感官都多。如果人们通过视觉接收信息的速度和计算机网络相当，那么通过触觉接收信息的速度就只有它的 1/10。人们的嗅觉和听觉接收信息的速度更慢，大约是触觉接收速度的 1/10。同样，人们通过味蕾接收信息的速度也很慢。

换句话说，人们通过视觉接收信息的速度比其他感官接收信息的速度快了 10～100 倍。因此，可视化能传达庞大的信息量也就容易理解了。如果包含大量数据的信息被压缩成了充满知识的图片，那人们接收这些信息的速度会更快。但这并不是可视化数据表示法如此强大的唯一原因。另一个原因是人们喜欢分享，尤其喜欢分享图片。

1.2.4　图片和分享的力量

人们喜欢照片（图片）的主要原因之一，是现在拍照很容易（见图 1-12）。数码相机、智能手机和便宜的存储设备使人们可以拍摄多得数不清的数码照片，几乎每部智能手机都有内置摄像头。这就意味着不但可以随意拍照，还可以轻松地上传或分享这些照片。这种轻松、自在的拍摄和分享图片的过程充满了乐趣和价值，自然想要分享它们。

图 1-12　Facebook

和照片一样，如今制作信息图也要比以前容易得多。公司制作这类信息图的动机也多了。公司的营销人员发现，一个拥有有限信息资源的营销人员该做些什么来让搜索更加吸引人呢？答案是制作一张信息图。信息图可以吸纳广泛的数据资源，使这些数据相互吻合，甚至编造一个引人入胜的故事。博主和记者们想方设法地在自己的文章中加进类似的图片，因为读者喜欢看图片，同时也乐于分享这些图片。

最有效的信息图还是被不断重复分享的图片。其中有一些图片在网上疯传，它们在社交网站如 Facebook、推特、领英、微信以及传统但实用的邮件里，被分享了数千次甚至上百万次。由于信息图制作需求的增加，帮助制作这类图形的公司和服务也随之增多。

1.2.5　公共数据集

公共数据集是指可以公开获取的政府或政府相关部门经常搜集的数据。人口普查是收集数据的一种形式（见图 1-13），这些数据对于人们了解人口变化、国家兴衰以及战胜婴儿死亡率与其他流行病的进程尤为重要。

一直以来，很多著名的可视化信息中所使用的公共数据都是通过新颖、吸引人的方式

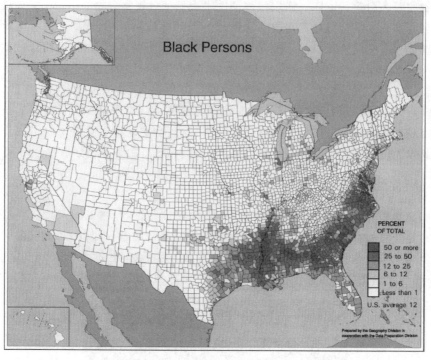

图 1-13　美国人口密度分布图

来呈现的。一些可视化图片表明,恰当的图片可以非常有效地传达信息。例如,1854 年伦敦爆发霍乱,10 天内有 500 人死去,但比死亡更加让人恐慌的是"未知",人们不知道霍乱的源头和感染分布。只有流行病专家约翰·斯诺意识到,源头来自市政供水。约翰在地图上用黑杠标注死亡案例,最终地图"开口说话"(见图 1-14),形象地解释了大街水龙头是传染源,被污染的井水是霍乱传播的罪魁祸首。这张信息图还使公众意识到城市下水系统的重要性并采取切实行动。

图 1-14　1854 年伦敦爆发霍乱

1.2.6 实时可视化

很多信息图提供的信息从本质上看是静态的。通常制作信息图需要花费很长的时间和精力：它需要数据，需要展示有趣的故事，还需要以图标将数据以一种吸引人的方式呈现出来。但是工作到这里还没结束，图表只有经过发布、加工、分享和查看之后才具有真正的价值。当然，到那时，数据已经成了几周或几个月前的旧数据了。那么，在展示可视化数据时要怎样在吸引人的同时又保证其时效性呢？

数据要具有实时性价值，必须满足以下三个条件。

(1) 数据本身必须要有价值；

(2) 必须有足够的存储空间和计算机处理能力来存储和分析数据；

(3) 必须要有一种巧妙的方法及时将数据可视化，而不用花费几天或几周的时间。

想了解数百万人是如何看待实时性事件，并将他们的想法以可视化的形式展示出来的想法看似遥不可及，但其实很容易达成。

在过去几十年里，美国总统选举过程中的投票民意测试，需要测试者打电话或亲自询问每个选民的意见。通过将少数选民的投票和统计抽样方法结合起来，民意测试者就能预测选举的结果，并总结出人们对重要政治事件的看法。但今天，大数据正改变着我们的调查方法。

捕捉和存储数据只是像推特这样的公司所面临的大数据挑战中的一部分。为了分析这些数据，公司开发了推特数据流，即支持每秒发送 5000 条或更多推文的功能。在特殊时期，如总统选举辩论期间，用户发送的推文更多，大约每秒两万条。然后公司又要分析这些推文所使用的语言，找出通用词汇，最后将所有的数据以可视化的形式呈现出来。

要处理数量庞大且具有时效性的数据很困难，但并不是不可能。推特为大家熟知的数据流人口配备了编程接口。像推特一样，Gnip 公司也开始提供类似的渠道。其他公司如 BrightContext，提供实时情感分析工具。在 2012 年总统选举辩论期间，《华盛顿邮报》在观众观看辩论的时候使用 BrightContext 的实时情感模式来调查和绘制情感图表。实时调查公司 Topsy 将大约两千亿条推文编入了索引，为推特的政治索引提供了被称为"Twindex"的技术支持。Vizzuality 公司专门绘制地理空间数据，并为《华尔街日报》选举图提供技术支持。

与电话投票耗时长且每场面谈通常要花费大约二十美元相比，上述所采用的实时调查只需花费几个计算周期，并且没有规模限制。另外，它还可以将收集到的数据及时进行可视化处理。

图 1-15 谷歌眼镜

但信息实时可视化并不只是在网上不停地展示实时信息而已。"谷歌眼镜"（见图 1-15）被《时代周刊》称为 2012 年最好的发明。"它被制成一副眼镜的形状，增强了现实感，使之成为我们日常生活的一部分。"将来，我们不仅可以在计算机和手机上看可视化呈现的数据，还能边四处走动边设想或理解这个物质世界。

1.3　数据可视化的运用

　　人类对图形的理解能力非常独到,往往能够从图形当中发现数据的一些规律,而这些规律用常规的方法是很难发现的。在大数据时代,数据量变得非常大,而且非常烦琐,要想发现数据中包含的信息或者知识,可视化是最有效的途径之一(见图1-16)。

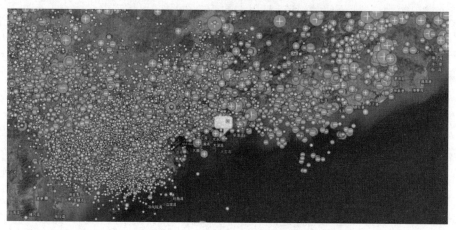

图1-16　深圳受大面积雷电影响,图为某日18时至次日0时共记录到9119次闪电

1.3.1　实时可视化

　　数据可视化要根据数据的特性,如时间信息和空间信息等,找到合适的可视化方式,例如图表(Chart)、图(Diagram)和地图(Map)等,将数据直观地展现出来,以帮助人们理解数据,同时找出包含在海量数据中的规律或者信息。数据可视化是大数据生命周期管理的最后一步,也是最重要的一步。

　　数据可视化起源于图形学、计算机图形学、人工智能、科学可视化以及用户界面等领域的相互促进和发展,是当前计算机科学的一个重要研究方向,它利用计算机对抽象信息进行直观的表示,以利于快速检索信息和增强认知能力。

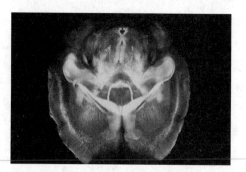

图1-17　CLARITY成像技术

　　数据可视化系统并不是为了展示用户的已知的数据之间的规律,而是为了帮助用户通过认知数据,有新的发现,发现这些数据所反映的实质。如图1-17所示,CLARITY成像技术使科学家们不需要切片就能够看穿整个大脑。

　　斯坦福大学生物工程和精神病学负责人Karl Deisseroth说:"以分子水平和全局范

围观察整个大脑系统,曾经一直都是生物学领域一个无法实现的重大目标。"也就是说,用户在使用信息可视化系统之前往往没有明确的目标。信息可视化系统在探索性任务(例如包含大数据量信息)中有突出的表现,它可以帮助用户从大量的数据空间中找到关注的信息来进行详细的分析。因此,数据可视化主要应用于下面几种情况。

(1)当存在相似的底层结构,相似的数据可以进行归类时。

(2)当用户处理自己不熟悉的数据内容时。

(3)当用户对系统的认知有限时,并且喜欢用扩展性的认知方法时。

(4)当用户难以了解底层信息时。

(5)当数据更适合感知时。

1.3.2 数据可视化的挑战

按任务分类的数据类型有助于组织我们对问题范围的理解,但为了创建成功的工具,信息可视化的研究人员仍有很多挑战需要去面对。这些挑战包括:

(1)导入和清理数据。决定如何组织输入数据以获得期望的结果,它所需要的思考和工作经常比预期的多。使数据有正确的格式、滤掉不正确的条目、使属性值规格化和处理丢失的数据也是繁重的任务。

(2)把视觉表示与文本标签结合在一起。视觉表示是强有力的,但有意义的文本标签起到很重要的作用。标签应该是可见的,不应遮盖显示或使用户困惑。屏幕提示和偏心标签等用户控制的方法经常能够提供帮助。

(3)查找相关信息。经常需要多个信息源来做出有意义的判断。专利律师想要看到相关的专利、基因组学研究人员想要看到基因簇在细胞过程的各个阶段如何一致地工作,等等。在发现过程中对意义的追寻需要对丰富的相关信息源进行快速访问,这需要对来自多个源的数据进行整合。

(4)查看大量数据。信息可视化的一般挑战是处理大量的数据。很多创新的原型仅能处理几千个条目,或者当处理数量更大的条目时难以保持实时交互性。显示数百万条目的动态可视化证明,信息可视化尚未接近于达到人类视觉能力的极限,用户控制的聚合机制将进一步突破性能极限。较大的显示器能够有帮助,因为额外的像素使用户能够看到更多的细节同时保持合理的概览。

(5)集成数据挖掘。信息可视化和数据挖掘起源于两条独立的研究路线。信息可视化的研究人员相信让用户的视觉系统引导他们形成假设的重要性,而数据挖掘的研究人员则相信能够依赖统计算法和机器学习来发现有趣的模式。一些消费者的购买模式,诸如商品选择之间的相关性,经过适当可视化就会突显出来。然而,统计试验有助于发现在产品购买的顾客需要或人口统计的连接方面的更微妙的趋势。研究人员正在逐渐把这两种方法结合在一起。就其客观本性来说,统计汇总是有吸引力的,但它们能够隐藏异常值或不连续性(像冰点或沸点)。另一方面,数据挖掘可能把用户指到数据的更有趣部分,然后它们能够在视觉上被检查。

(6)与分析推理技术集成。为了支持评估、计划和决策,视觉分析领域强调信息可视化与分析推理工具的集成。业务与智能分析师使用来自搜索和可视化的数据和洞察力作为支持或否认有竞争性的假设的证据。他们还需要工具来快速产生他们分析的概要和与决策者交流他们的推理,决策者可能需要追溯证据的起源。

(7)与他人协同。发现是一个复杂的过程,它依赖于知道要寻找什么、通过与他人协同来验证假设、注意异常和使其他人相信发现的意义。因为对社交过程的支持对信息可视化是至关重要的,所以软件工具应该使记录当前状态、带注释和数据把它发送给同事或张贴到网站上更容易。

(8)实现普遍可用性。当可视化工具打算被公众使用时,必须使该工具可被多种多样的用户使用而不管他们的生活背景、工作背景、学习背景或技术背景如何,但它仍是对设计人员的巨大挑战。

(9)评估。信息可视化系统能够是十分复杂的。分析很少是一个孤立的短期过程,用户可能需要长期地从不同视角查看相同的数据。他们或许还能阐述和回答他们在查看可视化之前未预料会有的问题(使得难以使用典型的实证研究技术),而受试者被征募来短期从事所承担的任务。虽然最后发现能够产生巨大的影响,但它们极少发生且不太可能在研究过程中被观察到。基于洞察力的研究是第一步,案例研究报告在其自然环境中完成真实任务的用户。他们能够描述发现、用户之间的协同、数据清理的挫折和数据探索的兴奋,并且他们能报告使用频率和获得的收益。案例研究的不足是,它们非常耗费时间且可能不是可重复的或可应用于其他领域。

1.4 传统的数据分析图表

当前,基于搜索的数据发现工具还没达到令人耳熟能详的程度,但是类似宣传正在引起技术追捧。大数据需要新的数据发现工具,其中很多自然应该是有关可视化的(见图1-18)。

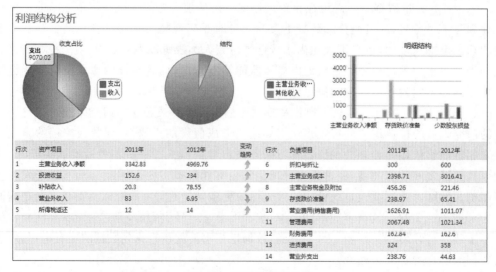

图1-18 可视化数据分析

　　在如数据可视、数据发现、商业智能、分析以及企业级报表等称谓之间存在着很多重叠,这些商业表达之间的交叉并不仅体现在概念上,交叉还延伸到企业组织当前正在使用的成熟报表和数据管理应用之上。其中,Netflix(美国一家著名的在线影片租赁提供商)在很多方面已遥遥领先于其他很多公司。Netflix 的员工不会仅依赖一个单一应用对数据进行管理和解释,相反,他们利用多种工具对内外部数据进行理解。例如,eBay 使用的主要工具包括 Teradata、Hadoop、SAS、Tableau 以及 Excel,等等。

　　这里要强调的是,对于小数据,企业很可能已经在使用至少一种报表应用,并实现了一定程度的数据可视化。大数据并不意味着传统报表的作废,许多工具在可视化组织仍然可用,甚至还能发挥出更大价值。

　　但是,可视化组织的价值和目标通常是两个不同的方面。在大数据时代,意味着员工需要学习新的应用、专业和技能,他们需要以直观、交互性和可视化的形式常规化地展示来自不同数据源的更大量数据。通常,大多数传统报表和 BI 工具不能有效处理大数据,不能指望它们能够顺利处理 PB 级的非结构化数据流。

　　每个人都相信大型软件厂商会继续完善传统报表和数据可视化工具,并推出新的产品。但是,可视化组织也意识到,要制定更好的决策,他们需要的不仅仅是一套标准报表、即席查询能力、仪表盘、分析及 KPI 工具,实时数据发现应用的匮乏,已经阻碍了很多企业及其员工在其生产力、客户、供应链和业务方面发现数据驱动的隐性新洞见。也正因为此,可视化组织才会拥抱新的实时数据可视化工具。

　　报表、分析和数据可视化等不同工具存在着本质的不同,如表 1-1 所示。

表 1-1　报表、分析和数据可视三者的比较

传统报表工具	分　　　析	实时数据可视工具
提供数据	提供答案	可以提供答案,但更重要的是,允许用户提出更深也即更好的数据问题
提供所要求的	提供所需要的	可以提供所需要的
通常是标准化的	通常是定制化的	极度定制化;因具备交互式的数据可视,每个用户都可能发现不同
不以个体能力为转移	跟个体能力有关	虽与个体相关,但数据可视化依然受制于解释能力
非常不灵活	非常灵活	依靠数据可视化,可非常灵活;静态信息图则不灵活
传统上处理小数据	传统上处理小数据	既能处理大数据也能处理小数据

　　从表 1-1 可以看出,传统报表和分析工具仍然在起作用,并且支持着大量基本商业职能。因此,它们将继续在企业中得到广泛应用。但是,要有效处理以及理解大数据,可视化组织意识到他们需要实时性并且交互式的数据可视应用,而原有的工具对此却无能为力。

1.5 数据可视化的 5 个方面

实时数据可视化应用分为以下 5 个方面。

（1）大型企业软件供应商应用；

（2）专有的最优性能应用；

（3）流行的开源工具；

（4）设计公司；

（5）创业公司、网络服务以及其他资源。

这 5 种类别完全不同，但它们之间可能存在一定程度的重叠，例如，设计公司利用开源工具 D3.JS 为其客户建立交互性可视化应用；统计学家用 R 抓取数据，然后用 Teradata 美化它；最优性能数据可视应用联合其他工具，从传统数据库、数据仓库和 API 频繁抽取数据等。

1.5.1 大型企业软件供应商应用

长期以来，诸如 IBM、Oracle、SAP、Microsoft、SAS 等公司已经开发了相关产品，帮助客户管理和理解企业信息。除了打造自身产品，在不同程度上，他们也在积极并购具有竞争性或补充性的数据管理、报表和可视化产品。即使没有推出数据可视化相关产品品牌，但是几乎每个企业都已经能够图形化呈现他们的原始数据。表 1-2 反映的是主要软件厂商提供的一些成熟有效的应用软件产品。

表 1-2　主流软件供应商的数据可视化和 BI 产品

厂　　商	可选的数据可视产品
Actuate	创建基于网络交互性的 BI 报表工具。Actuate 也是著名的跨平台的自由集成开发环境（商业智能和报表工具）Eclipse 项目的创始者和共同领导者
IBM	Cognos PowerPlay 和 Impromptu，SPSS Modeler，ManyEyes
微软	包括 SQL 服务器报表服务、Excel 和 Access
MicroStrategy	可视化洞察（Visual Insight）和同名的 BI 平台
SAP	BusinessObjects BI OnDemand，SAP Lumira Cloud
SAS	SAS 的可视化分析及不同的传统 BI 工具。统计分析与动态数据可视结合的 JMP
Teradata	Aster 可视化模块

我们已经看到大型企业软件供应商们在数据可视化及其相关产品方面多年来所做出的大量创新，更重要的是，随着数据可视变得越来越重要以及数据流的不断增长，这种趋势还在不断加速发展。例如，微软的 Excel 几乎是每台企业计算机上必备的基本配置。在其 2013 版本之前，一张单独的 Excel 工作表只可以容下最多 65 536（2^{16}）行记录，而目前这个数字已经超过百万，一些公司甚至还在想办法将这个数字增加到十亿甚至万亿。

除了提高行的数量上限之外，过去几年，微软对 Excel 发布了很多功能补充和完善。

总体来说,这些补充和完善为新的数据源提供了新的能力支持。例如 Power Map 是一款三维数据可视化工具,是微软基于云端商业智能解决方案(Power BI)当中的一个组件。这个工具可以对地理和时间数据进行绘图、动态呈现和互动操作,目前可以使用在 Excel 2013 版本上,以 COM 加载项的方式提供调用。

Power Map 用来在地图上显示数据,数据中包含的地理信息可以是经纬度数据,也可以是国家、省份、城市等地理名称,甚至可以是街道地址或邮政编码,这些地理信息都能被 Power Map 自动识别。如果同时想要展现数据在时间范围上的变化情况,例如台风云团的形成和移动路径、车辆的移动轨迹等,就还需要在数据中包含日期或时间字段,并且必须使用 Excel 能够识别的日期格式数据。新功能为 Excel 提供了 3D 数据可视化,为人们提供了观察信息的新的强劲方式,使得人们能够发现 2D 表格和图形时代所不可能发现的数据规律。

可见,就像所有软件供应商一样,微软意识到它的工具必须持续改进,并且持续支持不断出现的新数据源。

总体来说,表 1-2 中的数据可视应用与各厂商现有的企业级数据库和数据仓库基本上能够无缝集成。通常,某个软件厂商的一个产品要与其另一产品进行"对话"应该不会太困难,混搭和匹配也不存在问题。只需点击几下,加上 IT 部门的配合,利用厂商 A 的应用从存储在厂商 B 的数据库中抽取数据,创建一张报表,其实也十分简单。即使在非正常情况下,开发人员和 IT 专业人员也可以通过非常规方式建立联系,实现数据连接。

1.5.2 最优性能应用

20 世纪 90 年代和 21 世纪初,技术界出现了很多起企业购并行动。例如,IBM、微软、思科(Cisco)、SAP、SAS 以及甲骨文(Oracle)等技术巨头公司,在如企业安全、CRM、ERP、BI 及其他领域吞并了数百家专业厂商。引发这些交易的原因不同,但是总体而言,可分为三种情况。第一,他们通常通过其他厂商的产品来补充和完善自己的现有产品;第二,在很多情况下,这些交易用来平衡现有客户和厂商间的关系,很多客户喜欢一站式购买和一点接触;第三,资金紧张的厂商通常发现购买竞争性技术以及相关人才,要比自己研究培养容易得多,如果你不能打败他,那么就加入他。

就数据可视化而言,Tableau 可以算是业内翘楚,它服务着一万多家客户,包括 Facebook、eBay、Manpower、Pandora 及其他著名公司。跟微软不同,Tableau 并不销售生产能力应用、游戏机以及关系型数据库,它提供的产品范围并不广,但是产品做得很透彻,Tableau 只销售数据可视化应用,至少现在而言是这样(见图 1-19)。

Tableau 可能是市场上最普及、最好的数据可视化工具,但是它也面临很多竞争。例如,QlikTech 通过其旗舰产品推出产品自助服务 BI;TIBCO Spotfire 为下一代商业智能设计、研发和推广内存内分析软件;还有其他企业,如 Birst、ChartBeat、Panopticon、GoodData、Indicee、PivotLink 以及 Visually 等,这些公司聚焦于一件事情——数据可视化,虽然他们各自采取不同的方式。

通常,评估一个最佳工具的三个基本要素是:成本、易用性和员工培训,以及与大数据世界的整合。

图 1-19　用 Tableau 制作的可视化数据分析图表

（1）成本。在大型企业软件供应商和诸如 Tableau 等专业公司之间,同样是数据可视化工具,也存在很大的不同。大体而言,前者卖得相当贵,而且通常是大多数小企业和创业公司不可企及的。当然,今天开源软件、SaaS 以及基于云的产品已经大大拉平了竞争差距。新进入的最优性能数据可视化工具通常成本更低,且功能更完善。

（2）方便使用和员工培训。任何一个新项目都需进行一定程度的员工培训。例如,Visually(见图 1-20)作为一种工具,强大直观,能够一站式地创建强大的数据可视化和信息图,且应用广泛,认同者甚多。

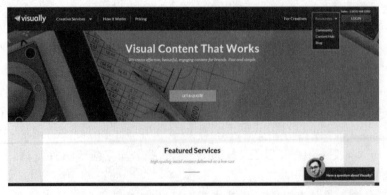

图 1-20　Visually

Visually 的客户寻求的是范围完整的数据可视类型，大多数客户需要能够用图表呈现数据、以图解或图形化方式表达过程和概念的信息图。一些客户则需要交互式的可视化，范围从地图或时间轴的定制性可视化。动态图形近来大为流行，因为它们特别能吸引观众，讲述故事能力也极其出色。最后，其他的客户则需要借助工具来进行演示陈述、季度报告或其他需要实现数据信息有效传达的内部文档交流。但是，对于任何新的应用来说，仍然存在一条学习曲线，而 Visually 也不例外。

（3）集成与大数据世界。与大型企业软件供应商所提供的产品相比，最优性能数据可视化应用可能并不能提供同样的本地化、最优化以及与第三方数据库和数据仓库的直接整合能力，因此，这造成了一个严重问题，次优先级别的连接、ETL（抽取、转换、上载）工作、笨拙的方法等，均使得用户采集数据，以可视化方式展现以及制定商业决策等需要更长时间。然而在大数据时代，需要的是病毒视频营销^①、限时抢购、热门话题和极速绝杀。

意识到这点局限，最佳数据可视化厂商迅速建立了连接各种数据源之间的桥梁。他们也支持数量越来越多的 API，例如，Tableau 已经与一些世界最大的数据库公司建立了合作伙伴关系，包括大型数据仓库和 BI 厂商 Teradata 等。Tableau 也与 Teradata 重点产品进行直接无缝集成。

与传统企业数据库和数据仓库的集成很重要，但这还不够。至少从传统意义上而言，很多即使是最大型公司也无须再将"全部"数据存储在企业内部。可视化组织越来越需要能够超越关系型数据并与实时大数据服务密切整合的工具，很多这些工具基于云之上。正因如此，2013 年 7 月，Tableau 就宣布推出在线 Tableau，也即基于网络的服务。这种方式使得能够对主要大数据源进行快速便捷的导入以及连接：

（1）已经放在如 Salesforce.com 在线应用的数据能够被直接复制进 Tableau 内进行抽取；

（2）可直接查询 Amazon Redshift 和 Google Big Query 里的数据；

（3）利用厂商提供的工具可将数据中心内部部署的数据导入 Tableau 在线服务。

其实，一些规模远不及 Tableau 的数据可视创业公司也已经意识到与企业数据及外部数据源进行便捷整合的价值和重要性。例如，2013 年 7 月，创业公司 DataHero 宣布其用户能够从他们的 SurvcyMonkcy 账户通过后者的 API 将数据自动导出（DataHero 也支持 MailChimp、Dropbox、BOX. Net、Strip 及其他流行的 API 服务）。通过与调查响应数据的便捷连接，用户能够实时对动态可视化进行观察，并有可能获得对客户行为的关键和实时洞察。

1.5.3　流行的开源工具

成本高昂的企业级解决方案，专用性强的最优性能应用，它们分别代表着完全可行的

---

① "病毒视频"（Viral Video）可以看作是"病毒传播"的最新形态。网络爆红视频通常是视频上传到视频分享网站时，观看次数很短时间就飙升。病毒式营销是利用传播源与传播载体节点在潜在需求上的相似性，将传播源或企业传播信息价值进行的一种像病毒一样以倍增的速度进行扩散并产生的群体分享传播过程。由于它的原理跟病毒的传播类似，经济学上称之为病毒式营销，是网络营销中的一种常见而又非常有效的方法。

两种数据可视情况,这里还存在着第三种情况,有大量免费开源方案可用来支撑数据可视化应用,例如 D3、R 语言、Gephi 等。

例如,Gephi 自称是"开放的图表及可视化平台",支持用户创建、探索和理解图表。对比仅仅是图形和数据呈现的 Photoshop,Gephi 能支持各种不同网络和复杂系统,帮助用户创建动态的层次丰富的图表。

Gephi 起创于 2009 年的一个大学生项目,却已迅速成为一个对可视化和分析尤其是大型网络而言,颇具价值的开源软件资源。现在,Gephi 使得成千上万的用户创建并检验假设、深入探寻模式以及观测异常值、偏差值,变得十分容易。可以将 Gephi 想象成统计辅助工具(Gephi 还能跟 R 进行整合)。

还有两个著名的开源 BI 解决方案:Jaspersoft 和 Pentaho。确切地说,它们并不完全是数据可视应用,但是,上百万用户下载这些工具并将它们用于解释数据和理解他们的业务问题。这些开源工具所代表的仅仅是数据可视化和软件程序的冰山一角。

1.5.4　设计公司

随着大数据的爆发,我们已经看到信息图(尤其在新闻网站)、数据可视化工具以及设计公司的相应兴起,例如 Stamen 和 Lemonly 公司。Stamen 已经因在商业、文化设施等不同领域开发的巧妙且颇具技术难度的项目而打响品牌,完成了一些完美的工作。

Lemonly 制作了生动的信息图、数据可视化、交互式图表甚至视频展示,这家公司的网站也明确地概括了其目标:"我们使得数据更易理解。从信息图到视频再到交互式设计,我们帮您将柠檬调制成柠檬汁。"Lemonly 持续推进着设计的边界,即使非常小的数据集也能将其以生动的方式进行可视化呈现。

当然,要专为数据可视化目的聘请一家设计公司,既有利也有弊。与不同公司的数据可视化专家签订合同,可能能够迅速见到激动人心的结果。确切地说,一家企业若想为实现数据可视化而奋斗,跟雇用一个要价不菲的专家团队这种方式相比,肯定更愿意接受分别与一家家公司签约、进行一家家试水的方式。专业设计师通常能够找到更强有力、更创新的方式来展示数据,原因非常简单,因为他们所具备的技能、经验、工具和视角,经常是企业现有员工所缺乏的。无数企业都是利用设计公司创建强劲的定制化数据可视化应用。

1.5.5　创业、网站服务及其他资源

一直到最近,大多数企业主要还是利用瀑布式自上而下的方法进行应用部署,因此,对于 ERP、CRM、BI 以及内部技术的整个部署过程花费上数年也属正常。

如今,我们所处的时代是一个实时连接、宽带接入、创业成本历史最低、社交网络、云计算、SaaS、敏捷软件开发、APIs、SDKs、大数据、开源软件、BYOD 的免费增值商业模式时代。确实,今天看起来没完没了的数据流和技术暂时还有点儿让人惊慌,但是也有好的一面,至少人们从来未曾获得过如此强大、用户友好且极为便宜——即使并非免费——的数据可视化资源。

除新的创业型开源项目外,也不乏有关数据可视化实践的网站和博客。其中非常惹

人注目的两个,名称分别是 Tableau Love 和 Tableau Jedi。

留意谁在使用一些特定的工具以及为什么使用,这十分重要。例如,R 在统计学团体中十分流行,因为它依赖并帮助这些团体不断发展,所以对于统计学家来说,R 更易理解;对于数学家来说,Matlab 更易理解;对于艺术家和设计师来说,Processing 更易理解;而对于金融人士和更广泛的公众而言,Excel 更易理解。而 D3 被大量、迅速地推广采用的部分原因在于其灵活性,更重要的是,D3 是一个通用平台,也即为网络而设计的。无论如何,要成功在大数据时代遨游,不同的受众所需要的工具是不同的。

1.6 可视化分析工具

通过学习关于数据的知识,会知道如何表示数据,如何直观地探索数据,如何使数据清晰明了,以及如何针对读者来设计可视化图表。

在可视化方面,如今用户有大量的工具可供选用,但哪一种工具最适合,这将取决于数据以及可视化数据的目的。而最可能的情形是,将某些工具组合起来才是最适合的。有些工具适合用来快速浏览数据,而有些工具则适合为更广泛的读者设计图表。

可视化的解决方案主要有两大类:非程序式和程序式。以前可用的程序很少,但随着数据源的不断增长,涌现出了更多的点击/拖曳型工具,它们可以协助用户理解自己的数据。

1.6.1 Microsoft Excel

Excel 是大家熟悉的电子表格软件,已被广泛使用了二十多年,如今甚至有很多数据只能以 Excel 表格的形式获取到。在 Excel 中,让某几列高亮显示、做几张图表都很简单,于是也很容易对数据有个大致的了解(见图 1-21)。

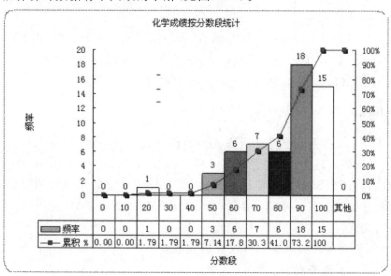

图 1-21　Excel 数据图表

如果要将 Excel 用于整个可视化过程，应使用其图表功能来增强其简洁性。Excel 的默认设置很少能满足这一要求。Excel 的局限性在于它一次所能处理的数据量上，而且除非通晓 VBA 这个 Excel 内置的编程语言，否则针对不同数据集来重制一张图表会是一件很烦琐的事情。

1.6.2 Google Spreadsheets

这个软件基本上是谷歌版的 Excel(见图 1-22)，但用起来更容易，而且是在线的。在线这一特性是它最大的亮点，因为用户可以跨不同的设备来快速访问自己的数据，而且可以通过内置的聊天和实时编辑功能进行协作。

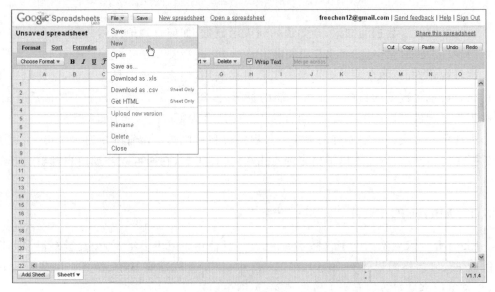

图 1-22　Google Spreadsheets 工作界面

通过 importHTML 和 importXML 函数，可以从网上导入 HTML 和 XML 文件。例如，如果在百度上发现了一张 HTML 表格，但想把数据存成 CSV 文件，就可以用 importHTML，然后再从 Google Spreadsheets 中把数据导出。

1.6.3 Tableau

相对于 Excel，如果想对数据做更深入的分析而又不想编程，那么 Tableau 数据分析软件(也称商务智能展现工具)就很值得一看。例如，Tableau 与 Mapbox 的集成能够生成绚丽的地图背景，并添加地图层和上下文，生成与用户数据相配的地图(见图 1-23)。用 Tableau 软件设计的基于可视化界面，在你发现有趣的数据点想一探究竟时，可以方便地与数据进行交互。

Tableau 可以将各种图表整合成仪表板在线发布。但为此必须公开自己的数据，把数据上传到 Tableau 服务器。

图 1-23　Tableau Software

1.6.4　针对特定数据的工具

下面这些软件能处理多种类型的数据,并可以提供许多不同的可视化功能。这对于数据的分析和探索大有好处,因为它们使用户能够快速地从不同角度观察自己的数据。不过,有的时候专注地做好一件事也许会更好。

(1) Gephi。如果你见过一张网络图,或者一个由一束边线和一个节点构成的视觉形象(有的就像一个毛球),那么它很可能是用 Gephi 画出来的。Gephi 是一款开源的画图软件,支持交互式探索网络与层次结构。

(2) TileMill。自定义地图的制作难度较大且技术性强,然而现在已经有多种程序使得基于自己的数据、按喜好和需求设计地图变得相对容易了。地图平台 MapBox 提供的 TileMill 就是一款开源的桌面软件,有不同平台的多个版本。可以下载并安装,然后加载一个 shapefile(见图 1-24)。

shapefiles 是用来描述诸如多边形、线和点这种地理空间数据的文件格式,网上很容易找到这种文件。例如,美国人口调查局就提供了道路、水域和街区的 shapefile。

(3) ImagePlot。加州电信学院软件研究实验室的 ImagePlot 能将大规模的图像集合作为一组数据点来进行探索。例如,可以根据颜色、时间或数量来绘制图形,从而展现某位艺术家或某一组照片的发展趋势与变化。

(4) 树图。绘制树图的方法有很多种,但马里兰大学人机交互实验室的交互式软件是最早的,而且可以免费使用。树图对于探索小空间中的层次式数据非常有用。Hive 小组还开发并维护了一款商用版本。

(5) indiemapper。这是地图制作小组 Axis Maps 提供的一个免费服务。与 TileMill 类似,它支持创建自定义地图以及用自己的数据制图,但它运行在浏览器中,而不是作为桌面客户端软件运行。indiemapper 使用简单,并且有大量的示例可以帮助用户起步。这款应用最让人喜欢的一点是它可以方便地变换地图投影,这能引导用户找出最适合自己

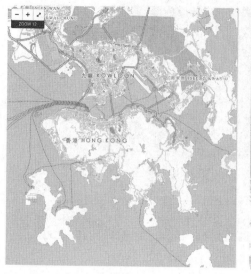

图 1-24　MapBox 的 TileMill 图例

需要的投影方式。

（6）GeoCommons。其与 indiemapper 类似，但更专注于数据的探索和分析。用户可以上传自己的数据，也可以从 GeoCommons 数据库中抽取数据，然后与点和区域进行交互。用户还可以将数据以多种常见的格式导出，以便导入其他软件。

（7）ArcGIS。在新的地图工具出现之前，对大多数人来说，AreGIS 都是首选的地图工具。ArcGIS 是一个特性丰富的平台，几乎能做与地图有关的任何事情。大多数时候，其基本功能已经足够，因此最好还是先尝试一下免费选项，如果不够用，再尝试 ArcGIS。

1.7　可视化编程工具

拿来即用的软件可以让用户短时间内上手，代价则是这些软件为了能让更多的人处理自己的数据，总是或多或少进行了泛化。此外，如果想得到新的特性或方法，就得等别人来实现。相反，如果用户会编程，就可以根据自己的需求将数据可视化并获得灵活性。

显然，编码的代价是需要花时间学习一门新语言。当开始构造自己的库并不断学习新的内容时，重复这些工作并将其应用到其他数据集上也会变得更容易。

除了前面介绍过的开源工具软件 D3.js 外，可视化编程工具还有很多。

1.7.1　Python

Python 是一款通用的编程语言，它原本并不是针对图形设计的，但还是被广泛地应用于数据处理和 Web 应用。因此，如果读者已经熟悉了这门语言，通过它来可视化探索数据就是合情合理的。尽管 Python 在可视化方面的支持并不全面，但还是可以从 matplotlib 入手，这是个很好的起点。

1.7.2 D3.js

D3.js 处理的是基于数据文档的 JavaScript 库。D3 利用诸如 HTML、Scalable Vector Graphic 以及 Cascading Style Sheets 等编程语言让数据变得更生动。通过对网络标准的强调，D3 赋予用户当前浏览器的完整能力，而无须与专用架构进行捆绑；并将强有力的可视化组件和数据驱动手段与文档对象模型（Document Object Model，DOM）操作实现融合。

D3.js 数据可视化工具的设计很大程度上受到 REST Web APIs 出现的影响。根据以往经验，创建一个数据可视化需要以下过程。

（1）从多个数据源汇总全部数据；

（2）计算数据；

（3）生成一个标准化的/统一的数据表格；

（4）对数据表格创建可视化。

REST APIs 已将这个过程流程化，使得从不同数据源迅速抽取数据变得非常容易。诸如 D3 等工具就是专门设计来处理源于 JSON API 的数据响应，并将其作为数据可视化流程的输入。这样，可视化能够实时创建并在任何能够呈现网页的终端上展示，使得当前信息能够及时给到每一个人。

1.7.3 R 语言

由新西兰奥克兰大学 Ross Ihaka 和 Robert Gentleman 开发的 R 是一个用于统计学计算和绘图的语言，它已超越仅仅是流行的强有力开源编程语言的意义，成为统计计算和图表呈现的软件环境，并且还处在不断发展的过程中（见图 1-25）。

如今，R 的核心开发团队完善了其核心产品，这将推动其进入一个令人激动的全新方向。无数的统计分析和挖掘人员利用 R 开发统计软件并实现数据分析。对数据挖掘人员的民意和市场调查表明，R 近年普及率大幅增长。

R 语言最初的使用者主要是统计分析师，但后来用户群扩充了不少。它的绘图函数能用短短几行代码便将图形画好，通常一行就够了。

Genentech 公司的高级统计科学家 Nicholas Lewin-Koh 描述 R"对于创建和开发生动、有趣图表的支撑能力丰富，基础 R 已经包含支撑包括协同图（Coplot）、拼接图（Mosaic Plot）和双标图（Biplot）等多类图形的功能。"R 更能帮助用户创建强大的交互性图表和数据可视化。

R 语言主要的优势在于它是开源的，在基础分发包之上，人们又做了很多扩展包，这些包使得统计学绘图（和分析）更加简单，例如：

ggplot2：基于利兰·威尔金森图形语法的绘图系统，是一种统计学可视化框架。

network：可创建带有节点和边的网络图。

ggmaps：基于谷歌地图，OpenStreetMap 及其他地图的空间数据可视化工具。它使用了 ggplot2。

animation：可制作一系列的图像并将它们串联起来制作成动画。

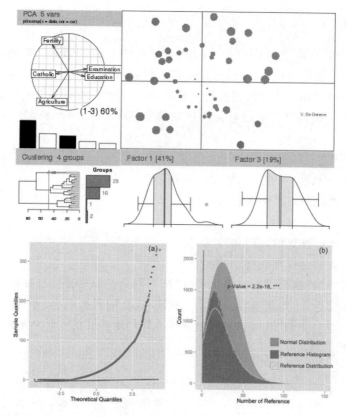

图 1-25 R 绘制的数据分析图形

portfolio：通过树图来可视化层次型数据。

这里只列举了一小部分。通过包管理器，用户可以查看并安装各种扩展包。通常，用 R 语言生成图形，然后用插画软件精制加工。在任何情况下，如果你在编码方面是新手，而且想通过编程来制作静态图形，R 语言都是很好的起点。

1.7.4 JavaScript、HTML、SVG 和 CSS

在可视化方面，过去在浏览器上可做的事情非常有限，通常必须借助于 Flash 和 ActionScript。然而，自从不支持 Flash 的苹果移动设备出现之后，人们便很快转向了 JavaScript 和 HTML。除了可缩放矢量图形（SVG）之外，JavaScript 还可用来控制 HTML。层叠样式表（CSS）则用于指定颜色、尺寸及其他美术特性。JavaScript 具有很大的灵活性，可以制作出用户想要的各种效果。在这一点上，更大的局限还是在于自己的想象力，而非技术。

以前各种浏览器对 JavaScript 的支持不尽一致，然而在现有的浏览器，比如 FireFox、Safari 和 Google Chrome 中，都能找到相应功能来制作在线的交互式可视化效果。

如果你看到的数据是在线的、可交互式的，那么很可能作者就是用 JavaScript 制作的。学习 JavaScript 可以从零起步，不过有一些可视化库会带来不少的便利。

1.7.5 Processing

Processing 原本是为美工设计的,它是一种开源的编程语言,基于素描本 (Sketchbook)这一隐喻来编写代码。如果你是编程新手,Processing 将是个不错的出发点,因为用 Processing 只需要几行代码就能实现非常有用的功能。此外,它还有大量的示例、库、图书以及一个提供帮助的巨大社区,这一切都让 Processing 引人注目。

1.7.6 PHP

和 Python 一样,PHP 也是比 R 语言和 Processing 应用更为广泛的编程语言。虽然 PHP 主要用于 Web 编程,但因为大多数 Web 服务器都已经安装了 PHP,就不必操心安装这一步了。PHP 还有图形库,这意味着你可以把它应用于数据的可视化。基本上,只要能加载数据并基于数据画图,就可以创建视觉数据。

1.8 插 图 工 具

光彩鲜艳的静态图形,尤其是报纸和杂志上常见的那种图形,极有可能是经过插图软件处理的。Adobe Illustrator 是最为流行的插图软件,但对不经常使用它或者只想将图表润色一下的人们来说,它的使用有点儿奢侈。Inkscape 则是一款开源的替代品,尽管不如 Illustrator 好用,也足够完成工作了。

Illustrator 是针对设计师和美工的。一般应用的典型工作流程就是用 R 语言创建基础图形,将图表保存为 PDF 文件,然后用 Illustrator 来修改颜色、添加标注,最后再加工一下,让图表尽可能清晰明了。当然,也可以用 R 语言来定制,但用 Illustrator,通过点击、拖曳的方式来变换元素,从而能看到即时的变化。

【实验与思考】

熟悉大数据可视化

1. 实验目的

(1) 熟悉大数据可视化的基本概念和主要内容;
(2) 通过绘制南丁格尔极区图,尝试了解大数据可视化的设计与表现技术。

2. 工具/准备工作

在开始本实验之前,请认真阅读课程的相关内容。
需要准备一台带有浏览器,能够访问因特网的计算机。

3. 实验内容与步骤

(1) 请结合查阅相关文献资料,简述:什么是数据可视化? 数据可视化系统的主要目的是什么?

答：_____

_____

_____

(2) 随着大数据时代的日渐成熟，用于大数据可视化分析的应用软件系统正在不断涌现，不断发展。在大数据背景下，基于云计算模式，一些大数据可视化软件提供了基于Web 的应用软件服务形式。请通过网络搜索，回答：什么是软件服务的 SaaS 模式？

答：_____

_____

_____

_____

_____

(3) 大数据魔镜网站(http://www.moojnn.com/)是以 Web 形式提供大数据可视化软件应用服务的专业网站，请通过网络搜索，了解正在发展中的可视化数据分析网站——大数据魔镜。

通过浏览了解，你对大数据魔镜网站的可视化数据分析能力的评价是：

答：_____

_____

_____

_____

(4) 未来，你可能通过 SaaS 服务模式来获取大数据及其可视化软件的应用服务吗？你认为这种服务形式有什么积极或者消极的意义？

答：_____

_____

_____

_____

_____

(5) 南丁格尔极区图是数据统计类信息图表中常见到的一类图表形式，下面来了解这类图表的常见绘制方法。

【设计分析】

最终的效果图如图 1-26 所示。

① 图表中包括性别、年龄、教育、收入等 11 个分类的对比信息指标，每个指标占用的圆周的角度相同，即任一指标的扇区角度为$(360/11 = 32.723°)$。在 CorelDraw 中，其表

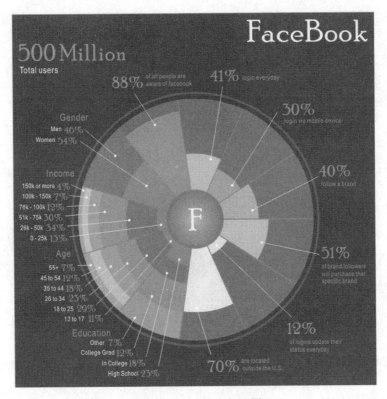

图 1-26　Facebook 极区图

现为"角度相同,半径不等的扇区图"。

　　② 在 Gender、Income、Age、Education 4 个指标中,又被分别划分成几个不同的区段。在 CorelDraw 中,同一扇区图中不同的区段由"角度相同,半径不等的扇区图"依次叠加而成。

　　【绘图步骤】

　　此信息图的绘制,主要应用 CorelDraw 软件中的"旋转"和"分层叠加"两个功能。Facebook 极区信息图在 CorelDraw 中的具体绘制步骤如下。

　　步骤 1:绘制定位圆环和背景圆,以及 11 等分扇形。

　　步骤 2~3:依次绘制 11 个指标对应的不同长度的扇区图。

　　步骤 4~6:依次绘制 4 个指标中的不同区段的扇区图(见图 1-27)。

　　读者也可尝试用自己熟悉的其他作图软件工具绘制此图。

　　4. 实验总结

_____

_____

_____

_____

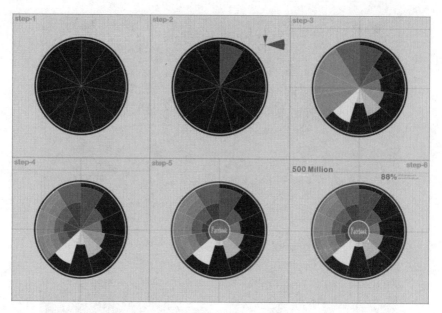

图 1-27　绘制极区图的步骤 1～6

5. 实验评价(教师)

第**2**章

Excel 数据可视化方法

【导读案例】

亚马逊丛林的变迁

亚马逊盆地位于南美洲北部,包括巴西等6个国家的广大地区。亚马逊雨林是世界上最大的热带雨林,其面积比整个欧洲还要大,有700万平方千米,占地球上热带雨林总面积的50%,其中有480万平方千米在巴西境内,它从安第斯山脉低坡延伸到巴西的大西洋海岸(见图2-1)。

图 2-1 亚马逊雨林

亚马逊雨林对于全世界以及生存在世界上的一切生物的健康都是至关重要的。树林能够吸收二氧化碳(CO_2),而二氧化碳气体的大量存在会使地球变暖,危害气候,以至极地冰盖融化,引起洪水泛滥。树木也产生氧气,它是人类及所有动物的生命所必需的。有些雨林的树木长得极高,达60m以上。它们的叶子形成"篷",像一把雨伞,将光线挡住。因此树下几乎不生长什么低矮的植物。这里自然资源丰富,物种繁多,生态环境纷繁复杂,生物多样性保存完好,被称为"生物科学家的天堂"。

然而,亚马逊热带雨林却并没有因为它的富有而得到人类的厚爱。人们从16世纪起开始开发森林。1970年,巴西总统为了解决东北部的贫困问题,又做出了一个最可悲的决策:开发亚马逊地区。这一决策使该地区每年约有8万平方千米的原始森林遭到破坏,1969—1975年,巴西中西部和亚马逊地区的森林被毁掉了11万多平方千米,巴西的森林面积同400年前相比,整整减少了一半(见图2-2)。

图 2-2　亚马逊丛林 30 年变迁

热带雨林的减少主要是由于烧荒耕作,此外还有过度采伐、过度放牧和森林火灾等,使整个热带森林面积减少 50%。在垦荒过程中,人们把重型拖拉机开进亚马逊森林,把树木砍倒,再放火焚烧。

热带雨林的减少不仅意味着森林资源的减少,而且意味着全球范围内的环境恶化。因为森林具有涵养水源、调节气候、消减污染、减少噪声、减少水土流失及保持生物多样性的功能。

热带雨林像一个巨大的吞吐机,每年吞噬全球排放的大量的二氧化碳,又制造大量的氧气,亚马逊热带雨林由此被誉为"地球之肺",如果亚马逊的森林被砍伐殆尽,地球上维持人类生存的氧气将减少 1/3。

热带雨林又像一个巨大的抽水机,从土壤中吸取大量的水分,再通过蒸腾作用,把水分散发到空气中。另外,森林土壤有良好的渗透性,能吸收和滞留大量的降水。亚马逊热带雨林储蓄的淡水占地表淡水总量的 23%。森林的过度砍伐会使土壤侵蚀、土质沙化,引起水土流失。巴西东北部的一些地区就因为毁掉了大片的森林而变成了巴西最干旱、最贫穷的地方。在秘鲁,由于森林遭到破坏,1925—1980 年间就爆发了 4300 次较大的泥石流,193 次滑坡,直接死亡人数达 4.6 万人。目前,每年仍有 0.3 万平方千米土地的 20cm 厚的表土被冲入大海。

除此之外,森林还是巨大的基因库,地球上约一千万个物种中,有 200~400 万种都生存于热带、亚热带森林中。在亚马逊河流域的仅 0.08 平方千米左右的取样地块上,就可以得到 4.2 万个昆虫种类,亚马逊热带雨林中每平方千米不同种类的植物达一千二百多种,地球上动植物的 1/5 都生长在这里。然而由于热带雨林的砍伐,那里每天都至少消失一个物种。有人预测,随着热带雨林的减少,许多年后,至少将有 50~80 万种动植物种灭绝。雨林基因库的丧失将成为人类最大的损失之一。

阅读上文,请思考、分析并简单记录:

(1) 湿地有强大的生态净化作用,因而又有"地球之肾"的美名。请通过网络搜索学习,了解湿地对自然的意义,并请简单记录。

答:_____

_____

_____

_____

(2) 请通过网络搜索学习,了解亚马逊丛林对全人类的意义,并简单记录。

答:_____

_____

_____

(3) 图 2-2 以地图数据可视化方式形象地表现了亚马逊丛林的变迁,请简单分析在这个案例中文字描述与数据可视化方法的不同。

答:_____

_____

_____

(4) 请简单描述你所知道的上一周发生的国际、国内或者身边的大事。

答:_____

_____

_____

_____

_____

2.1　Excel 的函数与图表

电子表格软件(如 Microsoft Excel、iWorks Numbers、Google Docs Spreadsheets 或 LibreOffice Calc)提供了创建电子表格的工具。它就像一张"聪明"的纸,可以自动计算上面的整列数字,还可以根据用户输入的简单等式或者软件内置的更加复杂的公式进行其他计算。另外,电子表格软件还可以将数据转换成各种形式的彩色图表,它有特定的数据处理功能,例如为数据排序,查找满足特定标准的数据以及打印报表等。

大多数电子表格软件为预先设计的工作表提供了一些模板或向导,例如,发货清单、收支报表、资产负债表和贷款还款计划，还可以在 Web 上得到其他模板。这些模板一般由专业人员设计，里面包含所有必要的标签和公式。使用模板时，只需填入数值就可进行计算。

Excel 是目前最受欢迎的办公套件 Microsoft Office 的主要成员之一，它在数据管理、自动处理和计算、表格制作、图表绘制以及金融管理等许多方面都有独到之处。

以 Microsoft Office Excel 2013 中文版为例，在 Windows"开始"菜单中单击 Excel 2013 命令，屏幕显示 Excel 工作界面如图 2-3 所示，从上到下依次是：标题栏、菜单栏、常用工具栏、格式栏、编辑栏，最后一行是状态行。

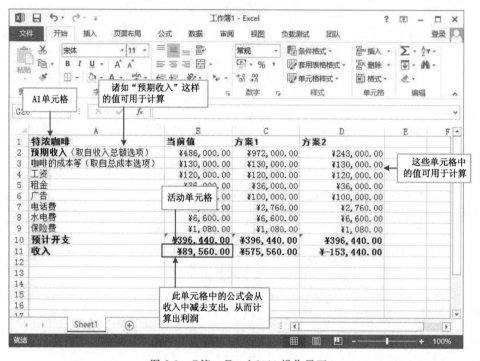

图 2-3　Office Excel 2013 操作界面

2.1.1　Excel 函数

Excel 的函数功能作为其数据处理的重要手段之一，在生活和工作实践中可以有多种应用，用户甚至可以用 Excel 来设计复杂的统计管理表格或者小型的数据库系统。

Excel 的函数实际上是一些预定义的公式计算程序，它们使用一些称为参数的数值，按特定的顺序或结构进行计算。用户可以直接用它们对某个区域内的数值进行一系列运算，如分析和处理日期值和时间值、确定贷款的支付额、确定单元格中的数据类型、计算平均值、排序显示和运算文本数据等。例如，SUM 函数对单元格或单元格区域进行加法运算。

（1）参数。可以是数字、文本、形如 TRUE 或 FALSE 的逻辑值、数组、形如♯N/A 的错误值或单元格引用等，给定的参数必须能产生有效的值。参数也可以是常量、公式或其他函数,还可以是数组、单元格引用等。

(2) 数组。用于建立可产生多个结果或可对存放在行和列中的一组参数进行运算的单个公式。在 Excel 中有两类数组:区域数组和常量数组。区域数组是一个矩形的单元格区域,该区域中的单元格共用一个公式;常量数组将一组给定的常量用作某个公式中的参数。

(3) 单元格引用。用于表示单元格在工作表所处位置的坐标值。例如,显示在第 B 列和第 3 行交叉处的单元格,其引用形式为"B3"(相对引用)或"B3"(绝对引用)。

(4) 常量。是直接输入到单元格或公式中的数字或文本值,或由名称所代表的数字或文本值。例如,日期 8/8/2014、数字 210 和文本"Quarterly Earnings"都是常量。公式或由公式得出的数值都不是常量。

一个函数还可以是另一个函数的参数,这就是嵌套函数。所谓嵌套函数,是指在某些情况下,可能需要将某函数作为另一函数的参数使用。例如,图 2-4 所示的公式使用了嵌套的 AVERAGE 函数,并将结果与 50 相比较。这个公式的含义是:如果单元格 F2 到 F5 的平均值大于 50,则求 G2 到 G5 的和,否则显示数值 0。

如图 2-5 所示,函数的结构以函数名称开始,后面是左圆括号、以逗号分隔的参数和右圆括号。如果函数以公式的形式出现,则应在函数名称前面输入等号(=)。

图 2-4　嵌套函数

图 2-5　函数的结构

单击工具栏中的"插入公式(fx)"按钮,会出现"插入函数"对话框(见图 2-6)。可在对话框或编辑栏中创建或编辑公式,还可提供有关函数及其参数的信息。

Excel 2013 函数一共有 13 类,分别是数据库函数、日期与时间函数、工程函数、财务函数、信息函数、逻辑函数、查找与引用函数、数学和三角函数、统计函数、文本函数、多维数据集函数、兼容性函数和 Web 函数。

2.1.2　Excel 图表

Excel 的数据分析图表可用于将工作表数据转换成图片,具有较好的可视化效果,可以快速表达绘制者的观点,方便用户查看数据的差异、图案和预测趋势等。例如,用户不必分析工作表中的多个数据列就可以立即看到各个季度销售额的升降,或很方便地对实际销售额与销售计划进行比较(见图 2-7)。

用户可以在工作表上创建图表,或将图表作为工作表的嵌入对象使用,也可以在网页上发布图表。

创建图表,需要先在工作表中为图表输入数据,然后完成以下步骤。

图 2-6　插入与编辑函数

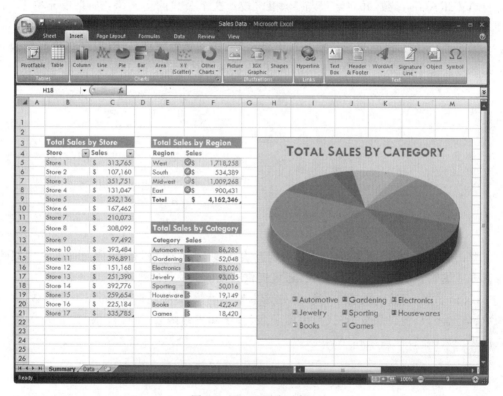

图 2-7　Excel 图表示例

步骤 1：选择要为其创建图表的数据（见图 2-8）。

步骤 2：单击"插入"菜单中的"推荐的图表"。在"推荐的图表"选项卡（见图 2-9）上，滚动浏览 Excel 为用户推荐的图表列表，然后单击任意图表以查看数据的呈现效果。

如果没有看到自己喜欢的图表，可单击"所有图表"标签以查看可用的图表类型（见图 2-10）。

图 2-8 选择数据

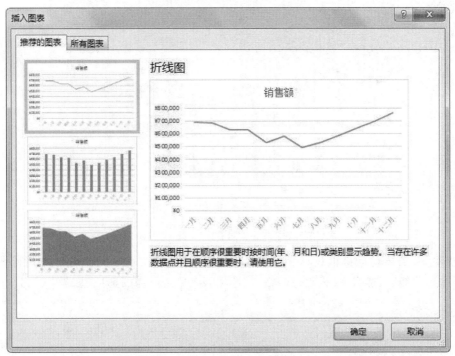

图 2-9 "推荐的图表"选项卡

步骤 3：找到所要的图表时，单击该图表，然后单击"确定"按钮。

步骤 4：使用图表右上角附近的"图表元素"、"图表样式"和"图表筛选器"按钮（见图 2-11），添加坐标轴标题或数据标签等图表元素，自定义图表的外观或更改图表中显示的数据。

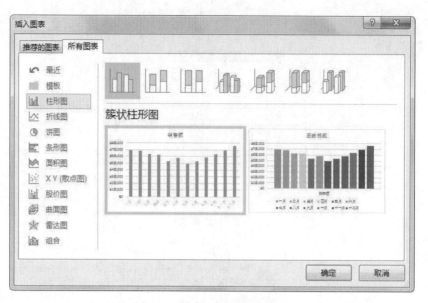

图 2-10　在"所有图表"中选择

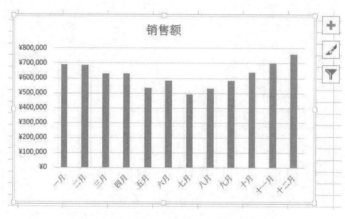

图 2-11　添加图表元素等

步骤 5：若要访问其他设计和格式设置功能，可单击图表中的任何位置，将"图表工具"添加到功能区，然后在"设计"和"格式"选项卡上单击所需的选项（见图 2-12）。

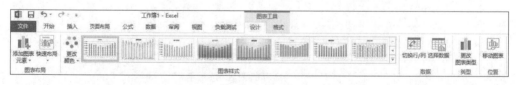

图 2-12　图表工具

各种图表类型提供了一组不同的选项。例如，对于簇状柱形图而言，选项如下。

（1）网格线：可以在此处隐藏或显示贯穿图表的线条。

（2）图例：可以在此处将图表图例放置于图表的不同位置。

（3）数据表：可以在此处显示包含用于创建图表的所有数据的表。用户也可能需要将图表放置于工作簿中的独立工作表上，并通过图表查看数据。

（4）坐标轴：可以在此处隐藏或显示沿坐标轴显示的信息。

（5）数据标志：可以在此处使用各个值的行和列标题（以及数值本身）为图表加上标签。这里要小心操作，因为很容易使图表变得混乱并且难于阅读。

（6）图表位置：如"作为新工作表插入"或者"作为其中的对象插入"。

实验确认：□学生　　□教师

2.1.3　选择图表类型

工作中经常使用柱形图和条形图来表示产品在一段时间内的生产和销售情况的变化或数量的比较，如表示分季度产品份额的柱形图就显示了各个品牌的市场份额的比较和变化。

如果要体现的是一个整体中每一部分所占的比例（例如市场份额）时，通常使用"饼图"。此外，比较常用的就是折线图和散点图了，折线图通常也是用来表示一段时间内某种数值的变化，常见的如股票价格的折线图等。散点图主要用在科学计算中。例如，可以使用正弦和余弦曲线的数据来绘制出正弦和余弦曲线。

例如，选择正确的图表类型，可按以下步骤操作。

步骤 1：选定需要绘制图表的数据单元，在"插入"菜单中单击"推荐的图表"选项，打开"插入图表"对话框（见图 2-13）。

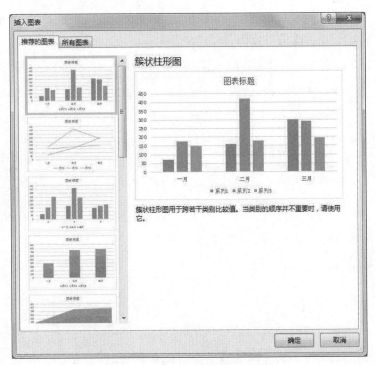

图 2-13　Excel"插入图表"对话框

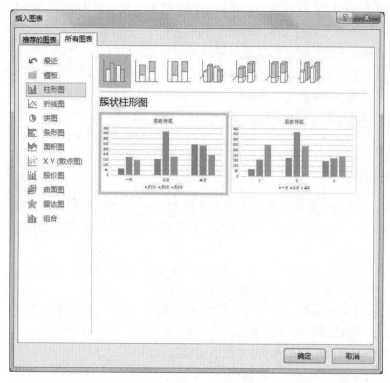

图 2-13 （续）

步骤 2：在"插入图表"对话框"所有图表"选项卡的左窗格中选择"XY（散点图）"项，在右窗格中选择"带平滑线的散点图"（见图 2-14）。

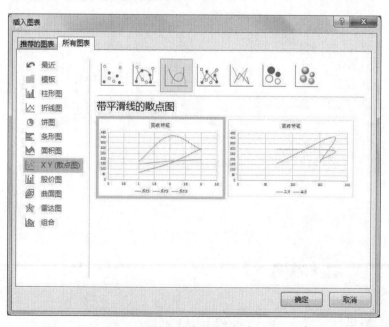

图 2-14 选择散点图

步骤 3：单击"确定"按钮，完成散点图绘制（见图 2-15）。

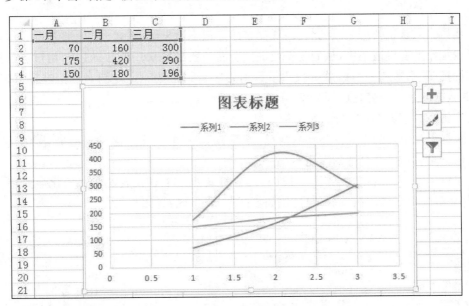

图 2-15　绘制散点图

对于大部分二维图表，既可以更改数据系列的图表类型，也可以更改整张图表的图表类型。对于气泡图，只能更改整张图表的类型。对于大部分三维图表，更改图表类型将影响到整张图表。

所谓"数据系列"是指在图表中绘制的相关数据点，这些数据源自数据表的行或列。图表中的每个数据系列具有唯一的颜色或图案并且在图表的图例中表示。可以在图表中绘制一个或多个数据系列。饼图只有一个数据系列。对于三维条形图和柱形图，可以将有关数据系列更改为圆锥、圆柱或棱锥图表类型。

步骤 1：若要更改图表类型，可单击整张图表或单击某个数据系列。

步骤 2：在右键菜单中单击"更改图表类型"命令。

步骤 3：在"所有图表"选项卡上单击选择所需的图表类型。

步骤 4：若要对三维条形或柱形数据系列应用圆锥、圆柱或棱锥等图表类型，可在"所有图表"选项卡中单击"圆柱图"、"圆锥图"或"棱锥图"。

实验确认：□学生　　　□教师

2.2　整理数据源

大数据时代，面对如此浩瀚的数据海洋，我们如何才能从中提炼出有价值的信息呢？其实，任何一个数据分析人员在做这方面工作时，都是先获得原始数据，然后对原始数据进行整合、处理，再根据实际需要将数据集合。只有这样层层递进才能挖掘原始数据中潜在的商业信息，也只有这样才能掌握目标客户的核心数据，为企业自身创造更多的价值。

2.2.1　数据提炼

我们先来认识数据集成的含义,数据集成是把不同来源、格式、特点、性质的数据在逻辑上或物理上有机地集中,从而为企业提供全面的数据共享。在 Excel 中,用户可以执行数据的排序、筛选和分类汇总等操作。数据排序就是指按一定规则对数据进行整理、排列,为数据的进一步处理做好准备。

实例 2-1　2016 年福特汽车销量情况。

根据每月记录的不同车型销量情况,评判 2016 年前 5 个月哪种车型最受大众青睐,以此向更多客户推荐合适的车型。

步骤 1:获取原始数据。图 2-16(a)是一份从网站中导入且经过初始化后的销售数据,从表格中可以读出简单的信息,比如不同车型每月的具体销量。

2016年福特汽车销售情况						
车型	5月	4月	3月	2月	1月	2016
翼博	7201	7404	7406	6935	4557	33503
翼虎	10901	11393	11102	12107	8922	54425
麦柯斯	225	110	64	74	10	483
新嘉年华-两厢	3344	3220	3243	3758	1897	15462
新嘉年华-三厢	5202	4811	5065	6201	3158	24437
福克斯	9955	10207	10006	11904	10065	52137
致胜	1075	1304	1271	1367	1039	6056

(a)

2016年福特汽车销售情况						
车型	5月	4月	3月	2月	1月	2016
麦柯斯	225	110	64	74	10	483
致胜	1075	1304	1271	1367	1039	6056
新嘉年华-两厢	3344	3220	3243	3758	1897	15462
新嘉年华-三厢	5202	4811	5065	6201	3158	24437
翼博	7201	7404	7406	6935	4557	33503
福克斯	9955	10207	10006	11904	10065	52137
翼虎	10901	11393	11102	12107	8922	54425

(b)

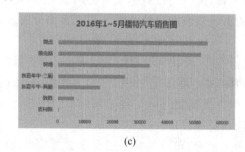

(c)

图 2-16　实例 2-1

步骤 2:排序数据。将月份销量进行升序排列,即选定 G3 单元格,然后在"数据"选项卡下的"排序和筛选"组中单击"升序"按钮,数据将自动按从小到大排列(见图 2-16(b))。

步骤 3:制作图表。先选取 A3:A9 单元格区域,然后按住 Ctrl 键同时选取 G3:G9 单元格区域,在"插入"选项卡下插入图表,接着选择簇状条形图,系统就按数据排列的顺序生成有规律的图表(见图 2-16(c))。

实验确认:　□学生　　□教师

实例 2-2　产品月销售情况。

自动筛选一般用于简单的条件筛选,筛选时将不满足条件的数据暂时隐藏起来,只显示符合条件的。高级筛选一般用于条件较复杂的筛选操作,其筛选的结果可显示在原数据表格中,可以在新的位置显示筛选结果,不符合条件的记录同时保留在数据表中而不会被隐藏起来。

本例中,统计某月不同系列的产品的月销量和月销售额,观察销售额在 25 000 以上的产品系列。在保证不亏损的情况下,扩展产品系列的市场。

步骤 1:统计月销售数据。将产品的销售情况按月份记录下来,然后抽取某月的销售数据来调研(见图 2-17(a))。

	A	B	C	D
1	×××公司产品月销售情况			
2	产品系列	单价	销售量	销售额
3	A	199	56	11144
4	A1	219	45	9855
5	A2	249	40	9960
6	B	255	102	26010
7	B1	288	85	24480
8	B2	333	76	25308
9	C	308	88	27104
10	C1	328	71	23288
11	C2	358	66	23628
12	D	399	76	30324
13	D1	425	55	23375
14	D2	465	39	18135

(a)

A	B	C	D
×××公司产品月销售情况			
产品系列	单价	销售量	销售额
B	255	102	26010
B2	333	76	25308
C	308	88	27104
D	399	76	30324

(b)

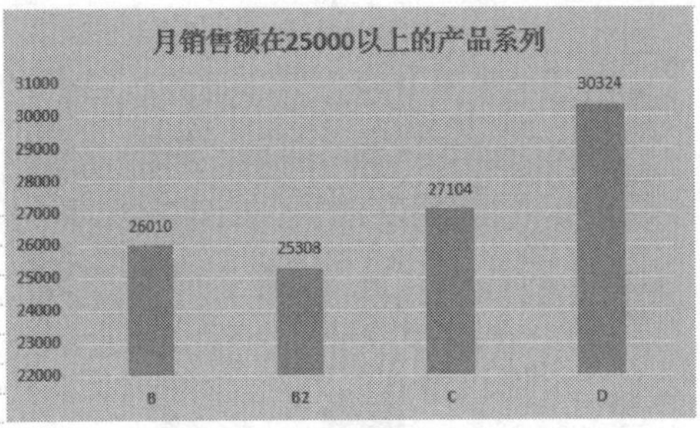

(c)

图 2-17　实例 2-2

步骤 2:筛选数据。单击"销售额"栏目,选择"数据"→"筛选",利用筛选功能下的"数字筛选",从其下拉菜单中选择大于等于条件,设置大于等于 25 000 的筛选条件(见图 2-17(b))。

步骤 3:制作图表。将筛选出的产品系列和销售额数据生成图表,系统默认结果大于等于 25 000 的产量系列,以只针对满足条件的产品进行分析(见图 2-17(c))。

实验确认:□学生　　　□教师

实例 2-3　公司货物运输费情况表。

在对数据进行分类汇总前,必须确保分类的字段是按照某种顺序排列的,如果分类的字段杂乱无序,分类汇总将会失去意义。

在本例中,假设总公司从库房向成华区、金牛区和锦江区的卖点送达货物,记录下在运输过程中产生的汽车运输费和人工搬运费,通过分类汇总制作三个卖点的运输费对比图。

步骤 1:排序关键字。见图 2-18(a),单击"送达店铺"栏,再单击"数据"选项卡下

"排序和筛选"组中的"排序"按钮,打开"排序"对话框,设置"送达店铺"关键字按"升序"排序。

	A	B	C	D
1	×××公司货物运输费			
2	商品编码	送达店铺	汽车运输费	人工搬运费
3	JK001	成华店	650	200
4	JK005	成华店	650	300
5	JK006	成华店	650	180
6	JK002	成华店	650	230
7	JK008	成华店	650	380
8	JK001	金牛店	600	260
9	JK008	金牛店	600	220
10	JK005	金牛店	600	200
11	JK006	金牛店	600	195
12	JK002	金牛店	600	160
13	JK004	金牛店	600	260
14	JK006	锦江店	700	260
15	JK001	锦江店	700	180

(a)

	A	B	C	D
1	×××公司货物运输费			
2	商品编码	送达店铺	汽车运输费	人工搬运费
3	JK001	成华店	650	200
4	JK005	成华店	650	300
5	JK006	成华店	650	180
6	JK002	成华店	650	230
7	JK008	成华店	650	380
8		成华店 汇总	3250	1290
9	JK001	金牛店	600	260
10	JK008	金牛店	600	220
11	JK005	金牛店	600	200
12	JK006	金牛店	600	195
13	JK002	金牛店	600	160
14	JK004	金牛店	600	260
15		金牛店 汇总	3600	1295
16	JK006	锦江店	700	260
17	JK001	锦江店	700	180
18		锦江店 汇总	1400	440
19		总计	8250	3025

(b)

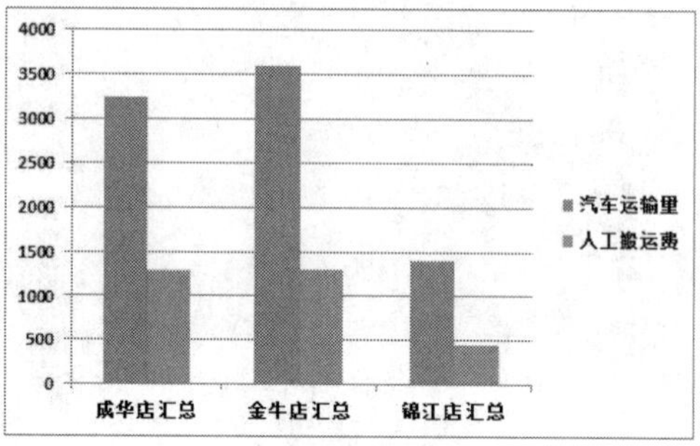

(c)

图 2-18　实例 2-3

步骤 2:分类汇总。同样在"数据"选项卡下,单击"分级显示"组中的"分类汇总"按钮,打开"分类汇总"对话框。然后,设置分类字段为"送达店铺",汇总方式为"求和",在"选定汇总项"列表中勾选"汽车运输费"和"人工搬运费",参见图 2-18(b)。

步骤 3:制作图表。单击分类汇总后按左上角的级别"2"按钮,选取各地区的汇总结果生成柱状图表。图表中显示了各地区的汽车运输费和人工搬运费对比情况(见图 2-18(c))。

实验确认:□学生　　□教师

2.2.2　数据清理

对于一份庞大的数据来说,无论是手动录制还是从外部获取,难免会出现无效值、重复值、缺失值等情况。不符合要求的主要有缺失数据、错误数据、重复数据这三类,这样的数据就需要进行清洗,此外还有数据一致性检查等操作。

(1)缺失的数据:在实际的数据收集中,数据项的缺失是很常见的。这主要是一些应该有的信息缺失了,如供应商的名称、分公司的名称、客户的区域信息缺失,业务系统中主表与明细表不能匹配,或者是人为原因导致在某些时间段内传感器信息的缺失等。

(2) 错误的数据:产生的原因往往是业务系统不够健全,在接收输入后没有进行判断就直接写入后台数据库造成的,比如数值数据输成全角字符、日期格式不正确、日期越界等。Excel 公式中的错误值通常是因为公式不能正确地计算结果或公式引用的单元格有错误造成的。

(3) 重复的数据:产生的原因一般是因为时间段过长,忘记了前期所做的记录,后期又重复记录;或是同一工作任务被不同的执行者执行,导致相同的数据产生;或是在数据处理过程中产生了重复的数据。

想要清除这些有缺陷的数据,就需要根据它们的类型从不同角度进行操作,如填补遗漏的数据、消除异常值、纠正不一致的数据等。对于这种问题的处理方法如批量删除重复值等。

在实际工作中,由于对公式的不熟悉、单元格引用不当、数据本身不满足公式参数的要求等原因,难免会出现一些错误。但是有些时候出现的错误类型并不影响计算结果,此时应该对错误值进行深度处理,可显示为空白或用 0 代替,以方便查阅。

例如,为用 0 显示错误值,可在计算结果的单元格中输入公式(假设数据在 A2:B9 中):
$$=IFERROR(VLOOKUP("0",A2:B9,2,0),"0")$$

2.2.3　抽样产生随机数据

做数据分析、市场研究、产品质量检测,不可能像人口普查那样进行全量的研究。这就需要用到抽样分析技术。在 Excel 中使用"抽样"工具,必须先启用"开发工具"选项,然后再加载"分析工具库"。

抽样方式包括周期和随机。所谓周期模式,即所谓的等距抽样,需要输入周期间隔。输入区域中位于间隔点处的数值以及此后每一个间隔点处的数值将被复制到输出列中。当到达输入区域的末尾时,抽样将停止。而随机模式适用于分层抽样、整群抽样和多阶段抽样等。随机抽样需要输入样本数,计算机自行进行抽样,不用受间隔规律的限制。

实例 2-4　随机抽样客户编码。

步骤 1:加载"分析工具库"。单击"文件"→"选项"→"自定义功能区"(见图 2-19),然后在"自定义功能区"面板中勾选"开发工具",单击"确定"按钮,这样,在 Excel 工作表的主菜单中就显示了"开发工具"命令(见图 2-20)。

步骤 2:单击"开发工具"→"加载项",在弹出的对话框列表中勾选"分析工具库",单击"确定"按钮,就可成功加载"数据分析"功能。这时,在"数据"选项卡的"分析"组中可以看到"数据分析"选项。

现有从 51001 开始的 100 个连续的客户编码,需要从中抽取 20 个客户编码进行电话拜访,用抽样分析工具产生一组随机数据。

图 2-19 文件→选项→自定义功能区

图 2-20 "开发工具"选项卡

步骤 3：获取原始数据。如图 2-21(a)所示，将编码从 51001 开始按列依次排序到 51100，并对间隔列填充相同颜色。

步骤 4：使用抽样工具。在"数据"选项卡下的"分析"组中单击"数据分析"按钮，打开"数据分析"对话框，然后在"分析工具"列表中选择"抽样"，如图 2-21(b)所示。

51001	51011	51021	51031	51041	51051	51061	51071	51081	51091
51002	51012	51022	51032	51042	51052	51062	51072	51082	51092
51003	51013	51023	51033	51043	51053	51063	51073	51083	51093
51004	51014	51024	51034	51044	51054	51064	51074	51084	51094
51005	51015	51025	51035	51045	51055	51065	51075	51085	51095
51006	51016	51026	51036	51046	51056	51066	51076	51086	51096
51007	51017	51027	51037	51047	51057	51067	51077	51087	51097
51008	51018	51028	51038	51048	51058	51068	51078	51088	51098
51009	51019	51029	51039	51049	51059	51069	51079	51089	51099
51010	51020	51030	51040	51050	51060	51070	51080	51090	51100

(a)

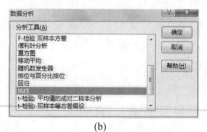

(b)

图 2-21 实例 2-4

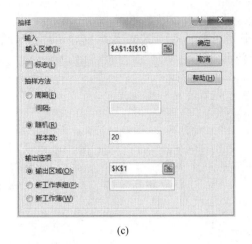

(c)

51050	51059
51084	51027
51006	51054
51067	51055
51008	51059
51053	51013
51032	51076
51073	51082
51065	51009
51033	51048

(d)

图 2-21 （续）

步骤 5：设置输入区域和抽样方式。在弹出的"抽样"对话框中，设置"输入区域"为"＄A＄1：＄I＄10"，设置"抽样方法"为"随机"，样本数为 20，再设置"输出区域"为"＄K＄1"，如图 2-21(c)所示。

步骤 6：抽样结果。单击对话框中的"确定"按钮后，K 列中随机产生了 20 个样本数据，将产生的后 10 个数据剪切到 L 列，然后利用突出显示单元格规则下的重复值选项，将重复结果用不同颜色标记出来，结果如图 2-21(d)所示。

实验确认：□学生　　□教师

2.3　数理统计中的常见统计量

人们在描述事物或过程时，已经习惯性地偏好于接受数字信息以及对各种数字进行整理和分析，而统计学就是基于现实经济社会发展的需求而不断发展的。

2.3.1　比平均值更稳定的中位数和众数

在统计学领域有一组统计量是用来描述样本的集中趋势的，它们就是平均值、中位数和众数。

（1）平均值：在一组数据中，所有数据之和再除以这组数据的个数。

（2）中位数：将数据从小到大排序之后的样本序列中，位于中间的数值。

（3）众数：一组数据中，出现次数最多的数。

平均数涉及所有的数据，中位数和众数只涉及部分数据。它们互相之间可以相等也可以不相等，却没有固定的大小关系。

一般来说，平均数、中位数和众数都是一组数据的代表，分别代表这组数据的"一般水平"、"中等水平"和"多数水平"。

实例 2-5　员工工作量统计。

在本例中，统计员工 7 月份的工作量，对整个公司的工作进度进行分析，再评价姓名为"陈科"的员工的工作情况。

如图 2-22(a)所示,在工作表中分别利用 AVERAGE 函数、MEDIAN 函数和 MODE 函数求出"业绩"组的平均值、中位数和众数。

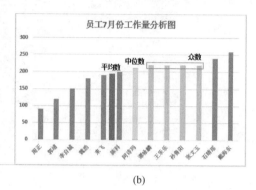

姓名	部门	业绩		
周正	摄影部	90	平均数	194
郭靖	摄影部	120	中位数	210
李自城	办公室	150	众数	220
魏浩	摄影部	180		
来飞	平面部	190		
陈科	平面部	200		
阿诗玛	平面部	210		
谭咏麟	办公室	220		
王乐乐	平面部	220		
孙鲁阳	办公室	220		
张文王	办公室	220		
石晴瑶	平面部	240		
戴海东	办公室	260		

(a)　　　　　　　　　　　　　　　(b)

图 2-22　实例 2-5

如图 2-22(b)所示,用"姓名"列和"业绩"列作为数据源,将其生成图表,并用不同颜色填充系列"中位数"和众数,再手绘一个"平均值"的柱形图置于图表中。

从图表中可以看出,若要体现公司的整体业绩情况,平均值最具代表性,它反映了总体中的平均水平,即公司 7 月份员工的平均业绩:194。而中位数是一个趋向中间值的数据处于总体中的中间位置,所以有一半的样本值是小于该值,还有一半的样本值大于该值,相对于平均值来讲,本例中的中位数 210 更具考察意义,因为平均值的计算受到了最大值和最小值两个极端异常值的影响,中位数虽然不能反映公司的一般水平,但是却反映了公司的集中趋势——中等水平。将本例中出现次数最多的众数 220 与平均值和中位数对比后会发现。在所有数据中 220 是一个多数人的水平,它反映了整个公司大多数人的工作状态,也是数据集中趋势的一个统计量。

如果单独考查"陈科"的工作状况,他 7 月份的工作业绩是 200,这并没有达到公司的"中等水平"和"多数水平",但参考这两个统计量并不能否定他这个月的成绩,因为他的业绩高于整个公司的"平均水平"。

实验确认:□学生　　　□教师

2.3.2　概率统计中的正态分布和偏态分布

概率可以理解为随机出现的相对数。随机现象是相对于决定性现象而言的。在一定条件下必然发生某一结果的现象称为决定性现象。随机现象则是指在基本条件不变的情况下,每一次试验或观察前,不能肯定会出现哪种结果,呈现出偶然性,如常见的掷骰子试验。事件的概率是衡量该事件发生的可能性的量度。虽然在一次随机试验中某个事件的发生是带有偶然性的,但那些可在相同条件下大量重复的随机试验却往往呈现出明显的数量规律,其中正态分布和偏态分布就是数据有规律出现的两个代表。

正态分布(见图 2-23(a))是一种对称概率分布,而偏态分布(见图 2-23(b))是指频数分布不对称、集中位置偏向一侧的分布。若集中位置偏向数值小的一侧,称为正偏态分布;集中位置偏向数值大的一侧,称为负偏态分布。在 Excel 中通过折线图或散点图可以模拟出如图 2-23 所示的效果。

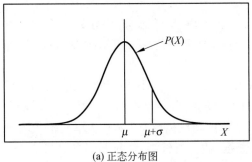

(a) 正态分布图

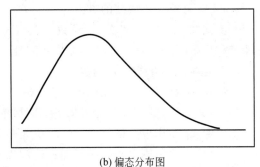

(b) 偏态分布图

图 2-23 正态分布与偏态分布

在 Excel 中若要绘制正态分布图,需要了解 NORMDIST 函数。该函数返回指定平均值和标准偏差的正态分布函数。此函数在统计方面应用范围广泛(包括假设检验),能建立起一定数据频率分布直方与该数据平均值和标准差所确定的正态分布数据的对照关系。

实例 2-6 计算学生考试成绩的正态分布图。

一般考试成绩具有正态分布现象。现假设某班有 45 个学生,在一次英语考试中学生的成绩分布在 54~98 分(假设他们的成绩按着学号依次递增),计算该班学生成绩的累积分布函数图和概率密度函数图(见图 2-24(a),图中在第 27 行有折叠)。

	学号	分数	均值	方差	积累分布函数	概率密度函数
			76	12.98717		
01	01	54			0.045134627	0.00731606
02	02	55			0.052941293	0.008310687
03	03	56			0.061782492	0.009384729
04	04	57			0.071736158	0.010534931
05	05	58			0.082876062	0.011756194
06	06	59			0.09526991	0.013041482
07	07	60			0.10897738	0.014381768
08	08	61			0.12404813	0.015766044
09	09	62			0.140519845	0.017181391
10	10	63			0.158416388	0.018613115
11	11	64			0.177746125	0.020044947
12	12	65			0.198500472	0.021459317
13	13	66			0.220652763	0.022837681
14	14	67			0.244157458	0.024160909
15	15	68			0.268949767	0.025409706
16	16	69			0.294945721	0.026565082
17	17	70			0.322042703	0.027608817
18	18	71			0.350120467	0.028523944
19	19	72			0.379042611	0.029295201
20	20	73			0.408658508	0.029909457
21	21	74			0.438805617	0.030356081
22	22	75			0.46931215	0.03062725
23	23	76			0.5	0.030718177
24	24	77			0.53068785	0.03062725
25	25	78			0.561194383	0.030356081
40	40	93			0.90473009	0.013041482
41	41	94			0.917123938	0.011756194
42	42	95			0.928263842	0.010534931
43	43	96			0.938217508	0.009384729
44	44	97			0.947058707	0.008310687
45	45	98			0.954865373	0.00731606

(a)

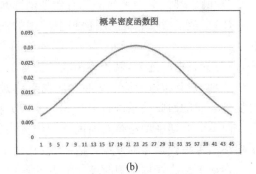

(b)

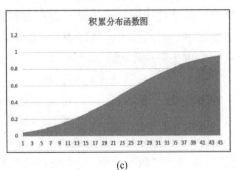

(c)

图 2-24 实例 2-6

步骤1：计算均值和方差。在C2单元格中输入计算学生成绩的均值公式=AVERAGE(B3:B47)，按回车键后显示结果。然后在D2单元格中输入公式=STDEVP(B3:B47)计算学生成绩的方差。

步骤2：计算积累分布函数。在E3单元格中输入正态分布函数的公式"=NORMDIST(B3,C2,D2,TRUE)"。输入该函数的cumulative参数时，选择TRUE选项表示累积分布函数。

步骤3：计算概率密度函数。在F3单元格中输入步骤2一样的函数公式，只是最后一个cumulative参数设置为FALSE，即概率密度函数。

步骤4：填充单元格公式。选取单元格E3:F3，拖动鼠标填充E4:F47单元格区域。

步骤5：绘制概率密度函数图。选取F列数据，插入折线图，系统显示如图2-24(b)所示。

步骤6：绘制累积分布函数图。选取E列数据，插入面积图，系统显示如图2-24(c)所示。

实验确认：□学生　　□教师

2.3.3　应用在财务预算中的分析工具

大数据预测分析是大数据的核心，但同时也是一个很困难的任务。这里尝试用在Excel中实现数据的分析和预测。

在Excel中包括三种预测数据的工具，即移动平均法、指数平滑法和回归分析法。

(1)移动平均法：适用于近期预测。当产品需求既不快速增长也不快速下降，且不存在季节性因素时，移动平均法能有效地消除预测中的随机波动，是非常有用的。

(2)指数平滑法：是生产预测中常用的一种方法，也用于中短期经济发展趋势预测。它兼具了全期平均和移动平均所长，不舍弃过去的数据，但是仅给予逐渐减弱的影响程度，即随着数据的远离，赋予逐渐收敛为零的权数。

(3)回归分析法：是在掌握大量观察数据的基础上，利用数理统计方法建立因变量与自变量之间的回归关系函数表达式。回归分析法不能用于分析与评价工程项目风险。

简单的全期平均法是对时间序列的过去数据一个不漏地全部加以同等利用；而移动平均法不考虑较远期的数据，并在加权移动平均法中给予近期资料更大的权重。

移动平均法根据预测时使用的各元素的权重不同，可以分为简单移动平均和加权移动平均。简单移动平均的各元素的权重都相等；加权移动平均给固定跨越期限内的每个变量值以不相等的权重。其原理是：历史各期产品需求的数据信息对预测未来期内的需求量的作用是不一样的。

实例2-7　一次移动平均法预测。

如图2-25(a)所示，这是一份某企业2015年12个月的销售额情况表，表中记录了1~12月每个月的具体销售额，按移动期数为3来预测企业下一个月的销售额。

步骤1：数据分析。打开销售额情况表，在"数据"选项卡下，单击"分析"组中的"数据分析"按钮，打开"数据分析"对话框，在"分析工具"列表中选择"移动平均"工具，单击"确定"按钮。

步骤 2：打开"移动平均"对话框。在"移动平均"对话框中设置"输入区域"为 B2：B13，"输出区域"为 C3，"间隔"为 3，如图 2-25(b)所示。

步骤 3：预测结果。单击"移动平均"对话框中的"确定"按钮后，运行结果会显示在单元格区域 C5：C13 中，图 2-25(a)中的第 14 行预测数据即是下月的预测值。

(a)

(b)

图 2-25　实例 2-7

实验确认：□学生　　　□教师

实例 2-8　指数平滑法预测。

如图 2-26(a)所示，这是某企业 2013 年的销售额数据，用指数平滑法预测下一月的销售额。

(a)

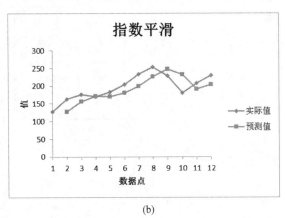

(b)

图 2-26　实例 2-8

步骤 1：打开"指数平滑"对话框，设置"输入区域"为"B2：B13"，"输出区域"为"C3"，然后输入"阻尼系数"为"0.2"，再勾选"图表输出"复选框，单击"确定"按钮。

步骤 2：预测结果。工作表中 C14 单元格中的数据就是指数平滑法预测出的结果。

步骤 3：图表输出。除了工作表中会显示预测数据外，由于勾选了"图表输出"选项，所以系统还会将预测结果用图表的形式输出，如图 2-26(b)所示。

实验确认：□学生　　　□教师

2.4　改变数据形式引起的图表变化

常见的数量单位有一、十、百、千、万、亿、兆等,万以下是十进制,万以上则为万进制,即万万为亿,万亿为兆;小数点以下为十退位。在 Excel 中,数据单位是否合理直接影响了图表的表达形式,如果数据单位没有设置恰当,制作的图表不但不能准确传递数据信息,还可能误导用户对图表的使用,或者使设计的图表失去意义。

2.4.1　用负数突出数据的增长情况

在计算产值、增加值、产量、销售收入、实现利润和实现利税等项目的增长率时,经常使用的计算公式为:

$$增长率(\%)=(报告期水平-基期水平)/基期水平\times100\%$$
$$=增长量/基期水平\times100\%$$

其中,报告期和基期构成一对相对的概念,报告期基期的对称,是指在计算动态分析指针时,需要说明其变化状况的时期;基期是作为对比基础的时期。

实例 2-9

数据如图 2-27(a)所示,用"销售额"来表达数据增长情况并不为过(见图 2-27(b)),从图表中可以看出某年销售额的一个增长趋势。

	A	B	C
1	月份	销售额	增长率(%)
2	1月	9850	
3	2月	9900	0.5
4	3月	9890	-0.1
5	4月	11550	16.8
6	5月	12550	8.7
7	6月	12500	-0.4
8	7月	13500	8.0
9	8月	14500	7.4
10	9月	14300	-1.4
11	10月	15810	10.6
12	11月	16000	1.2
13	12月	16850	5.3

(a)

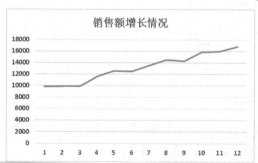
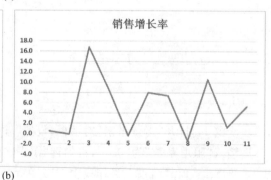

(b)

图 2-27　实例 2-9

在 C3 单元格中输入计算增长率的公式"＝（B3－B2）/B2"，然后拖动鼠标填充 C3。

用增长额来分析，使数据波动的大小和负增长的情况并不那么显而易见。而在图 2-27（b）中，折线的起伏不定表示了数据的波动情况，而且在零基线上方展示了数据的正增长，还有一小部分在零基线下方，说明该年的销售额数据有负增长的情况——这就是用增长率来分析数据的优势。

实验确认：□学生　　　□教师

2.4.2　重排关键字顺序使图表更合适

条形图和柱形图最常用于说明各组之间的比较情况。条形图是水平显示数据的唯一图表类型。因此，该图常用于表示随时间变化的数据，并带有限定的开始和结束日期。另外，由于类别可以水平显示，因此它还常用于显示分类信息。

实验确认：□学生　　　□教师

实例 2-10

在图 2-28（a）中，选定 B2 单元格，切换至"数据"选项卡，在"排序和筛选"组中单击"升序"按钮，便可得到如图 2-28（b）所示的结果。

从图 2-28（c）可知源数据的凌乱无序，无论是数据还是关键字毫无规律可言。条形图与柱状图一样，在表示项目数据大小时，一般都会先对数据排序。图 2-28（d）是对数值按从大到小的顺序排列后的效果。对于条形图，人们习惯将类别按从大至小的次序排列，也就是要将源数据按降序排列才会达到此效果。

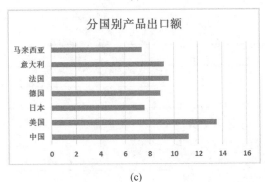
(a)

(b)

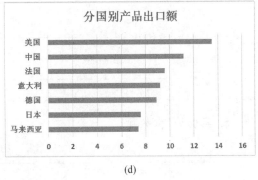

(c)　　　　　　　　　　　　　　　(d)

图 2-28　实例 2-10

实验确认：□学生　　　□教师

【实验与思考】

体验 Excel 数据可视化方法

1. 实验目的

（1）熟悉 Excel 电子表格的基本操作；

（2）通过对课文中实例的实验操作，熟悉 Excel 数据分析和数据可视化方法；

（3）体验大数据可视化分析的基础操作。

2. 工具/准备工作

在开始本实验之前，请认真阅读课程的相关内容。

需要准备一台安装有 Microsoft Excel（例如 2013 版）应用软件的计算机。

3. 实验内容与步骤

请仔细阅读本章的课文内容，对其中的各个实例实施具体操作，从中体验 Excel 数据统计分析与可视化方法。

注意：完成每个实例操作后，在对应的"实验确认"栏中打勾（√），并请实验指导老师指导并确认。

请问：你是否完成了上述各个实例的实验操作？ 如果不能顺利完成，请分析可能的原因是什么。

答：_____

_____

_____

_____

4. 实验总结

_____

_____

_____

_____

5. 实验评价（教师）

_____

_____

Excel 数据可视化应用

【导读案例】

包罗一切的数字图书馆

我们要讲述的是一个有关对图书馆进行实验的故事。没错,我们的实验对象不是一个人、一只青蛙、一个分子或者原子,而是史学史中最有趣的数据集:一个旨在包罗所有书籍的数字图书馆。

这样神奇的图书馆从何而来呢?

1996 年,斯坦福大学计算机科学系的两位研究生正在做一个现在已经没什么影响力的项目——斯坦福数字图书馆技术项目。该项目的目标是展望图书馆的未来,构建一个能够将所有书籍和互联网整合起来的图书馆。他们打算开发一个工具,能够让用户浏览图书馆中的所有藏书。但是,这个想法在当时是难以实现的,因为只有很少一部分书是数字形式的。于是,他们将该想法和相关技术转移到文本上,将大数据实验延伸到互联网上,开发出了一个让用户能够浏览互联网上所有网页的工具,他们最终开发出了一个搜索引擎,并将其称为"谷歌"。

到 2004 年,谷歌"组织全世界的信息"的使命进展得很顺利,这就使其创始人拉里·佩奇有暇回顾他的"初恋"——数字图书馆。令人沮丧的是,仍然只有少数书是数字形式的。不过,在那几年间,某些事情已经改变了:佩奇现在是亿万富翁。于是,他决定让谷歌涉足扫描图书并对其进行数字化的业务。尽管他的公司已经在做这项业务了,但他认为谷歌应该为此竭尽全力。

雄心勃勃?无疑如此。不过,谷歌最终成功了。在公开宣称启动该项目的 9 年后,谷歌完成了三千多万本书的数字化,相当于历史上出版图书总数的 1/4。其收录的图书总量超过了哈佛大学(1700 万册)、斯坦福大学(900 万册)、牛津大学(1100 万册)以及其他任何大学的图书馆,甚至还超过了俄罗斯国家图书馆(1500 万册)、中国国家图书馆(2600 万册)和德国国家图书馆(2500 万册)。在撰写本书时,唯一比谷歌藏书更多的图书馆是美国国会图书馆(3300 万册)。而在你读到这句话的时候,谷歌可能已经超过它了。

长数据,量化人文变迁的标尺

当"谷歌图书"(见图 3-1)项目启动时,我们和其他人一样是从新闻中得知的。但是,直到 2006 年,这一项目的影响才真正显现出来。当时,我们正在写一篇关于英语语法历史的论文。为了该论文,我们对一些古英语语法教科书做了小规模的数字化。

　　现实问题是,与我们的研究最相关的书被"埋藏"在哈佛大学魏德纳图书馆(见图3-2)里。我们要介绍一下我们是如何找到这些书的。首先,到达图书馆东楼的二层,走过罗斯福收藏室和美洲印第安人语言部,你会看到一个标有电话号码"8900"和向上标识的过道,这些书被放在从上数的第二个书架上。多年来,伴随着研究的推进,我们经常来翻阅这个书架上的书。那些年,我们是唯一借阅过这些书的人,除了我们之外没有人在意这个书架。

图 3-1　谷歌图书的 Logo　　　　　　　　图 3-2　哈佛大学魏德纳图书馆

　　有一天,我们注意到我们的研究中经常使用的一本书可以在网上看到了。那是由"谷歌图书"项目(见图3-3)实现的。出于好奇,我们开始在"谷歌图书"项目中搜索魏德纳图

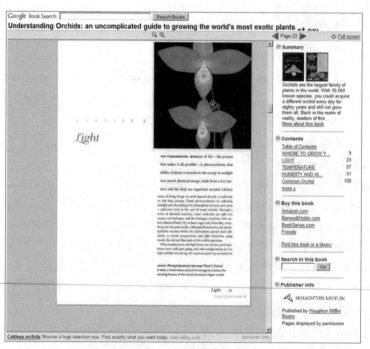

图 3-3　谷歌图书

书馆那个书架上的其他书,而那些书同样也可以在"谷歌图书"项目中找到。这并不是因为谷歌公司关心中世纪英语的语法。我们又搜索了其他一些书,无论这些书来自哪个书架,都可以在"谷歌图书"中找到对应的电子版本。也就是说,就在我们动手数字化那几本语法书时,谷歌已经数字化了几栋楼的书!

谷歌的大量藏书代表了一种全新的大数据,其有可能会转变人们看待过去的方式。大多数大数据虽然大,但时间跨度却很短,是有关近期事件的新近记录。这是因为这些数据是由互联网催生的,而互联网只是一项新兴的技术。我们的目标是研究文化变迁,而文化变迁通常会跨越很长的时间段,这期间一代代人生生死死。当我们探索历史上的文化变迁时,短期数据是没有多大用处的,不管它有多大。

"谷歌图书"项目的规模可以和这个数字媒体时代的任何一个数据集相媲美。谷歌数字化的书并不只是当代的:不像电子邮件、RSS 订阅和 superpokes 等,这些书可以追溯到几个世纪前。因此,"谷歌图书"不仅是大数据,而且是长数据。

由于"谷歌图书"包含如此长的数据,和大多数大数据不同,这些数字化的图书不局限于描绘当代人文图景,还反映了人类文明在相当长一段时期内的变迁,其时间跨度比一个人的生命更长,甚至比一个国家的寿命还长。"谷歌图书"的数据集也由于其他原因而备受青睐——它涵盖的主题范围非常广泛。浏览如此大量的书籍可以被认为是在咨询大量的人,而其中有很多人都已经去世了。在历史和文学领域,关于特定时间和地区的书是了解那个时间和地区的重要信息源。

由此可见,通过数字透镜来阅读"谷歌图书"将有可能建立一个研究人类历史的新视角。我们知道,无论要花多长时间,我们都必须在数据上入手。

数据越多,问题越多

大数据为我们认识周围世界创造了新机遇,同时也带来了新的挑战。

第一个主要的挑战是,大数据和数据科学家们之前运用的数据在结构上差异很大。科学家们喜欢采用精巧的实验推导出一致的准确结果,回答精心设计的问题。但是,大数据是杂乱的数据集。典型的数据集通常会混杂很多事实和测量数据,数据搜集过程随意,并非出于科学研究的目的。因此,大数据集经常错漏百出、残缺不全,缺乏科学家们需要的信息。而这些错误和遗漏即便在单个数据集中也往往不一致。那是因为大数据集通常由许多小数据集融合而成。不可避免地,构成大数据集的一些小数据集比其他小数据集要可靠一些,同时每个小数据集都有各自的特性。Facebook 就是一个很好的例子。交友在 Facebook 中意味着截然不同的意思。有些人无节制地交友,有些人则对交友持谨慎的态度;有些人在 Facebook 中将同事加为好友,而有些人却不这么做。处理大数据的一部分工作就是熟悉数据,以便能反推出产生这些数据的工程师们的想法。但是,我们和多达1拍字节的数据又能熟悉到什么程度呢?

第二个主要的挑战是,大数据和我们通常认为的科学方法并不完全吻合。科学家们想通过数据证实某个假设,将他们从数据中了解到的东西编织成具有因果关系的故事,并最终形成一个数学理论。当在大数据中探索时,你会不可避免地有一些发现,例如,公海的海盗出现率和气温之间的相关性。这种探索性研究有时被称为"无假设"研究,因为我们永远不知道会在数据中发现什么。但是,当需要按照因果关系来解释从数据中发现的相关性时，大数据便显得有些无能为力了。是海盗造成了全球变暖吗？是炎热的天气使更多的人从事海盗行为的吗？如果二者是不相关的，那么近几年在全球变暖加剧的同时，海盗的数目为什么会持续增加呢？我们难以解释，而大数据往往却能让我们去猜想这些事情中的因果链条。

当我们继续收集这些未做解释或未做充分解释的发现时，有人开始认为相关性正在威胁因果性的科学基石地位。甚至有人认为，大数据将导致理论的终结。这样的观点有些让人难以接受。现代科学最伟大的成就是在理论方面。譬如，爱因斯坦的广义相对论、达尔文的自然选择进化论等，理论可以通过看似简单的原理来解释复杂的现象。如果我们停止理论探索，那么我们将会忽视科学的核心意义。当我们有了数百万个发现而不能解释其中任何一个时，这意味着什么？这并不意味着我们应该放弃对事物的解释，而是意味着很多时候我们只是为了发现而发现。

第三个主要挑战是，数据产生和存储的地方发生了变化。作为科学家，我们习惯于通过在实验室中做实验得到数据，或者记录对自然界的观察数据。可以说，某种程度上，数据的获取是在科学家的控制之下的。但是，在大数据的世界里，大型企业甚至政府拥有着最大规模的数据集。而它们自己、消费者和公民们更关心的是如何使用数据。很少有人希望美国国家税务局将报税记录共享给那些科学家，虽然科学家们使用这些数据是出于善意。eBay 的商家不希望它们完整的交易数据被公开，或者让研究生随意使用。搜索引擎日志和电子邮件更是涉及个人隐私权和保密权。书和博客的作者则受到版权保护。各个公司对所控制的数据有着强烈的产权诉求，它们分析自己的数据是期望产生更多的收入和利润，而不愿意和外人共享其核心竞争力，学者和科学家更是如此。

出于所有这些原因，一些最强大的关于人类"自我知识"的数据资源基本未被使用过。尽管有关社会化网络的研究已经进行了几十年了，但几乎没有任何公开的研究是在 Facebook 上进行的，因为 Facebook 公司没有动力去分享他们的社会化网络数据。尽管市场经济理论已经有了几个世纪的历史，经济学家也无法访问主要在线市场的详细交易记录。尽管人类已经在绘制世界地图上努力了几千年，DigitalGlobe 等公司也拥有着地球表面的 50cm 分辨率的卫星照片，但是这些地图数据并从未被系统地研究过。我们发现，人们永无止境的学习欲望和探索欲望与这些数据之间的鸿沟大得惊人。这类似于数代天文学家们一直在探索遥远的恒星，却由于法律原因而不被允许研究太阳。

然而，只要知道太阳在哪里，人们对它的研究欲望就不会消退。如今，全世界的人都在跳着一支支奇怪的"交际舞"。学者和科学家为了能够访问企业的数据，开始不断地接触工程师、产品经理甚至高级主管。有时候，最初的会谈很顺利——他们出去喝喝咖啡，随后事情就会按部就班地进行。一年后，一个新人加入进来。很不幸，这个人通常是律师。

如果要分析谷歌的图书馆，我们就必须找到应对上述挑战的方法。数字图书所面临的挑战并不是独特的，只是今天大数据生态系统的一个缩影。

资料来源：[美]埃雷兹·艾登，[法]让-巴蒂斯特·米歇尔.可视化未来——数据透视下的人文大趋势.王彤彤等译.杭州：浙江人民出版社，2015.

阅读上文，请思考、分析并简单记录：

（1）"谷歌"的诞生最初源自于什么项目？如今，这个项目已经达到什么样的规模？这个规模经历了多长时间？——对此，你有什么感想？

答：＿＿＿＿＿＿＿＿＿＿＿＿＿＿＿＿＿＿＿＿＿＿＿＿＿＿＿＿＿＿＿＿＿＿＿

＿＿＿＿＿＿＿＿＿＿＿＿＿＿＿＿＿＿＿＿＿＿＿＿＿＿＿＿＿＿＿＿＿＿＿＿＿＿

＿＿＿＿＿＿＿＿＿＿＿＿＿＿＿＿＿＿＿＿＿＿＿＿＿＿＿＿＿＿＿＿＿＿＿＿＿＿

＿＿＿＿＿＿＿＿＿＿＿＿＿＿＿＿＿＿＿＿＿＿＿＿＿＿＿＿＿＿＿＿＿＿＿＿＿＿

（2）请在互联网上搜索"Google 图书"（谷歌图书），你能顺利打开这个网页吗？请记录，什么是"Google 图书"？

答：＿＿＿＿＿＿＿＿＿＿＿＿＿＿＿＿＿＿＿＿＿＿＿＿＿＿＿＿＿＿＿＿＿＿＿

＿＿＿＿＿＿＿＿＿＿＿＿＿＿＿＿＿＿＿＿＿＿＿＿＿＿＿＿＿＿＿＿＿＿＿＿＿＿

＿＿＿＿＿＿＿＿＿＿＿＿＿＿＿＿＿＿＿＿＿＿＿＿＿＿＿＿＿＿＿＿＿＿＿＿＿＿

（3）"数据越多，问题越多"，那么，我们面临的主要挑战是什么？

答：＿＿＿＿＿＿＿＿＿＿＿＿＿＿＿＿＿＿＿＿＿＿＿＿＿＿＿＿＿＿＿＿＿＿＿

＿＿＿＿＿＿＿＿＿＿＿＿＿＿＿＿＿＿＿＿＿＿＿＿＿＿＿＿＿＿＿＿＿＿＿＿＿＿

＿＿＿＿＿＿＿＿＿＿＿＿＿＿＿＿＿＿＿＿＿＿＿＿＿＿＿＿＿＿＿＿＿＿＿＿＿＿

＿＿＿＿＿＿＿＿＿＿＿＿＿＿＿＿＿＿＿＿＿＿＿＿＿＿＿＿＿＿＿＿＿＿＿＿＿＿

（4）请简单描述你所知道的上一周发生的国际、国内或者身边的大事。

答：＿＿＿＿＿＿＿＿＿＿＿＿＿＿＿＿＿＿＿＿＿＿＿＿＿＿＿＿＿＿＿＿＿＿＿

＿＿＿＿＿＿＿＿＿＿＿＿＿＿＿＿＿＿＿＿＿＿＿＿＿＿＿＿＿＿＿＿＿＿＿＿＿＿

＿＿＿＿＿＿＿＿＿＿＿＿＿＿＿＿＿＿＿＿＿＿＿＿＿＿＿＿＿＿＿＿＿＿＿＿＿＿

＿＿＿＿＿＿＿＿＿＿＿＿＿＿＿＿＿＿＿＿＿＿＿＿＿＿＿＿＿＿＿＿＿＿＿＿＿＿

3.1　直方图：对比关系

直方图是一种统计报告图，是表示资料变化情况的主要工具。直方图由一系列高度不等的纵向条纹或线段表示数据分布的情况，一般用横轴表示数据类型，纵轴表示分布情况。作直方图的目的就是通过观察图的形状，判断生产过程是否稳定，预测生产过程的质量。

3.1.1 以零基线为起点

零基线,是以零作为标准参考点的一条线,在零基线的上方规定为正数,下方为负数,它相当于十字坐标轴中的水平轴。Excel 中的零基线通常是图表中数字的起点线,一般只展示正数部分。若是水平条形图,零基线与水平网格线平行;若是垂直条形图,则零基线与垂直网格线平行。

实例 3-1 零基线为起点。

如图 3-4 所示,数据起点是 2000 元,从中可以读出每个部门的日常开支,而右图的数据起点是 0,即把零基线作为起点。左图的不足在于不便于对比每个直条的总价值,乍看左图感觉人事部的开支是财务部的两倍还多,而事实上人事部的数据只比财务部多了1500 元。这种错误性的导向就是数据起点的设定不恰当造成的。

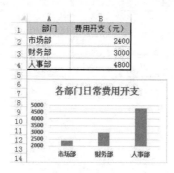
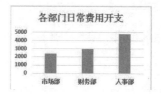

图 3-4 实例 3-1

步骤 1:绘制图表(见图 3-4 左图)。

步骤 2:右键单击图表左侧的坐标轴数据,选择"设置坐标轴格式"命令打开窗格,在"坐标轴选项"下,将"边界"组中的"最大值"、"最小值"和"单位"组中的"主要"、"次要"数字设置如图 3-4 下右图所示,得到上右图结果。

实验确认: □学生　　□教师

　　零基线在图表中的作用很重要。在绘图时,要注意零基线的线条要比其他网格线线条粗、颜色重。如果直的数据点接近于零,那还需要将其数值标注出来。

　　此外,要看懂图表,必须先认识图例。图例是集中于图表一角或一侧的各种形状和颜色所代表内容与指标的说明。它具有双重任务,在编图时是图解表示图表内容的准绳,在用图时是必不可少的阅读指南。无论是阅读文字还是图表,人们习惯于从上至下地去阅读,这就要求信息的因果关系应明确。在图表中,这一点也必须有所体现。例如,在默认情况下图例都是在底部显示的,应该将图例放在图信息的上方,根据阅读习惯,自然而然地加快了阅读速度。

　　如果想删除多余标签,只显示部分的数据标签,可单击选中所有的数据标签,然后再双击需要删除的数据标签即可;或选中单独的某个标签,再按 Delete 键便可删除。

3.1.2　垂直直条的宽度要大于条间距

　　在柱状图或条形图中,直条的宽度与相邻直条间的间隔决定了整个图表的视觉效果。即便表示的是同一内容,也会因为各直条的不同宽度及间隔而给人以不同的印象。如果直条的宽度小于条间距,则会形成一种空旷感,这时读者在阅读图表时注意力会集中在空白处,而不是数据系列上。在一定程度上会误导读者的阅读方式。

　　实例 3-2　直条的宽度。

　　如图 3-5 所示,两组图表中,左图中直条宽度明显小于条间距,虽然能从中读出想要的数据结果,但其表达效果不如右图中的图形。直条是用来测量零散数据的,如果其中的

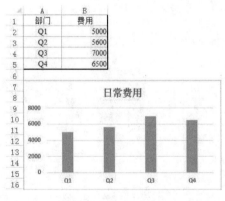

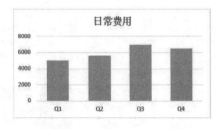

图 3-5　实例 3-2

直条过窄,视线就会集中在直条之间不附带数据信息的留白空间上。因此,将直条宽度绘制在条间距的一倍以上两倍以下最为合适。

步骤:双击图中直条形状,在打开的数据系列格式窗格的"系列选项"下设置"分类间距"的百分比大小。分类间距百分比越大,直条形状就越细,条间距就越大,所以将分类间距调为小于等于100%较为合适。

实验确认:□学生　　　□教师

网格线的作用是方便读者在读图时进行值的参考,Excel默认的网格线是灰色的,显示在数据系列的下方。如果把一个图表中必不可少的元素称为数据元素,其余的元素称为非数据元素,那么 Excel 中的网格线属于非数据元素,对于这类元素,应尽量减弱或者直接删除。例如,应该避免在水平条形图中使用网格线。

3.1.3　慎用三维效果的柱形图

在大多数情况下,三维效果是为了体观立体感和真实感的。但是,这并不适用于柱状图,因为柱状图顶部的立体效果会让数据产生歧义,导致其失去正确的判断。

如果想用 3D 效果展示图表数据,可以选用圆锥图表类型,圆锥效果将圆锥的顶点指向数据,也就是在图表中每个圆锥的顶点与水平网格线只有一个交点,使指向的数据是唯一的、确定的。

实例 3-3　柱形图的三维效果。

图 3-6 的左图中使用了三维效果展示各店一季度的销售额,细心的读者会疑惑直条

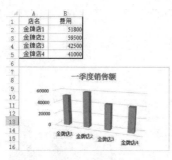

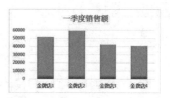

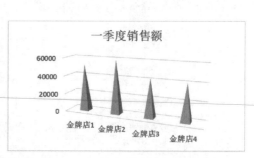

图 3-6　实例 3-3

的顶端与网格线相交的位置在哪里？也就是直条对应的数据到底是多少并不明确,这种错误在图表分析过程中是不可原谅的。所以切记不能将三维效果用在柱形图中,若要展示一定程度的立体感,可以选用不会产生歧义的阴影效果,例如右图中的图表。

步骤 1：选中三维效果的图表,然后在"图表工具"→"设计"选项卡下单击"类型"组中的"更改图表类型"按钮,在弹出的图表类型中,选择"簇状柱形图",如图 3-6 下图所示。

步骤 2：如果想为图表设计立体感,可以先选中系列,在"格式"选项卡下设置形状效果为"阴影-内部-内部下方",效果如图 3-6 上右图所示。

步骤 3：如果需要制作三维效果的圆锥图,可以先制作成三维效果的柱状图,然后双击图表中的数据系列,打开数据系列格式窗格,在"系列选项"下有一组"柱体形状",单击"完整圆锥"按钮,即可将图表类型设计为三维效果的圆锥状,如图 3-6 下右图所示。

实验确认：□学生　　□教师

在图表制作中,图表系列的颜色也很重要。例如,使用相似的颜色填充柱形图中的多直条,使系列的颜色由亮至暗地进行过渡布局,这样,较之于颜色鲜艳分明,得到的图表具有更强的说服力。因为在多直条种类中(一般保持在 4 种或 4 种以下),前者在同一性质(月份)下会使阅读更轻松,因为它们的颜色具有相似性,不会因为颜色繁多而眼花缭乱。

3.1.4　用堆积图表示百分数

柱形图按数据组织的类型分为簇状柱形图、堆积柱形图和百分比堆积柱形图,簇状柱形图用来比较各类别的数值大小;堆积柱形图用来显示单个项目与整体间的关系,比较各个类别的每个数值占总数值的大小;百分比堆积柱形图用来比较各个类别的每一数值占总数值的百分比。

实例 3-4　百分比柱形堆积图。

见图 3-7,图表中的数据所要表达的是 4 个月中某个新员工实际完成的工作量占目标工作量的百分数大小。左边图表中单色直条所代表的 100% 数值完全就是画蛇添足,将其去掉反而会让图表更加简洁。如果想保留这一目标百分数,可以将"完成率"与"目标值"所代表的直条重合在一起,结果就是右图中的效果。右图中的图表从形式上加强了百

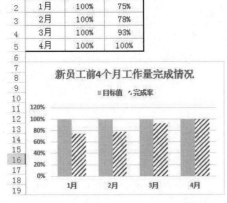

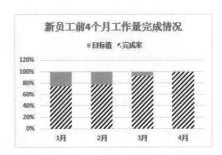

图 3-7　实例 3-4

分数的表达、特别是部分与整体的百分数效果更明确。

步骤1：根据图3-7上方表格的数据，绘制并调整，选中该系列上的数据标签，在"标签选项"下设置"标签位置"为"居中"，完成直方图效果如图3-7左图所示。

步骤2：双击图表中"完成率"系列，在弹出的数据系列格式窗格中，设置"系列选项"下"系列重叠"值为"100％"，如图3-7右图所示。

实验确认：□学生　　□教师

3.2　折线图：按时间或类别显示趋势

折线图是用直线段将各数据点连接起来而组成的图形，以折线方式显示数据的变化趋势和对比关系。折线图可以显示随时间（根据常用比例设置）而变化的连续数据，因此非常适用于显示在相等时间间隔下数据的趋势。在折线图中，类别数据沿水平轴均匀分布，所有值数据沿垂直轴均匀分布。

但是，图表中如果绘制的折线图折线线条过多，会导致数据难以分析。与柱状图一样，折线图中的线条数也不宜多过，最好不要超过4条。

如果在图表中表达的产品数过多，则不适宜绘制在同一折线图中，这时，可以将每种产品各绘制成一种折线图，然后调整它们的Y轴坐标，使其刻度值保持一致。这样不仅可以直接对比不同的折线，还可以查看每种产品自身的销售情况。

3.2.1　减小Y轴刻度单位增强数据波动情况

在折线图中，可以显示数据点以表示单个数据值，也可以不显示这些数据点，而表示某类数据的趋势。如果有很多数据点且它们的显示顺序很重要时，折线图尤其有用。当有多个类别或数值是近似的，一般使用不带数据标签的折线图较为合适。

实例3-5　减小Y轴刻度单位。

如图3-8，左图中的图表Y轴边界是以0为最小值、60为最大值设置的边界刻度，并按10为主要刻度单位递增。而右图中的图表Y轴是以30作为基准线，主要刻度单位按照5开始增加的。由于刻度值的不同使得左图中折线位置过于靠上，给人悬空感，并且折线的变化趋势不明显；而右图中的折线占了图表的2/3左右，既不拥挤也不空旷，同时也

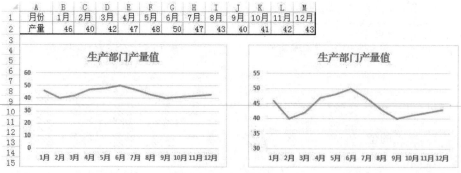

图3-8　实例3-5（一）

能反映出数据的变化情况。通过对比发现,在适当时候更改折线图中的起点刻度值可以让图表表现得更深刻。

步骤 1：根据图 3-8 上面的表格数据,绘制折线图如图 3-8 左图所示。

步骤 2：单击 Y 轴坐标,打开坐标轴格式窗格,在"坐标轴选项"下输入边界最小值"30",边界最大值"50",然后输入主要单位值"5",结果如图 3-8 右图所示。

在折线图中,Y 轴表示的是数值,X 轴表示的是时间或有序类别。在对 Y 轴刻度进行优化后,还应该对 X 轴的一些特殊坐标轴进行编辑。例如,常见的带年月的日期横坐标轴,如果是同年内一般只显示月份即可,如果是不同年份的数据点,就需要显示清楚哪年哪月。

像图 3-9 左图中的横坐标就显得冗长。这时若将相同年份中的月份省略年数,显示就会轻松很多,可在数据源中重新编辑,重新制作的图表效果如图 3-9 右图所示。对比两张图表,后者横轴的日期文本确实更清楚,一看就能明白月份属于何年。

图 3-9　实例 3-5(二)

实验确认：□学生　　　　□教师

3.2.2　突出显示折线图中的数据点

在图表中单击,进而在图表右侧单击出现的"图表元素"项,勾选"数据标签",可为图表加上数据标签,也可以点选出现的数据标签,选择删除个别不需要出现的数据标签。

除了数据标签能直接分辨出数据的转折点外,还有一个方法,就是在系列线的拐弯处用一些特殊形状标记出来,这样就可轻易分辨出每个数据点了。

虽然折线图和柱状图都能表示某个项目的趋势,但是柱状图更加注重直条本身长度即直条所表示的值,所以一般都会将数据标签显示在直条上。而若在较多数据点的折线图中显示数据点的值,不但数据之间难以辨别所属系列,而且整个图表失去了美观性。只有在数据点相对较少时,显示数据标签才可取。

实例 3-6　显示数据点。

为了表示数据点的变化位置，需要特意将转折点标示出来。图 3-10 左图中用数据标签标注各转折点的位置，但并不直接，而且不同折线的数据标签容易重叠，使得数字难以辨认。而右图中在各转折点位置显示比折线线条更大、颜色更深的圆点形状，整个图表的数据点之间不仅容易分辨，而且图表也显得简单。除此之外，还特意将每条折线的最高点和最低点用数据标签显示出来。

	A	B	C	D	E	F	G	H	I	J	K	L	M
1	月份	1月	2月	3月	4月	5月	6月	7月	8月	9月	10月	11月	12月
2	平板电视	134	164	139	180	167	153	156	162	149	138	140	122
3	LED电视	130	132	118	120	122	130	123	115	99	112	120	130
4	智能电视	81	79	92	90	89	80	79	82	75	79	82	84

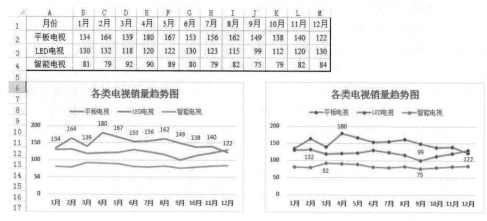

图 3-10　实例 3-6

步骤 1：双击图表中的任意系列打开数据系列格式窗格，在“系列选项”组中单击填充图标，然后切换至“标记”选项列表下，单击“数据标记选项”展开下拉列表，在展开的列表中单击“内置”单选按钮，再设置标记“类型”为圆形。同样在“标记”列表下，单击“填充”按钮展开列表，在列表中设置颜色为深蓝色。

步骤 2：选择图表中其他系列进行类似步骤 1 的设置。

步骤 3：在折线图中标记各数据点时，选择不同的形状可标记不同的效果。但是在设置标记点的类型时有必要调整形状的大小，使其不至于太小难以分辨，也不至于形状过大削弱了折线本身的作用。系统默认的标记点“大小”为“5”，可单击数字微调按钮进行调整（例如将大小调整为 10）。

选择好标记数据点的形状类型后，根据折线的粗细调整形状大小，再为形状填充不同于折线本身的线条颜色加以强调。

实验确认：□学生　　□教师

3.2.3　通过面积图显示数据总额

在折线图中添加面积图，属于组合图形中的一种。面积图又称区域图，它强调数量随时间而变化的程度，可引起人们对总值趋势的注意。例如，表示随时间而变化的利润的数据可以绘制在折线图中添加面积图以强调总利润。

实例 3-7　面积图。

图 3-11 左图中的折线图展示了 1 月份 A 产品不同单价的销售量差异情况，从图表中可看出这段时间的销售额波动不大；而右图中的折线图＋面积图不仅显示了这段时间内

销量的差异情况,而且在折线下方有颜色的区域还强调了这段时间内销售总额的情况,即销售额等于横坐标值乘以纵坐标值。从对比结果中可发现,在分析利润额数据时,为折线图添加面积图会有一个更直接、更明确的效果。

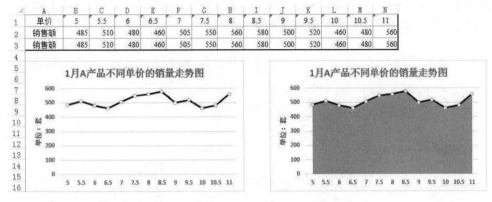

图 3-11　实例 3-7

步骤 1:依据图 3-11 表格中的单价、销售额(一行)数据,绘制折线图如图 3-11 左图所示。注意设置坐标轴标题、突出显示折线图中的数据点。

步骤 2:增加一组与数据源中"销售额"一样的数据(见图 3-11 中表格),然后用两组一模一样的销售额数据和日期数据绘制折线图,两个系列完全重合,结果如图 3-11 左图所示。选中图表,在"图表工具"→"设计"选项卡下,单击"类型"组中的"更改图表类型"按钮,在弹出的对话框中,系统默认在"组合"选项下,设置其中一个销售额系列为"带数据标记的折线图",另一个销售额系列为"面积图",如图 3-11 右图所示。

步骤 3:将添加的折线图改为面积图后,删除图例,双击图表中的面积区域,弹出数据系列格式窗格,在"系列选项"下单击"填充"按钮,然后在展开的下拉列表中为面积图选择一种浅色填充,并设置其"透明度"为"50%",如图 3-11 右图所示。

如果需要在同一图表中绘制多组折线,也同样可以参考上面的方法和样式进行设计制作,但在操作过程中需要注意数据系列的叠放顺序问题。

实验确认:□学生　　　□教师

3.3　圆饼图:部分占总体的比例

圆饼图,是用扇形面积,也就是圆心角的度数来表示数量。圆饼图主要用来表示组数不多的品质资料或间断性数量资料的内部构成,仅有一个要绘制的数据系列,要绘制的数值没有负值,要绘制的数值几乎没有零值,各类别分别代表整个圆饼图的一部分,各个部分需要标注百分比,且各部分百分比之和必须是 100%。圆饼图可以根据圆中各个扇形面积的大小,来判断某一部分在总体中所占比例的多少。

3.3.1　重视圆饼图扇区的位置排序

实例 3-8　圆饼图扇区。

在图 3-12 左图中,数据是按降序排列的,所以圆饼图中切片的大小以顺时针方向逐渐减小。这其实不符合读者的阅读习惯。人们习惯从上至下地阅读,并且在圆饼图中,如果按规定的顺序显示数据,会让整个圆饼图在垂直方向上有种失衡的感觉,正确的阅读方式是从上往下阅读的同时还会对圆饼图左右两边切片大小进行比较。所以需要对数据源重新排序,使其呈现出如图 3-12 右图中的效果。

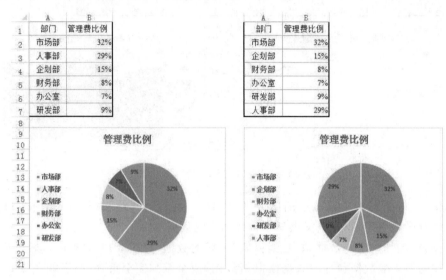

图 3-12 圆饼图

步骤 1:为了让圆饼图的切片排列合理,需要将原始的表格数据重新排序,其排序结果如图 3-12 中右表所示,这样排序的目的是将切片大小合理地分配在圆饼图的左右两侧。

圆饼图的切片分布一般是将数据较大的两个扇区设置在水平方向的左右两侧。其实,除了通过更改数据源的排序顺序改变圆饼图切片的分布位置外,还可以对圆饼图切片进行旋转,使圆饼图的两个较大扇区分布在左右两侧。

步骤 2:双击圆饼图的任意扇区,打开"设置数据系列格式"窗格,在"系列选项"组中调整"第一扇区起始角度"为 240°,即将原始的圆饼图第一个数据的切片按顺时针旋转 240°后的结果。

实验确认:□学生　　□教师

3.3.2 分离圆饼图扇区强调特殊数据

用颜色反差来强调需要关注的数据在很多图表中是较适用的,但是圆饼图中,有一种更好的方式来表达,那就是将需要强调的扇区分离出来。

实例 3-9 分离圆饼图。

在图 3-13 右图中,为了强调空调在一季度所有家电销售额中的占比情况,将空调所代表的扇区单独分离出来,这不但能抢夺读者的眼球,而且整个圆饼图在颜色的搭配上也不失彩,效果显得比图 3-13 左图更好。

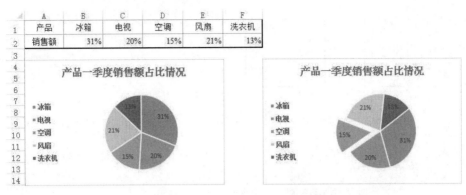

	A	B	C	D	E	F
1	产品	冰箱	电视	空调	风扇	洗衣机
2	销售额	31%	20%	15%	21%	13%

图 3-13　分离圆饼图扇区

步骤 1：依据图中表格中的数据绘制圆饼图如图 3-13 左图所示。

步骤 2：双击圆饼图打开"设置数据系列格式"窗格，再单击需要被强调的扇区（系列为"空调"），然后在"系列选项"组下设置"点爆炸型"的百分比值为"22％"，即将所选中的扇区单独分离出来。由于分离的扇区显示在图表下方，需要调整"第一扇区起始角度"值为 53°来改变扇区位置，使其显示在图表的左边区域，如图 3-13 右图所示。

在圆饼图中，为了显示各部分的独立性，可以将圆饼图的每个部分独立分割开，这样的图表在形式上胜过没有被分开的扇区。

步骤 3：分割圆饼图中的每个扇区与单独分离某个扇区的原理是一样的，首先选中整个圆饼图，在"设置数据系列格式"窗格中，单击"系列选项"图标，在"系列选项"组中调整"圆饼图分离程度"百分比值为 8％。

"圆饼图分离程度"值越大，扇区之间的空隙也就越大。注意，由于选取的是整个圆饼图，所以在"第一扇区起始角度"下方显示的是"圆饼图分离程度"，如果选中的是某个扇区，则"第一扇区起始角度"下方显示的就是"点爆炸型"。

实验确认：□学生　　□教师

3.3.3　用半个圆饼图刻画半期内的数据

一个圆形无论从时间上还是空间上给读者都是一种完整感，当圆形缺失某个角时，会让人产生"有些数据不存在"的直觉。在此基础上，可以对圆饼图进行升级处理，将表示半期内的数据用圆饼图的一半去展示，这样在时间上就会引导读者联想到后半期的数据。

实例 3-10　半个圆饼图。

在图 3-14 左图中，数据的表现形式是准确无误的，而图 3-14 右图的整个圆饼图只显示了一半的效果，但是从三维效果中可以看出这个图形是完整的，其表示的数据之和与左图中一致，正是因为图表只展示了一半效果，在图表意义上就比左图更胜一筹。半个圆饼图表示公司上半年的销售额比使用一个整体的圆饼图更有意义，这半个圆饼图不是数据只有一半，而是表示在一个完整的时期内的前半期数据。

步骤 1：根据图 3-14 中左表格的数据绘制圆饼图，如图 3-14 右图所示。

步骤 2：将数据源中各类别的销售额汇总，如图 3-14 右上表格所示，在制作图表时，

图 3-14 半个圆饼图

需要将"总计"项作为源数据。

步骤 3：选中圆饼图，打开"设置数据系列格式"窗格，在"系列选项"组下设置"第一扇区起始角度"值为 270°，如图 3-14 左下图所示。然后单击图表中"总计"系列所在扇区，在窗格中单击"填充"组中的"纯色填充-白色"（或"无填充"）单选按钮，如图 3-14 右下图所示。

这样，在图表中不仅展示了公司上半年的销售额情况，还指出需要被关注的下半年的销售额。

实验确认：□学生　　　□教师

常见的圆饼图有平面圆饼图、三维圆饼图、复合圆饼图、复合条圆饼图和圆环图，它们在表示数据时各有千秋。但无论哪种类型的圆饼图，它们都不适于表示数据系列较多的数据，数据点较多只会降低图表的可读性，不利于数据的分析与展示。

3.3.4　让多个圆饼图对象重叠展示对比关系

任何看似复杂的图形都是由简单的图表叠加、重组而成的。有时为了凸显信息的完整性，需要将分散的点聚集在一起，在图表的设计中也需要利用这一思想来优化图表，让图表在表达数据时更直接有效。

实例 3-11　堆叠圆饼图。

在图 3-15 左图中，用了三个独立的图表展示三个店的利润结构，如果将这 3 个店看作一个整体，这样分散的展示不方便读者进行对比。若将三个图表进行叠加组合在一起，如图 3-15 右图所示，这样不仅能表示出整个公司是一个整体，还使各店之间形成一种强烈的对比关系，视觉效果和信息传递的有效性比图 3-15 左图的要强。所以在图表的展示过程中，不仅需要数据的清晰表达，还需要在形式上做到"精益求精"。

步骤 1：依据图 3-15 中的数据表格分别绘制三个店的圆饼图，图表区设置为"无填充"和"无线条"样式，如图 3-15 左图所示。

	A	B	C	D	E
1	系列	系列A	系列B	系列C	系列D
2	店铺A	60%	13%	10%	17%
3	店铺B	49%	24%	16%	11%
4	店铺C	55%	23%	14%	8%

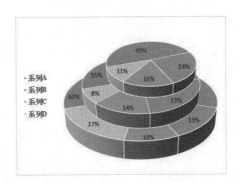

图 3-15　堆叠圆饼图

步骤 2：打开"设置数据点格式"窗格，设置每个圆饼图中第一扇区起始角度值，使三个圆饼图的"系列 A"所表示的扇区显示在图表的里边。再缩放店 2 和店 3 图表到合适比例，然后依次层叠地放置在圆饼图上。

步骤 3：将三个圆饼图重叠在一起后（按住 Ctrl 键选择三个圆饼图），单击"图表工具"→"格式"选项下"排列"组中的"组合"按钮，如图 3-15 右图所示。

实验确认：□学生　　　□教师

3.4　散点图：表示分布状态

散点图，在回归分析中是指数据点在直角坐标系平面上的分布；通常用于比较跨类别的聚合数据。散点图中包含的数据越多，比较的效果就越好。

散点图通常用于显示和比较数值，如科学数据、统计数据和工程数据。当不考虑时间的情况而比较大量数据点时，散点图就是最好的选择。散点图中包含的数据越多，比较的效果就越好。在默认情况下，散点图以圆点显示数据点。如果在散点图中有多个序列，可考虑将每个点的标记形状更改为方形、三角形、菱形或其他形状。

3.4.1　用平滑线联系散点图增强图形效果

实例 3-12　平滑线联系散点图。

图 3-16 左图是普通的散点图，数据点的分布展示了不同年龄段的月均网购金额，从图表中可以分析出月均网购金额较高的人群主要集中 30 岁左右；但是对比图 3-16 右图图表，发现在连续的年龄段上，图 3-16 左图中的数据较密的点不容易区分，而图 3-16 右图中将所有数据点通过年龄的增加联系起来，不但表示了数据本身的分布情况，还表示了数据的连续性。用带平滑线和数据标记的散点图来表示这样的数据比普通的散点效果更好。

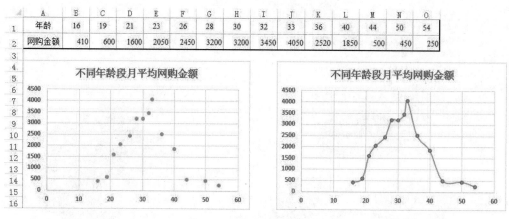

年龄	16	19	21	23	26	28	30	32	33	36	40	44	50	54
网购金额	410	600	1600	2050	2450	3200	3200	3450	4050	2520	1850	500	450	250

图 3-16 实例 3-12

步骤 1：依据图 3-16 中表格的数据绘制散点图如图 3-16 左图所示。

步骤 2：选中图表，在"图表工具"→"设计"选项卡下的"类型"组中单击"更改图表类型"按钮，然后在弹出的对话框中，单击 XY 散点图中的"带平滑线和数据标记的散点图"即可。

步骤 3：更改图表类型后，单击图表中的数据系列，在数据系列窗格中，单击填充图标下的"标记"按钮，然后将线条颜色改为与标记点相同的深蓝色，如图 3-16 右图所示。

实验确认：□学生　　□教师

气泡图与 XY 散点图类似，不同之处在于，XY 散点图对成组的两个数值进行比较；而气泡图允许在图表中额外加入一个表示大小的变量，所以气泡图是对成组的三个数值进行比较，且第三个数值确定气泡数据点的大小。

3.4.2 将直角坐标改为象限坐标凸显分布效果

制作气泡图一般是为了查看被研究数据的分布情况，所以在设计气泡图时，运用数学中的象限坐标来体现数据的分布情况是最直接的效果。这时图表被划分的象限虽然表示了数据的大小，但不一定出现负数，这需要根据实际被研究数据本身的范围来确定。

实例 3-13 象限坐标。

对比图 3-17 左图和右图可以发现，前者虽然能看出每个气泡（地区）的完成率和利润率，但是没有后者的效果明显，因为在"设置后"中将完成率和利润率划分了 4 个范围（4 个象限），通过每个象限出现的气泡判断各地区的项目进度和利润情况，而且根据气泡所在象限位置地区之间的对比也更加明显。另外，在图 3-17 右图中气泡上显示了地区名称，这一点在图 3-17 左图中没有体现出来。

步骤 1：选定数据区域中的任意单元格，插入散点图中的气泡图，完成如图 3-17 左图所示。

步骤 2：打开"选择数据源"对话框，单击对话框中的"编辑"按钮，在"编辑数据系列"对话框中设置各项内容，如图 3-18 所示。

步骤 3：双击纵坐标轴，在坐标轴格式窗格中，单击"坐标轴选项"，在展开的列表中单

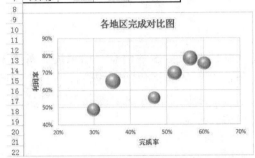

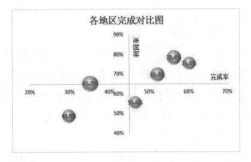

图 3-17　实例 3-13

图 3-18　编辑数据系列

击"横坐标轴交叉"组中的"坐标轴值"单选按钮,并在右侧的文本框中输入"0.65";单击图表中的横坐标,设置"纵坐标轴交叉"组中的"坐标轴值"为"0.45"。

步骤 4:选中图表中的气泡右击,在弹出的快捷列表中单击"添加数据标签",然后选中标签右击,再单击快捷列表中的"设置数据标签格式"命令,在弹出的数据标签窗格中,取消"标签包括"组中的"Y 值",重新勾选"单元格中的值"复选框,并在弹出的对话框中选择表格中的"地区"列,如图 3-17 左上图所示,这一操作是将地区名称显示出来。然后设置"标签位置"为"居中"方式,完成如图 3-17 右图所示。

实验确认:□学生　　□教师

3.5　侧重点不同的特殊图表

除了直方图、折线图、圆饼图、散点图等传统数据分析图表外,还有一些特殊的数据图表可用于不同的数据分析和可视化要求,例如子弹图、温度计、滑珠图、漏斗图等。

3.5.1 用子弹图显示数据的优劣

在 Excel 中制作子弹图,能清晰地看到计划与实际完成情况的对比,常常用于销售、营销分析、财务分析等。用子弹图表示数据,使数据相互的比较变得十分容易。同时读者也可以快速地判断数据和目标及优劣的关系。为了便于对比,子弹图的显示通常采用百分比而不是绝对值。

实例 3-14 子弹图。

图 3-19(d)是一张子弹图,看似复杂的样式却隐藏了更多的信息。如果读者清楚子弹图的表达意义,就能很快地从图 3-19(d)中分析出每月的销售额完成情况与目标值的差异,还能看出每月销售额的优劣等级。图 3-19(d)中图表的实现其实就是通过填充不同颜色来实现的,再辅助使用系列选项的分类间隔。

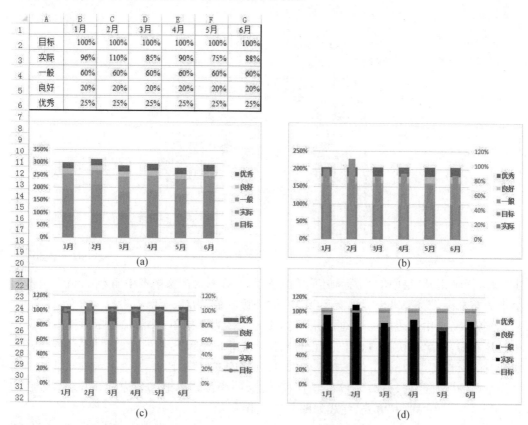

图 3-19 实例 3-14

步骤 1:图 3-19 的表格数据中的"一般"、"良好"、"优秀"三行数据主要是根据需要显示的堆积柱形图的直条长度而设定输入的。选取单元格区域 A1:G6,插入堆积柱形图,结果如图 3-19(a)所示。

步骤 2:双击图表中的"实际"系列,在数据系列格式窗格中的"系列选项"下选择"次坐标轴",并设置"分类间距"值为"300%",此时图表的样式如图 3-19(b)所示。

步骤 3：打开"更改图表类型"对话框，设置"目标"系列的图表类型为"带直线和数据标记的散点图"。此操作是让目标数据以数据标记的形式显示出来，与其他系列的柱形加以区别，如图 3-19(c)所示。

步骤 4：删除次要坐标轴，然后选中带数据标记的散点图，在数据系列格式窗格中，单击"填充图标"下的"标记"→"数据标记选项"，然后设置标记的"类型"(短横)和"大小"(15)。回到图表中，分别将数据系列"一般"、"良好"、"优秀"、"实际"由深至浅地填充颜色，得到如图 3-19(d)所示的效果。最后对图表进行深度优化，如标题名称、字体样式等。

实验确认：□学生　　□教师

3.5.2　用温度计展示工作进度

温度计式的 Excel 图表以比较形象的动态显示某项工作完成的百分比，指示出工作的进度或某些数据的增长。这种图表就像一个温度计一样，会根据数据的改动随时发生直观的变化。要实现这样一个图表效果，关键是用一个单一的单元格（包含百分比值）作为一个数据系列，再对图表区和柱形条填充具有对比效果的颜色。

实例 3-15　温度计图。

图 3-20 中的左图和右图都反映了半个月内员工的工作进度，图 3-20 右图中以员工实际拜访客户数作为纵坐标值，将"目前总数"和"目标数"用两个柱形表示。而图 3-20 左图中用实际拜访的客户数除以目标数的百分比作为纵坐标值，在图表中只展示"达成率"这个值。表格中的"达成率"是一个动态的数值，当数据逐渐录入完成后，"达成率"也就越来越接近 100%，图表中的红色区域也就逐渐掩盖黑色区域，像一个温度计达到最高温度那样。用温度计似的图表来表示这样的动态数据很实用。

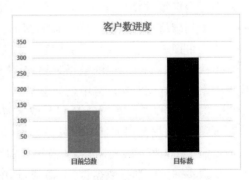

图 3-20　实例 3-15(一)

步骤 1：在工作表中选择单个单元格 B18，插入簇状柱形图，结果如图 3-21(a)所示。

步骤 2：选中图表，在"图表工具"→"格式"选项卡下的"大小"组中设置图表的高度为"9.74 厘米"，宽度为"4.04 厘米"，再删除横坐标轴，图表样式变为图 3-21(b)所示。

步骤 3：选中图表中的柱形，在数据系列格式窗格中的"系列选项"下设置"分类间距"为"0"(系列重叠为−27%)。再单击纵坐标轴，窗格内容切换至"设置坐标轴格式"下，在

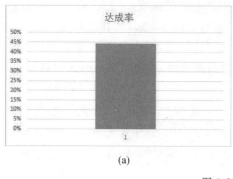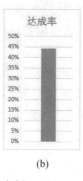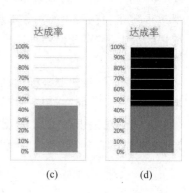

图 3-21　实例 3-15(二)

"坐标轴选项"组中设置边界"最大值"为 1.0,"主要"刻度单位为 0.1。设置完坐标轴选项后图表样式变为如图 3-21(c)所示。

步骤 4:选中图表中的数据系列,在数据系列格式窗格中设置"纯色填充",并使用红色。再选中图表中的绘图区,并设置为"纯色填充",选用黑色,效果如图 3-21(d)所示。

实验确认:□学生　　　□教师

3.5.3　用漏斗图进行业务流程的差异分析

漏斗图是由 Light 与 Pillemer 于 1984 年提出的,它是元分析的有用工具。在 Excel 中绘制漏斗图需要借助堆积条形图来实现,漏斗图适用于业务流程比较规范、周期长、环节多的流程分析,通过漏斗各环节业务数据的比较,能够直观地发现和说明问题所在。

实例 3-16　漏斗图。

在图 3-22 的图表中,上右图(客户数)是默认的簇状条形图,用绝对值表示直条的大小,其排列形式像反着的阶梯。而图 3-22(d)经过复杂的操作步骤后,让直条像漏斗一样显示在图表区域,横轴用绝对值表示,而纵轴用数据标签模拟每个直条的百分比表示,是一个关于刻度值为 500 的直线对称的图形。漏斗代表的意义就是数量逐渐减少的过程,这正符合了图表表达的业务流程,直观地说明了数据减少的环节所在。

步骤 1:如图 3-22 中的数据表格,其中的"辅助值"和"百分比"都是根据 B 列的值计算而得来的。在 C2 单元格中输入公式"=($B\$2-B2)/2",在 D2 单元格中输入公式"=B2/\$B\$2",然后填充 C、D 列数据区域的空白单元格。

步骤 2:根据数据源插入堆积条形图,图表如图 3-22(a)所示。

步骤 3:修改 Y 轴坐标轴为"逆序类别",并设置水平轴的最大刻度为"1100.0"。

步骤 4:打开"选择数据源"对话框,选中"图例项"下方列表中的"辅助值",再单击"上移"按钮,该步骤是重新排列图表中系列的位置。

步骤 5:继续单击对话框中的"添加"按钮,在弹出的"编辑数据系列"对话框中,添加列表中已有的"辅助值"系列,添加步骤如左上图所示。当返回到"选择数据源"对话框中时,重新调整新添加的"辅助值"系列的位置,即将它上移至"客户数"与"百分比"之间。

步骤 6:经过前几步的调整后图表样式变为图 3-22(b)所示的结果。选中图标中的"百分比"系列值,由于其代表的是百分数,所以在图表中不容易识别出来,将百分比的标

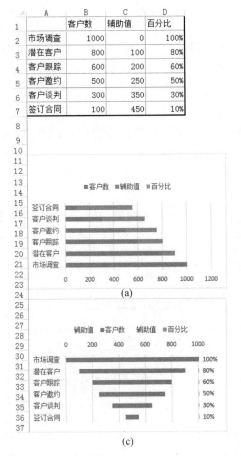

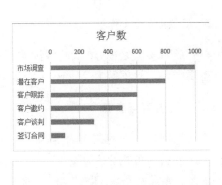

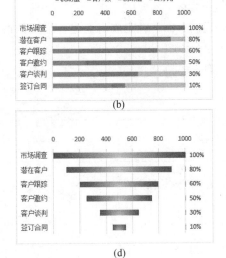

图 3-22　漏斗图

签显示在"轴内侧",这样操作其实就是模拟 Y 轴次要坐标。

　　步骤 7:将两个"辅助值"和"百分比"系列所代表的直条的填充效果设置为"无填充",这样漏斗就基本成形,如图 3-22(c)所示。然后取消图例的显示,并将蓝色的直条颜色改为蓝-灰色样式,如右上图所示。最后对图表中的文字内容设置字体格式,便得到图 3-22(d)的效果。

实验确认:□学生　　□教师

【实验与思考】

大数据如何激发创造力

1. 实验目的

(1) 理解和熟悉直方图、折线图、圆饼图、散点图等不同的数据图表的数据分析作用;

(2) 通过对课文中实例的实验操作,掌握 Excel 数据分析和数据可视化方法技巧;

(3) 体验和掌握大数据可视化分析的应用操作。

2. 工具/准备工作

在开始本实验之前,请认真阅读课程的相关内容。

需要准备一台安装有 Microsoft Excel(例如 2013 版)应用软件的计算机。

3. 实验内容与步骤

请仔细阅读本章的课文内容,对其中的各个实例实施具体操作实现,从中体验 Excel 数据统计分析与可视化方法。

注意:完成每个实例操作后,在对应的"实验确认"栏中打勾(√),并请实验指导老师指导并确认。

请问:你是否完成了上述各个实例的实验操作? 如果不能顺利完成,请分析可能的原因是什么?

答:_____

_____

_____

_____

4. 实验总结

_____

_____

_____

5. 实验评价(教师)

_____

_____

Tableau 应用初步

【导读案例】

Tableau 案例分析：世界指标-人口

为帮助用户观察和理解，随 Tableau 软件自带了精心设计的世界指标、中国分析和示例超市这样三个典型应用案例，通过这些案例，全面展示了 Tableau 强大的大数据可视化分析功能。

有条件的读者，请在阅读本书这部分【导读案例】"Tableau 案例分析"时，打开 Tableau 软件，在其开始页面中单击打开典型案例"世界指标"，以研究性态度动态地观察和阅读，以获得对 Tableau 的最大限度的理解。

在典型案例"世界指标"工作界面的下方，列举了 7 个工作表，即人口、医疗、技术、经济、旅游业、商业和故事，分别展示了现实世界的若干侧面。其中，人口工作表视图如图 4-1 所示。

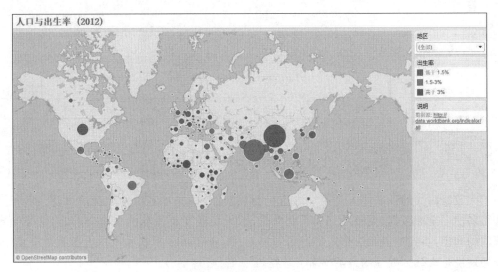

图 4-1 世界指标-人口（2012）

如图 4-1 所示，在右侧"地区"栏单击向下箭头可以选择全部、大洋洲、非洲、美洲、欧洲、亚洲、中东，以分地区钻取详细信息；"出生率"栏提示了视图中三种颜色分别代表低于

1.5％、1.5％～3％和高于3％的出生率信息。

阅读视图，通过移动鼠标，分析和钻取相关信息并简单记录：

(1) 美国：人口：＿＿＿＿＿＿＿＿M(10^6)，出生率：＿＿＿＿＿＿＿％；

德国：人口：＿＿＿＿＿＿＿＿M(10^6)，出生率：＿＿＿＿＿＿＿％；

中国：人口：＿＿＿＿＿＿＿＿M(10^6)，出生率：＿＿＿＿＿＿＿％。

(2) 符号地图中，圆面积越大，说明什么？

答：＿＿＿＿＿＿＿＿＿＿＿＿＿＿＿＿＿＿＿＿＿＿＿＿＿＿＿＿＿

2012年世界上人口数最大的5个国家是：

答：＿＿＿＿＿＿＿＿＿＿＿＿＿＿＿＿＿＿＿＿＿＿＿＿＿＿＿＿＿

(3) 符号地图中，2012年人口出生率较高的三个国家是：

答：＿＿＿＿＿＿＿＿＿＿＿＿＿＿＿＿＿＿＿＿＿＿＿＿＿＿＿＿＿

人口出生率较高的国家主要分布在世界上哪些地区？这些国家的共同特点是什么？

答：＿＿＿＿＿＿＿＿＿＿＿＿＿＿＿＿＿＿＿＿＿＿＿＿＿＿＿＿＿

＿＿＿＿＿＿＿＿＿＿＿＿＿＿＿＿＿＿＿＿＿＿＿＿＿＿＿＿＿＿＿

(4) 通过信息钻取，你还获得了哪些信息或产生了什么想法？

答：＿＿＿＿＿＿＿＿＿＿＿＿＿＿＿＿＿＿＿＿＿＿＿＿＿＿＿＿＿

＿＿＿＿＿＿＿＿＿＿＿＿＿＿＿＿＿＿＿＿＿＿＿＿＿＿＿＿＿＿＿

＿＿＿＿＿＿＿＿＿＿＿＿＿＿＿＿＿＿＿＿＿＿＿＿＿＿＿＿＿＿＿

(5) 请简单描述你所知道的上一周发生的国际、国内或者身边的大事。

答：＿＿＿＿＿＿＿＿＿＿＿＿＿＿＿＿＿＿＿＿＿＿＿＿＿＿＿＿＿

＿＿＿＿＿＿＿＿＿＿＿＿＿＿＿＿＿＿＿＿＿＿＿＿＿＿＿＿＿＿＿

＿＿＿＿＿＿＿＿＿＿＿＿＿＿＿＿＿＿＿＿＿＿＿＿＿＿＿＿＿＿＿

＿＿＿＿＿＿＿＿＿＿＿＿＿＿＿＿＿＿＿＿＿＿＿＿＿＿＿＿＿＿＿

4.1 Tableau 概述

大数据时代的到来使人类第一次有机会和条件，在非常多的领域和非常深入的层次获得和使用全面数据、完整数据和系统数据，深入探索现实世界的规律，获取过去不可能获取的知识，得到过去无法企及的商机。Tableau Software 正是一家做大数据的公司，更确切地说是大数据处理的最后一环：数据可视化（见图4-2）。

Tableau 成立于2003年，来自斯坦福的三位校友 Christian Chabot（首席执行官）、Chris Stole（开发总监）以及 Pat Hanrahan（首席科学家）在远离硅谷的西雅图注册成立了这家公司，其中，Chris Stole 是计算机博士；而 Pat Hanrahan 是皮克斯动画工作室的创始成员之一，曾负责视觉特效渲染软件的开发，两度获得奥斯卡最佳科学技术奖，至今仍在斯坦福

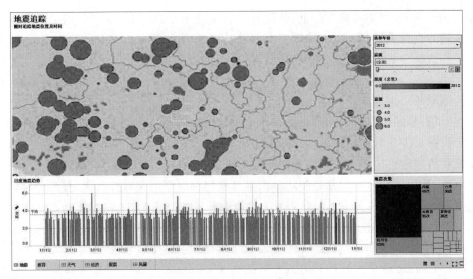

图 4-2　Tableau 实例

担任教授职位,教授计算机图形课程。三人都对数据可视化这件事怀有很大的热情。

　　Tableau 主要是面向企业数据提供可视化服务,是一家商业智能软件提供商,企业运用 Tableau 授权的数据可视化软件对数据进行处理和展示,但 Tableau 的产品并不仅限于企业,其他任何机构乃至个人都能很好地运用 Tableau 的软件进行数据分析工作。数据可视化是数据分析的完美结果,让枯燥的数据以简单友好的图表形式展现出来。可以说,Tableau 在抢占一个细分市场,那就是大数据处理末端的可视化市场,目前市场上并没有太多这样的产品。同时 Tableau 还为客户提供解决方案服务。

　　现在 Tableau 全球有七百多名员工,客户超过 12 000 个,分布在全球一百多个国家,北美以外的市场占 17%,遍及商务服务、能源、电信、金融服务、互联网、生命科学、医疗保健、制造业、媒体娱乐、公共部门、教育、零售等各个行业。其中,既有像联合利华、德勤、UPS、耐克、杜邦、Verizon、T-mobile、BBC、探索频道、美国航空、Zynga、LinkedIn、Facebook、雅虎、苹果、可口可乐等欧美知名企业,也有美国联邦航空管理局、美国陆军等美国政府机构以及康奈尔、杜克、牛津等知名学府,Tableau 在中国市场也有所开拓,中国东方航空是其重要客户。

　　Tableau 的业务主要分为两部分:一是数据可视化软件授权;二是软件维护和服务。

　　Tableau 软件的基本理念是,**界面上的数据越容易操控,公司对自己在所在业务领域里的所作所为到底是正确还是错误,就能了解得越透彻**。

4.1.1　Tableau 可视化技术

　　"所有人都能学会的业务分析工具",这是 Tableau 官网上对 Tableau Desktop 的描述。确实,Tableau Desktop 的简单、易用程度令人发指,这也是 Tableau 的最大特点,使用者不需要精通复杂的编程和统计原理,只需要 drag and drop——把数据直接拖放到工具簿中,通过一些简单的设置就可以得到自己想要的数据可视化图形,这使得即使是不具备专业背景的人也可以创造出美观的交互式图表,从而完成有价值的数据分析。所以,

Tableau Desktop 的学习成本很低,使用者可以快速上手,这无疑对于日渐追求高效率和成本控制的企业来说具有巨大的吸引力。其特别适合于日常工作中需要绘制大量报表、经常进行数据分析或需要制作精良的图表以在重要场合演讲的人。但简单、易用并没有妨碍 Tableau Desktop 拥有强大的性能,其不仅能完成基本的统计预测和趋势预测,还能实现数据源的动态更新。

在简单、易用的同时,Tableau Desktop 也极其的高效,其数据引擎的速度极快,处理上亿行数据只需几秒的时间就可以得到结果,速度是传统 database query 的 100 倍,用其绘制报表的速度也比传统的程序员制作报表快 10 倍以上。

简单、易用、快速,一方面是归功于产生自斯坦福大学的突破性技术,身为最早研究可视化技术的公司之一,Tableau 有一组集复杂的计算机图形学、人机交互和高性能的数据库系统于一身的跨越领域的技术,其中最耀眼的莫过于 VizQL 可视化查询语言和混合数据架构,正是由于斯坦福博士们这些源源不断的创新技术和发展完善,才得以保证 Tableau Desktop 的强大特性。另一方面则在于 Tableau 专注于处理的是最简单的结构化数据,即那些已整理好的数据——Excel、数据库等,结构化的数据处理在技术上难度较低,这就使得 Tableau 有精力在快速、简单和可视上做出更多改进(但这同时也是 Tableau 的局限所在)。

而且,Tableau Desktop 具有完美的数据整合能力,可以将两个数据源整合在同一层,甚至还可以将一个数据源筛选为另一个数据源,并在数据源中突出显示,这种强大的数据整合能力具有很大的实用性。

Tableau Desktop 还有一项独具特色的数据可视化技术,就是嵌入了地图,使用者可以用经过自动地理编码的地图呈现数据,这对于企业进行产品市场定位、制定营销策略等有非常大的帮助。

总之,Tableau 有一套自己特有的数据处理和数据可视化核心技术,而且在某些方面比同类型软件领先了很多(见图 4-3)。

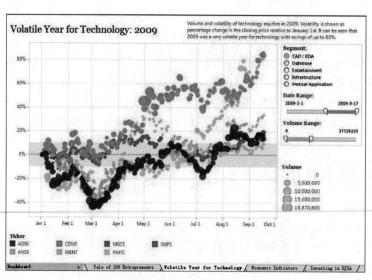

图 4-3　Tableau 图表

Tableau 的数据可视化技术主要包括以下两个方面。

(1) 独创的 VizQL 数据库。Tableau 的初创合伙人是来自斯坦福大学的数据科学家,他们为了实现卓越的可视化数据获取与后期处理,并没有像普通数据分析类软件那样简单地调用和整合现行主流的关系型数据库,而是进行大尺度创新,独创了 VizQL 数据库。

(2) 用户体验良好且易用的表现形式。Tableau 提供了一个新颖而易于使用的界面,使得处理规模巨大、多维的数据时,可以即时地从不同角度和设置看到数据所呈现出的规律。Tableau 通过数据可视化技术,使得数据挖掘易于操作,能自动生成和展现出高质量的图表。正是这个特点奠定了其广泛的用户基础。

4.1.2　Tableau 主要特性

Tableau 的出色表现在以下几个方面。

(1) 极速高效。传统 BI 通过 ETL 过程处理数据,数据分析往往会延迟一段时间。而 Tableau 通过内存数据引擎,不但可以直接查询外部数据库,还可以动态地从数据仓库抽取数据,实时更新连接数据,大大提高了数据访问和查询的效率。

此外,用户通过拖放数据列就可以由 VizQL 数据库转化成查询语句,从而快速改变分析内容;单击就可以突出变亮显示,并可随时下钻或上卷查看数据;添加一个筛选器、创建一个组或分层结构就可变换一个分析角度,实现真正灵活、高效的即时分析。

(2) 简单易用。这是 Tableau 的一个重要特性。Tableau 提供了友好的可视化界面,用户通过轻点鼠标和简单拖放,就可以迅速创建出智能、精美、直观和具有强交互性的报表和仪表盘。

Tableau 的简单易用性具体体现在以下两个方面。

① 易学。对使用者不要求 IT 背景,也不要求统计知识,只通过拖放和单击(点选)的方式就可以创建出精美、交互式的仪表盘。帮助用户迅速发现数据中的异常点,对异常点进行明细钻取,还可以实现异常点的深入分析,定位异常原因。

② 操作极其简单。对于传统 BI,业务人员和管理人员主要依赖 IT 人员定制数据报表和仪表盘,并且需要花费大量时间与 IT 人员沟通需求、设计报表样式,而只有少量时间真正用于数据分析。Tableau 具有友好且直观的拖放界面,操作上简单如 Excel 数据透视表,IT 人员只需开放数据权限,业务人员或管理人员可以连接数据源自己来做分析。

(3) 可连接多种数据源,轻松实现数据融合。在很多情况下,用户想要展示的信息分散在多个数据源中,有的存在于文件中,有的可能存放在数据库服务器上。Tableau 允许从多个数据源访问数据,包括带分隔符的文本文件、Excel 文件、SQL 数据库、Oracle 数据库和多维数据库等。Tableau 也允许用户查看多个数据源,在不同的数据源间来回切换分析,并允许用户结合使用多个不同数据源。

此外,Tableau 还允许在使用关系数据库或文本文件时,通过创建连接(支持多种不同连接类型,如左侧连接、右侧连接和内部连接等)来组合多个表或文件中存在的数据,以允许分析相互有关系的数据。

(4) 高效接口集成,具有良好可扩展性,提升数据分析能力。Tableau 提供多种应用编程接口,包括数据提取、页面集成和高级数据分析等,具体包括以下几方面。

① 数据提取 API。Tableau 可以连接使用多种格式数据源,但由于业务的复杂性,数据源的格式多种多样,Tableau 所支持的数据源格式不可能面面俱到。为此,Tableau 提供了数据提取 API,使用它们可以在 C、C++、Java 或 Python 中创建用于访问和处理数据的程序,然后使用这样的程序创建 Tableau 数据提取(.tde)文件。

② JavaScript API。通过 JavaScript API,可以把通过 Tableau 制作的报表和仪表盘嵌入到已有的企业信息化系统或企业商务智能平台中,实现与页面和交互的集成。

③ 与数据分析工具 R 的集成接口。R 是一种用于统计分析和预测建模分析的开源软件编程语言和软件环境,具有非常强大的数据处理、统计分析和预测建模能力。Tableau 支持与 R 的脚本集成,大大提升了 Tableau 在数据处理和高级分析方面的能力。

4.2　Tableau 产品线

Tableau 的产品线很丰富,不仅包括制作报表、视图和仪表板的桌面设计和分析工具 Tableau Desktop,还包括适用于企业部署的 Tableau Server 产品,适用于网页上创建和分享数据可视化内容的免费服务 Tableau Public 产品等。

4.2.1　Tableau Desktop

Tableau Desktop(桌面)是设计和创建美观的视图与仪表板、实现快捷数据分析功能的桌面分析工具,它能帮助用户生动地分析实际存在的任何结构化数据,以快速生成美观的图表、坐标图、仪表盘与报告。利用 Tableau 简便的拖放式界面,用户可以自定义视图、布局、形状、颜色等,帮助展现自己的数据视角。

Tableau Desktop 适用于多种数据文件与数据库,良好的数据可扩展性,不受限于所处理数据的大小,将数据分析变得轻而易举。

Tableau Desktop 包括个人版(Tableau Desktop Personal)和专业版(Tableau Desktop Professional)两个版本,支持 Windows 和 Mac 操作系统。

Tableau Desktop 个人版仅允许连接到文件和本地数据源,分析成果可以发布为图片、PDF 和 Tableau Reader 等格式;而 Tableau 专业版除了具备个人版的全部功能外,支持的数据源更加丰富,能够连接到几乎所有格式的数据和数据库系统,包括以 ODBC 方式新建数据源库,分析成果还可以发布到企业或个人的 Tableau Server(服务器)、Tableau Online Server(在线服务器)和 Tableau Public Server(公共服务器)上,实现移动办公。因此,专业版比个人版更加通用。

4.2.2　Tableau Server

Tableau Server(服务器)是一款商业智能应用程序,用于学习和使用基于浏览器的数据分析,发布和管理 Tableau Desktop 程序制作的报表,也可以发布和管理数据源,如自动刷新发布到服务器上的数据提取。Tableau Server 基于浏览器的分析技术,非常适用于企业范围内的部署,当工作簿制作好并发布到 Tableau Server 上后,用户可以通过浏览器或移动终端设备,查看工作簿的内容并与之交互。

　　Tableau Server 可控制对数据连接的访问权限,并允许针对工作簿、仪表板甚至用户设置来设置不同安全级别的访问权限。通过 Tableau Server 提供的访问接口,用户可以搜索和组织工作簿,还可以在仪表板上添加批注,与同事分享数据见解,实现在线互动。利用 Tableau Server 提供的订阅功能,当允许访问的工作簿版本有更新时,用户可以接收到邮件通知。

　　Tableau Server 使得 Tableau Desktop 中的交互式数据可视化内容、仪表盘、报告与工作簿的共享变得迅速简便。利用企业级的安全性与性能来支持大型部署。此外,提取选项帮助用户管理自己的关键业务数据库上的负载。

　　用户可以通过 Web 浏览器来发布与合作,或者将 Tableau 视图嵌入其他 Web 应用程序中。企业用户可以在现有的 IT 基础设施内完成报告的生成。拥有 Tableau Interactor(交互器)许可证的用户可以交互、过滤、排序与自定义视图。拥有 Tableau Viewer(浏览器)许可证的用户可以查看与监视发布的视图。

4.2.3　Tableau Online

　　Tableau Online(在线)针对云分析而建立,是 Tableau Server 的一种托管版本,可以为用户省去硬件部署、维护及软件安装的时间与成本,提供的功能与 Tableau Server 没有区别,按每人每年的方式付费使用。

4.2.4　Tableau Mobile

　　Tableau Mobile(移动)是基于 iOS 和 Android 平台移动终端的应用程序。用户可通过 iPad、Android 设备或移动浏览器,来查看发布到 Tableau Server 或 Tableau Online 上的工作簿,并可进行简单的编辑和导出操作。

4.2.5　Tableau Public

　　Tableau Public(公共)是一款免费的桌面应用程序,用户可以连接 Tableau Public 服务器上的数据,设计和创建自己的工作表、仪表板和工作簿,并把成果保存到大众皆可访问的 Tableau Public 服务器上(不可以把成果保存到本地计算机上)。Tableau Public 使用的数据和创建的工作簿都是公开的,任何人都可以与其互动并可随意下载,还可以根据数据创建自己的工作簿。

4.2.6　Tableau Reader

　　Tableau Reader(阅读器)是免费的桌面应用软件,可以用来帮助用户查看内置于 Tableau Desktop 的分析视角与可视化内容,和团队与工作组分享自己的分析观点。

　　Tableau Desktop 用户创建了交互式数据可视化内容并发布为工作簿打包文件(.twbx)。利用阅读器,大家可以使用按过滤、排序以及调查得到的数据结果进行交流,将数据可视化、数据分析与数据整合的优点延伸到团队与工作组。用户也可以与工作簿中的视图和仪表板进行交互操作,如筛选、排序、向下钻取和查看数据明细等。打包工作簿文件可以从 Tableau Public 服务器下载。Tableau Reader 不能创建工作表和仪表板，也无法改变工作簿的设计和布局。

利用 Tableau Public 连接数据时，对数据源、数据文件大小和长度都有一定限制：仅包括 Excel、Access 和多种文本文件格式，对单个数据文件的行数限制为 10 万行，对数据的存储空间限定在 50MB 以内。此外，Tableau Public Premium 是 Tableau Public 的高级产品，主要提供给某些组织使用，它提供了更大的数据处理能力和允许隐藏底层数据的功能。

4.3　下载与安装

在网上搜索并登录 Tableau 中文简体官方网站（www.tableau.com/zh-cn），指向"产品"菜单项，选择 Tableau Desktop 选项，可打开 Tableau Desktop 产品页，从中单击"免费试用"项，可在此下载 Tableau Desktop 完全版，安装后可获得 14 天免费的使用权限。

安装 Tableau 软件应注意应用环境的系统配置。若操作系统版本过低，则系统在安装时会提示并退出安装。

注册 Tableau：在 Tableau 网站选择"价格"→"学术研究"，可作为教师或者学生选择注册 Tableau Desktop 的教学免费版本。

请记录：在本次学习中，你选择安装的 Tableau 软件的详细版本信息是：

_____

双击下载的 Tableau Desktop 安装软件，屏幕显示安装引导页如图 4-4 所示。

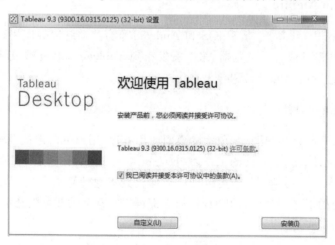

图 4-4　Tableau Desktop 安装引导

查看阅读软件的产品"许可条款"，勾选接受本许可协议，单击"安装"按钮，可在本地计算机上简单和顺利地安装该软件产品（见图 4-5）。为配合这个软件的学习，请合理选择软件产品的安装时机（无限制免费试用 14 天）。

安装后，安装软件会在桌面上留下启动 Tableau 软件的快捷图标。双击该图标，启动 Tableau Desktop 软件（见图 4-6）。第一次使用 Tableau，即使是试用，也需要进行用户注册（见图 4-7），填写各项，然后单击"注册"按钮。

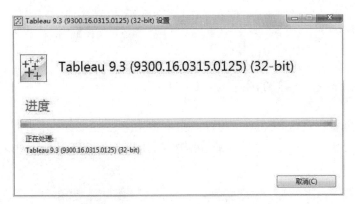

图 4-5　安装 Tableau Desktop

图 4-6　Tableau 启动引导页

图 4-7　Tableau 用户注册

注册完成后单击"继续"按钮,或者单击"立即开始试用"按钮,开始试用学习。

实验确认:□学生　　　□教师

4.4　Tableau 工作区

在进入 Tableau 或打开 Tableau 但没有指定工作簿时,会显示"开始页面"(见图 4-8),其中包含最近使用的工作簿、已保存的数据连接、示例工作簿和其他一些入门资源,这些内容将帮助初学者快速入门。

图 4-8　Tableau 开始页面

Tableau 工作区是制作视图、设计仪表板、生成故事、发布和共享工作簿的工作环境,包括工作表工作区、仪表板工作区和故事工作区,也包括公共菜单栏和工具栏。

(1) 工作表(Work Sheet):又称为视图(Visualization),是可视化分析的最基本单元。

(2) 仪表板(Dashboard):是多个工作表和一些对象(如图像、文本、网页和空白等)的组合,可以按照一定方式对其进行组织和布局,以便揭示数据关系和内涵。

(3) 故事(Story):是按顺序排列的工作表或仪表板的集合,故事中各个单独的工作表或仪表板称为"故事点"。可以使用创建的故事,向用户叙述某些事实,或者以故事方式揭示各种事实之间的上下文或事件发展的关系。

(4) 工作簿(Workbook):包含一个或多个工作表,以及一个或多个仪表板和故事,是用户在 Tableau 中工作成果的容器。用户可以把工作成果组织、保存或发布为工作簿,以便共享和存储。

为开始构建视图并分析,要进入"新建数据源"页面,将 Tableau 连接到一个或多个数据源。

实验确认：□学生　　　□教师

4.4.1　工作表工作区

工作表工作区(见图 4-9)包含菜单、工具栏、数据窗口、含有功能区和图例的卡,可以在工作表工作区中通过将字段拖放到功能区上来生成数据视图(工作表工作区仅用于创建单个视图)。在 Tableau 中连接数据之后,即可进入工作表工作区。

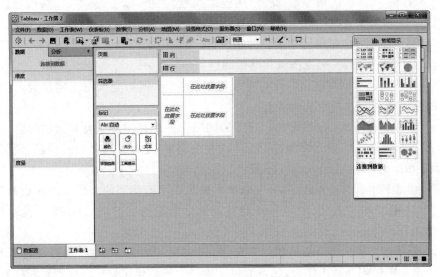

图 4-9　Tableau 工作表工作区

工作表工作区中的主要部件如下。

(1) 数据窗口。数据窗口位于工作表工作区的左侧。可以通过单击数据窗口右上角的"最小化"按钮来隐藏和显示数据窗口,这样数据窗口会折叠到工作区底部,再次单击"最小化"按钮可显示数据窗口。通过单击,然后在文本框中输入内容,可在数据窗口中搜索字段。通过单击,可以查看数据。数据窗口由数据源窗口、维度窗口、度量窗口、集窗口和参数窗口等组成。

(2) 数据源窗口：包括当前使用的数据源及其他可用的数据源。

(3) 维度窗口：包含诸如文本和日期等类别数据的字段。

(4) 度量窗口：包含可以聚合的数字的字段。

(5) 集窗口：定义的对象数据的子集,只有创建了集,此窗口才可见。

(6) 参数窗口：可替换计算字段和筛选器中的常量值的动态占位符,只有创建了参数,此窗口才可见。

(7) 分析窗口。将菜单中常用的分析功能进行了整合,方便快速使用,主要包括汇总、模型和自定义三个窗口。

（8）汇总窗口：提供常用的参考线、参考区间及其他分析功能，包括常量线、平均线、含四分位点的中值和合计等，可直接拖放到视图中应用。

（9）模型窗口：提供常用的分析模型，包括平均值、趋势线和预测等。

（10）自定义窗口：提供参考线、参考区间、分布区间和盒须图的快捷使用，

（11）页面卡：可在此功能区上基于某个维度的成员或某个度量的值将一个视图拆分为多个视图。

（12）筛选器卡：指定要包含和排除的数据，所有经过筛选的字段都显示在筛选器卡上。

（13）标记卡：控制视图中的标记属性，包括一个标记类型选择器，可以在其中指定标记类型（例如，条、线、区域等）。此外，还包含颜色、大小、标签、文本、详细信息、工具提示、形状、路径和角度等控件，这些控件的可用性取决于视图中的字段和标记类型。

（14）颜色图例：包含视图中颜色的图例，仅当颜色上至少有一个字段时才可用。同理，也可以添加形状图例、尺寸图例和地图图例。

（15）行功能区和列功能区：行功能区用于创建行，列功能区用于创建列，可以将任意数量的字段放置在这两个功能区上。

（16）工作表视图区：创建和显示视图的区域。一个视图就是行和列的集合，由以下组件组成：标题、轴、区、单元格和标记。除这些内容外，还可以选择显示标题、说明、字段标签、摘要和图例等。

（17）智能显示：通过智能显示，可以基于视图中已经使用的字段以及在数据窗口中选择的任何字段来创建视图。Tableau 会自动评估选定的字段，然后在智能显示中突出显示与数据最相符的可视化图表类型。

（18）标签栏：显示已经被创建的工作表、仪表板和故事的标签，或者通过标签栏上的新建工作表图标创建新工作表，或者通过标签栏上的新建仪表板图标创建新仪表板。

（19）状态栏：位于 Tableau 工作簿的底部。它显示菜单项说明以及有关当前视图的信息。可以通过选择“窗口”→“显示状态栏”来隐藏状态栏。有时 Tableau 会在状态栏的右下角显示警告图标，以指示错误或警告。

实验确认：□学生　　□教师

4.4.2　仪表板工作区

仪表板工作区（见图 4-10）使用布局容器把工作表和一些像图片、文本、网页类型的对象按一定的布局方式组织在一起。在工作区页面单击新建仪表板图标，或者选择“仪表板”→“新建仪表板”，打开仪表板工作区，仪表板窗口将替换工作表左侧的数据窗口。

仪表板工作区中的主要部件如下。

（1）仪表板窗口。列出了在当前工作簿中创建的所有工作表，可以选中工作表并将其从仪表板窗口拖至右侧的仪表板区域中，一个灰色阴影区域将指示出可以放置该工作表的各个位置。在将工作表添加至仪表板后，仪表板窗口中会用复选标记来标记该工作表。

（2）仪表板对象窗口。包含仪表板支持的对象，如文本、图像、网页和空白区域。从

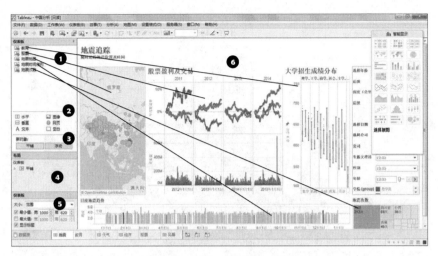

图 4-10　Tableau 仪表板工作区

仪表板窗口拖放所需对象至右侧的仪表板窗口中,可以添加仪表板对象。

(3) 平铺和浮动。决定了工作表和对象被拖放到仪表板后的效果和布局方式。默认情况下,仪表板使用平铺布局,这意味着每个工作表和对象都排列到一个分层网格中。可以将布局更改为浮动以允许视图和对象重叠。

(4) 布局窗口。以树状结构显示当前仪表板中用到的所有工作表及对象的布局方式。

(5) 仪表板设置窗口。设置创建的仪表板的大小,也可以设置是否显示仪表板标题。仪表板的大小可以从预定义的大小中选择一个,或以像素为单位设置自定义大小。

(6) 仪表板视图区。是创建和调整仪表板的工作区域,可以添加工作表及各类对象。

实验确认:□学生　　　□教师

4.4.3　故事工作区

在 Tableau 中一般将故事用作演示工具,按顺序排列视图或仪表板。选择"故事"→"新建故事",或者单击工具栏上的"新建工作表"按钮,然后选择"新建故事"。故事工作区与创建工作表和仪表板的工作区有很大区别(见图 4-11)。

故事工作区中的主要部件如下。

(1) 仪表板和工作表窗口。显示在当前工作簿中创建的视图和仪表板的列表,将其中的一个视图或仪表板拖到故事区域(导航框下方),即可创建故事点,单击可快速跳转至所在的视图或仪表板。

(2) 说明。说明是可以添加到故事点中的一种特殊类型的注释。若要添加说明,只需双击此处。可以向一个故事点添加任何数量的说明,放置在故事中的任意所需位置上。

(3) 导航器设置。设置是否显示导航框中的"后退"/"前进"按钮。

(4) 故事设置窗口。设置创建的故事的大小,也可以设置是否显示故事标题。故事的大小可以从预定义的大小中选择一个,或以像素为单位设置自定义大小。

图 4-11 Tableau 故事工作区

（5）导航框。用户进行故事点导航的窗口，可以利用左侧或右侧的按钮顺序切换故事点，也可以直接单击故事点进行切换。

（6）新空白点按钮。单击此按钮可以创建新故事点，使其与原来的故事点有所不同。

（7）复制按钮。可以将当前故事点用作新故事点的起点。

（8）说明框。通过说明为故事点或者故事点中的视图或仪表板添加的注释文本框。

（9）故事视图区。是创建故事的工作区域，可以添加工作表、仪表板或者说明框对象。

实验确认：□学生　　　□教师

4.4.4　菜单栏和工具栏

除了工作表、仪表板和故事工作区，Tableau 工作区环境还包括公共的菜单栏和工具栏。无论在哪个工作区环境下，菜单栏和工具栏都存在于工作区的顶部。

1.菜单栏

菜单栏包括"文件"、"数据"、"工作表"和"仪表板"等菜单，每个菜单下都包含很多菜单选项。

（1）"文件"菜单。包括打开、保存和另存为等功能。其中最常用的功能是"打印为 PDF…"选项，它允许把工作表或仪表板导出为 PDF。"导出打包工作簿"选项允许把当前的工作簿以打包形式导出。如果记不清文件存储位置，或者想要改变文件的默认存储位置，可以使用"文件"菜单中的"存储库位置…"选项来查看文件存储位置和改变文件的默认存储位置。

（2）"数据"菜单。其中的"粘贴数据…"选项非常方便，如果在网页上发现了一些 Tableau 的数据，并且想要使用 Tableau 进行分析，可以从网页上复制下来，然后使用此选项把数据导入到 Tableau 中进行分析。一旦数据被粘贴，Tableau 将从 Windows 剪贴板中复制这些数据，并在数据窗口中增加一个数据源。

"编辑关系"选项在数据融合时使用，它可以用于创建或修改当前数据源关联关系，并且如果两个不同数据源中的字段名不相同，此选项非常有用，它允许明确地定义相关的字段。

（3）"工作表"菜单。其中的常用功能是"导出"选项和"复制"选项。"导出"选项允许把工作表导出为一个图像、一个 Excel 交叉表或者 Access 数据库文件（.mdb）；而使用"复制"选项中的"复制为交叉表"选项会创建一个当前工作表的交叉表版本，并把它存放在一个新的工作表中。

（4）"仪表板"菜单。此菜单中的选项只有在仪表板工作区环境下可用。

（5）"故事"菜单。此菜单中的选项只有在故事工作区环境下可用，可以利用其中的选项新建故事，利用"设置格式"选项设置故事的背景、标题和说明，还可以利用"导出图像…"选项把当前故事导出为图像。

（6）"分析"菜单。在熟悉了 Tableau 的基本视图创建方法后，可以使用"分析"菜单中的一些选项来创建高级视图，或者利用它们来调整 Tableau 中的一些默认行为，如利用其中的"聚合度量"选项来控制对字段的聚合或解聚，也可以利用"创建计算字段"和"编辑计算字段"选项创建当前数据源中不存在的字段。"分析"菜单在故事工作区环境下不可见，在仪表板工作区环境下仅部分功能可用。

（7）"地图"菜单。其中的"地图选项…"里的"样式"可以更改地图颜色配色方案，如选择普通、灰色或者黑色地图样式，也可以使用"地图选项…"中的"冲蚀"滑块控制背景地图的强度或亮度，滑块向右移得越远，地图背景就越模糊。"地图"菜单中的"地理编码"选项可以导入自定义地理编码文件，绘制自定义地图。

（8）"设置格式"菜单。"设置格式"菜单很少使用，因为在视图或仪表板上的某些特定区域单击右键可以更快捷地调整格式。但有些"设置格式"菜单中的选项通过快捷键方式无法实现，例如，想要修改一个交叉表中单元格的尺寸，只能利用"设置格式"菜单中的"单元格大小"选项来调整；如果不喜欢当前工作簿的默认主题风格，只能利用"工作簿主题"选项来切换至其他两个子选项"现代"或"古典"。

（9）"服务器"菜单。如果想要把工作成果发布到大众皆可访问的公共服务器 Tableau Public 上，或者从上面下载或打开工作簿，可以使用"服务器"菜单中的 Tableau Public 选项。如果需要登录到 Tableau 服务器，或者需要把工作成果发布到 Tableau 服务器上，需要使用"服务器"菜单中的"登录"选项。

（10）"窗口"菜单。如果工作簿很大，其中包含很多工作表，并且想要把其中某个工作表共享给别人，可以使用"窗口"菜单中的"书签"选项创建一个书签文件（.tbm），还可以通过"窗口"菜单中的其他选项，来决定显示或隐藏工具栏、状态栏和边条。

（11）"帮助"菜单。最右侧的"帮助"菜单可以让用户直接连接到 Tableau 的在线帮助文档、培训视频、示例工作簿和示例库，也可以设置工作区语言。此外，如果加载仪表板时比较缓慢，可以使用"设置和性能"选项中的子选项"启动性能记录"激活 Tableau 的性能分析工具，优化加载过程。

2. 工具栏

工具栏包含"新建数据源"、"新建工作表"和"保存"等命令。另外,该工具栏还包含"排序"、"分组"和"突出显示"等分析和导航工具。通过选择"窗口"→"显示工具栏"可隐藏或显示工具栏。工具栏有助于快速访问常用工具和操作,其中有些命令仅对工作表工作区有效,有些命令仅对仪表板工作区有效,有些命令仅对故事工作区有效。

实验确认:□学生　　　□教师

4.5　Tableau 数据

简便、快速地创建视图和仪表板是 Tableau 的最大优点之一,本节将通过案例来展示 Tableau 创建、设计、保存视图和仪表板的基本方法和主要操作步骤,以了解 Tableau 支持的数据角色和字段类型的概念,熟悉 Tableau 工作区中的各功能区的使用方法和操作技巧,最终利用 Tableau 快速创建基本的视图。

案例样本数据中,指标为售电量,统计周期为 2015 年 1 月～2015 年 6 月,数据存储为 Excel 文件,结构见图 4-12(其中指出了数据源数据与 Tableau 中数据的对应关系)。

	A	B	C	D	E	F	G	H	I
1	省市	地市	统计周期	用电类别	当期值	累计值	同期值	同期累计值	月度计划值
2	重庆	市区	2015/1/31	大工业	38567.77	38567.77	37153.40	37153.40	38567.77
3	重庆	江北	2015/1/31	大工业	24650.62	24650.62	22143.34	22143.34	24857.33
4	江苏	盐城	2015/5/31	大工业	2473806.39	2473806.39	1801205.88	1801205.88	1801205.88
5	江苏	南通	2015/6/30	电厂自供	2459465.16	2459465.16	1815454.48	1815454.48	1815454.48
6	江苏	扬州	2015/3/31	大工业	2299171.73	2299171.73	1646656.54	1646656.54	1646656.54
7	江苏	泰州	2015/4/30	大工业	2266469.52	2266469.52	1659679.50	1659679.50	1659679.50
8	江苏	常州	2015/1/31	大工业	2092388.83	2092388.83	1643401.00	1643401.00	1643401.00
9	江苏	无锡	2015/2/28	农业	1897061.34	1897061.34	1062801.77	1062801.77	1062801.77
10	山东	菏泽	2015/5/31	大工业	1607161.75	1607161.75	1303711.00	1303711.00	1303711.00
11	山东	青岛	2015/4/30	大工业	1594860.10	1594860.10	1313730.00	1313730.00	1313730.00
12	山东	烟台	2016/6/30	非居民	1565942.58	1565942.58	1302881.00	1302881.00	1302881.00
13	浙江	温州	2015/4/30	大工业	1565738.35	1565738.35	1484657.43	1484657.43	1484657.43
14	浙江	台州	2015/6/30	大工业	1564680.49	1564680.49	1488011.76	1488011.76	1488011.76
15	浙江	绍兴	2015/5/31	商业	1514825.81	1514825.81	1478757.19	1478757.19	1478757.19
16	山东	威海	2015/3/31	大工业	1486366.42	1486366.42	1271142.00	1271142.00	1271142.00
17	浙江	衢州	2015/1/31	大工业	1387124.19	1387124.19	1422112.20	1422112.20	1422112.20
18	浙江	金华	2015/3/31	大工业	1354949.99	1354949.99	1190055.11	1190055.11	1190055.11
19	山东	济宁	2015/1/31	其他	1234932.57	1234932.57	1396797.50	1396797.50	1396797.50
20	山东	济南	2015/2/28	大工业	1161511.46	1161511.46	1178342.07	1178342.07	1178342.07
21	河南	南阳	2015/1/31	鋻售	1015447.12	1015447.12	976051.00	976051.00	976051.00
22	河南	驻马店	2015/4/30	大工业	975631.36	975631.36	918596.54	918596.54	918596.54
23	河南	安阳	2015/5/31	大工业	911216.46	911216.46	897400.36	897400.36	897400.36
24	河南	洛阳	2015/3/31	大工业	907300.51	907300.51	869560.82	869560.82	869560.82
25	辽宁	大连	2015/1/31	大工业	835727.00	835727.00	856460.00	856460.00	856460.00
26	辽宁	鞍山	2015/1/31	居民	196408.00	196408.00	207754.00	207754.00	207754.00
27	辽宁	沈阳	2015/1/31	非普工业	159107.00	159107.00	169438.00	169438.00	169438.00
28	河南	开封	2015/2/28	鋻售	869885.60	869885.60	828267.00	828267.00	828267.00
29	河南	漯河	2015/6/30	大工业	867164.57	867164.57	920423.61	920423.61	920423.61
30	山西	太原	2015/1/31	大工业	849845.56	849845.56	841130.00	841130.00	841130.00

图 4-12　Excel 数据源:2015 年分省市售电量明细表

Excel 表中共有 6 列变量,用电类别是对售电量市场的进一步细分,包括大工业、居民、非居民、商业等 9 类;当期值为统计周期对应时间的售电量;同期值为上一年相同月份的售电量;月度计划值为当月的计划值。

步骤 1:打开 Microsoft Excel,在其中输入数据建立如图 4-12 所示的 Excel 表格,另存为"实例 4-1.xlsx"（或者直接获取相关实验素材）。

步骤 2：打开 Tableau Dasktop，在 Tableau"开始页面"中的"连接到-文件"栏中单击 Excel，将 Excel 数据表"实例 4-1"导入 Tableau 中（见图 4-13）。

图 4-13　导入 Excel 数据源

步骤 3：在界面的左下方单击"工作表 1"按钮，进入 Tableau 工作表工作区。

实验确认：□学生　　□教师

4.5.1　数据角色

Tableau 连接数据后会将数据显示在工作区的左侧，称之为数据窗口（见图 4-14）。数据窗口的顶部是数据源窗口，其中显示的是连接到 Tableau 的数据源。Tableau 支持连接多个数据源，数据源窗口的下方分别为维度窗口和度量窗口，分别用来显示导入的维度字段和度量字段（Tableau 将数据表中的一列变量称为字段）。

维度和度量是 Tableau 的一种数据角色划分，离散和连续是另一种划分方式。Tableau 功能区对不同数据角色操作处理方式是不同的，因此了解 Tableau 数据角色十分必要。

1. 维度和度量

度量窗口显示的数据角色为度量，往往是数值字段，将其拖放到功能区时，Tableau 默认会进行聚合运算，同时，视图区将产生相应的轴。

维度窗口显示的数据角色为维度，往往是一些分类、时间方面的定性字段，将其拖放到功能区时，Tableau 不会对其进行计算，而是对视图区进行分区，维度的内容显示为各区的标题。比如想展示各省售电量当期值，这时"省市"字段就是维度，"当期值"为度量，"当期值"将依据各省市分别进行"总计"聚合运算。

Tableau 连接数据时会对各个字段进行评估，根据评估自动将字段放入维度窗口或

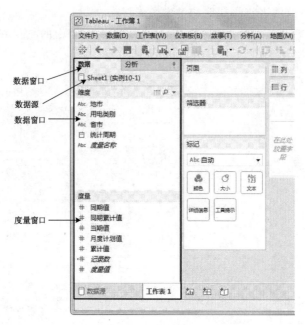

图 4-14　数据窗口

度量窗口。通常 Tableau 的这种分配是正确的,但是有时也会出错。比如数据源中有员工工号字段时,工号由一串数字构成,连接数据源后,Tableau 会将其自动分配到度量中。这种情况下,可以把工号从度量窗口拖放至维度窗口中,以调整数据的角色。例如,将字段"当期值"转换为维度,只需将其拖放到维度窗口中即可。字段"当期值"前面的图标也会由绿色变为蓝色。

维度和度量字段有个明显的区别就是图标,即维度为蓝色,度量为绿色。实际上在Tableau 作图时这种颜色的区别贯穿始终,当我们创建视图拖放字段到行功能区或列功能区时,依然会保持相应的两种颜色。

2. 离散和连续

离散和连续是另一种数据角色分类,在 Tableau 中,蓝色是离散字段,绿色是连续字段。离散字段在行列功能区时总是在视图中显示为标题,而连续字段则在视图中显示为轴。

当期值为离散类型时,当期值中的每一个数字都是标题,字段颜色为蓝色。当期值为连续类型时,下方出现的是一条轴,轴上是连续刻度,当期值是轴的标题,字段颜色为绿色。离散和连续类型也可以相互转换,右击字段,在弹出框中就有"离散"和"连续"的选项,单击即可实现转换。

4.5.2　字段类型

数据窗口中各字段前的符号用以标示字段类型。Tableau 支持的数据类型包括文本、日期、日期和时间、地理值、布尔值、数字、地理编码等。

＝♯ 即数字标志符号前加个等号,表示这个字段不是原数据中的字段,而是 Tableau 自定义的一个数字型字段。同理,＝Abc 是指 Tableau 自定义的一个字符串型字段。

Tableau 会自动对导入的数据分配字段类型,但有时自动分配的字段类型不是我们所希望的。由于字段类型对于视图的创建非常重要,因此一定要在创建视图前调整一些分配不规范的字段类型。

步骤 1:在本例中,字段"省市"和"统计周期"显示的字段类型都为字符串,而不是我们想要的地理和日期类型,这时就需要手动调整。调整方法为单击右侧小三角形(或者右击),在弹出的对话框中选择"地理角色"→"省/市/自治区",这时"省市"便成了地理字段,并且在选择后度量窗口中会自动显示相应的经纬度字段。

步骤 2:对于"统计周期",同样选择"更改数据类型"→"日期"即可。

可以发现在数据窗口中有三个多出来的字段:记录数、度量名称和度量值。实际上,每次新建数据源都会出现这三个字段,其中记录数是 Tableau 自动给每行观测值赋值为 1,可用以计数。

实验确认:□学生　　□教师

4.5.3　文件类型

可以使用多种不同的 Tableau 文件类型,如工作簿、打包工作簿、数据提取、数据源和书签等,来保存和共享工作成果和数据源(见表 4-1)。

表 4-1　Tableau 文件类型表

文件类型	大小	使用场景	内容
Tableau 工作簿(.twb)	小	Tableau 默认保存工作的方式	可视化内容,但无源数据
Tableau 打包工作簿(.twbx)	可能非常大	与无法访问数据源的用户分享工作	创建工作簿的所有信息和资源
Tableau 数据源(.tds)	极小	频繁使用的数据源	包含新建数据源所需的信息,如数据源类型和数据源链接信息,数据源上的字段属性以及在数据源上创建的组、集和计算字段等
Tableau 数据源(.tdsx)	小	频繁使用的数据源	包括数据源(.tds)文件中的所用信息以及任何本地文件数据源(Excel、Access、文本和数据提取)
Tableau 书签(.tbm)	通常很小	工作簿间分享工作表时使用	如果原始工作簿是一个打包工作簿,创建的书签就包含可视化内容和书签
Tableau 数据提取(.tde)	可能非常大	提高数据库性能	部分或整个数据源的一个本地副本

下面对常用的文件类型分别进行介绍。

(1) Tableau 工作簿(.twb):将所有工作表及其连接信息保存在工作簿文件中,不包括数据。

（2）打包工作簿（.twbx）：打包工作簿是一个 zip 文件，保存所有工作表、连接信息以及任何本地资源（如本地文件数据源、背景图片、自定义地理编码等）。这种格式最适合对工作进行打包以便与不能访问该数据的其他人共享。

（3）Tableau 数据源（.tds）：Tableau 数据源文件具有.tds 文件扩展名。数据源文件是快速连接经常使用的数据源的快捷方式。数据源文件不包含实际数据，只包含新建数据源所必需的信息以及在数据窗口中所做的修改，例如默认属性、计算字段、组、集等。

（4）Tableau 数据源（.tdsx）：如果连接的数据源不是本地数据源，tdsx 文件与 tds 文件没有区别。如果连接的数据源是本地数据源，数据源（.tdsx）不但包含数据源（.tds）文件中的所有信息，还包括本地文件数据源（Excel、Access、文本和数据提取）。

（5）Tableau 书签（.tbm）：书签包含单个工作表，是快速分享所做工作的简便方式。

（6）Tableau 数据提取（.tde）：Tableau 数据提取文件具有.tde 文件扩展名。提取文件是部分或整个数据源的一个本地副本，可用于共享数据、脱机工作和提高数据库性能。

这些文件可保存在"我的 Tableau 存储库"目录中的关联文件夹中，该目录是在安装 Tableau 时在"我的文档"文件夹中自动创建的。工作文件也可保存在其他位置，如桌面上或网络目录中。

4.6　创 建 视 图

下面来创建 Tableau 视图。一个完整的 Tableau 可视化产品由多个仪表板构成，每个仪表板由一个或多个视图（工作表）按照一定的布局方式构成，因此，视图是一个 Tableau 可视化产品最基本的组成单元（见图 4-15）。

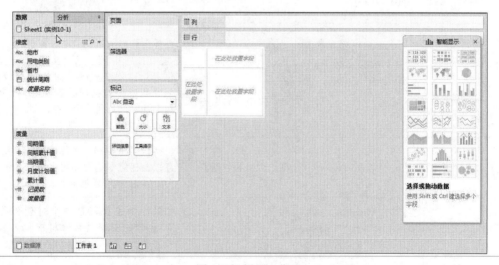

图 4-15　视图工作区

视图中的图形单元称为标记，比如圆图的一个圆点或柱形图的一根柱子，都是标记。可以利用数据窗口中的数据字段来创建视图。Tableau 作图非常简单，将数据窗口中的字段拖放到行、列功能区,Tableau 就会自动依据相关功能将图形显示在下方视图区中,并显示相应的轴或标题。当使用卡和行列功能区进行操作时,图形的变化都会即时显示在视图区。

4.6.1　行列功能区

行、列功能区在工作表的上方,在 Tableau 的数据可视化制作中具有重要的作用。

步骤 1:以制作各省当期售电量柱形图为例,选定字段"省市",拖放到列功能区,这时横轴就按照各省名称进行了分区,各省市成为区标题。同理,拖放字段"当期值"到行功能区,这时字段会自动显示成"总计(当期值)",视图区显示的便是售电量各省累计值柱形图。

步骤 2:行列功能区可以拖放多个字段,例如,可以将字段"同期值"拖放到"总计(当期值)"的左边,Tableau 这时会根据度量字段"当期值"和"同期值"分别作出对应的轴(见图 4-16)。

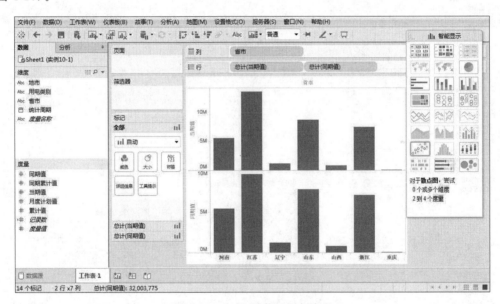

图 4-16　在行、功能区添加字段

步骤 3:维度和度量都可以拖放到行功能区或列功能区,只是横轴、纵轴的显示信息会相应地改变,比如,可以单击工具栏上的"交换"按钮,将行、列上的字段互换,这时省市显示在纵轴,横轴变成了当期值和同期值(见图 4-17)。

步骤 4:拖放度量字段"当期值"到功能区,字段会自动显示成"总计(当期值)",这反映了 Tableau 对度量字段进行了聚合运算,默认的聚合运算为总计。Tableau 支持多种不同的聚合运算,如总计、平均值、中位数、最大值、计数等。如果想改变聚合运算的类型,比如想计算各省的平均值,只需在行功能区或列功能区的度量字段上,右击"总计(当期值)"或单击右侧小三角形,在弹出的对话框中选择"度量"→"平均值"即可(见图 4-18)。Tableau 求平均值是对行数的平均。

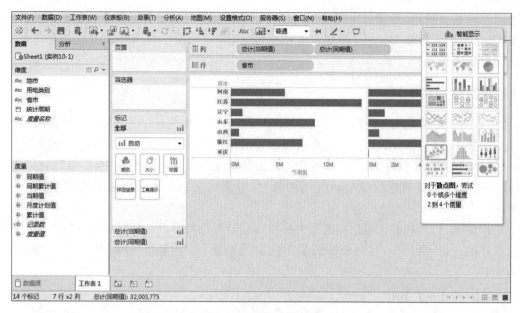

图 4-17　互换行列字段

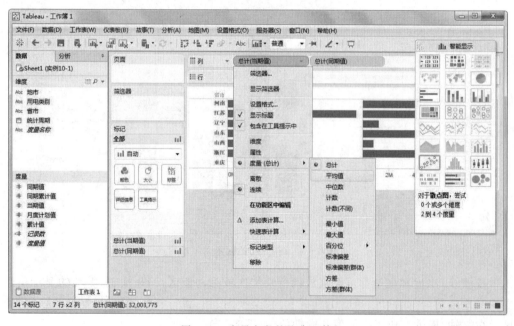

图 4-18　度量字段的聚合运算

实验确认：□学生　　　□教师

4.6.2　标记卡

创建视图时，经常需要定义形状、颜色、大小、标签等图形属性。在 Tableau 里，这些过程都将通过操作标记卡来完成，其上部为标记类型，用以定义图形的形状。Tableau 提供了多种类型的图以供选择,默认状态下为条形图。标记类型下方有 5 个像按钮一样的图标,分别为"颜色"、"大小"、"标签"、"详细信息"和"工具提示"。这些按钮的使用非常简单,只需把相关的字段拖放到按钮中即可,同时单击按钮还可以对细节、方式、格式等进行调整。此外还有三个特殊按钮,特殊按钮只有在选择了对应的标记类型时,才会显示出来。这三个特殊按钮分别是线图对应的"路径"、形状图形对应的"形状"、饼图对应的"角度"。

1. 颜色、大小和标签

步骤 1:针对如图 4-17 所示图例,如果想让不同省市显示不同颜色,可利用标记卡中的颜色来完成,这只需将字段"省市"拖放到标记卡的"颜色"项即可(见图 4-19)。这时,卡功能区的下方会自动出现颜色图例,用以说明颜色与省市的对应关系。

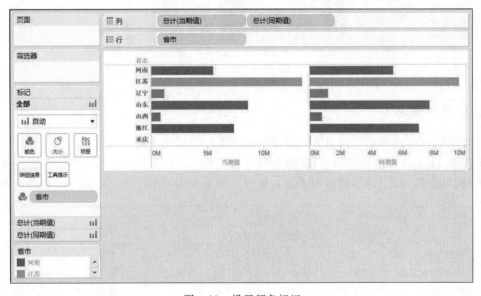

图 4-19　设置颜色标记

步骤 2:单击下方颜色图例右上角处,在弹出框中可以对颜色图例进行设置,如编辑标题、排序、设置格式等。其中,单击选项"编辑颜色",进入颜色编辑页面,可以对不同的区域自定义不同的颜色。

步骤 3:如果要对视图中的标记添加标签,如将当期值添加为标签显示在图上,只需将字段"当期值"拖放到标签上即可(见图 4-20)。

步骤 4:标签显示的是各省的当期值总计,如果想让标签显示各省当期值的总额百分比,可右键单击"标记"卡中的总计(当期值)或单击总计(当期值)右侧小三角标记,在弹出的对话框中选择"快速表计算"→"总额百分比"命令,这时视图中的标签将变为总额百分占比。此外,单击标签,可对标签的格式、表达方式等进行设置。

步骤 5:设置大小和颜色与此类似,拖放字段到"大小",视图中的标记会根据该字段改变大小。需要注意的是,颜色和大小只能放一个字段,但是标签可以放多个字段。

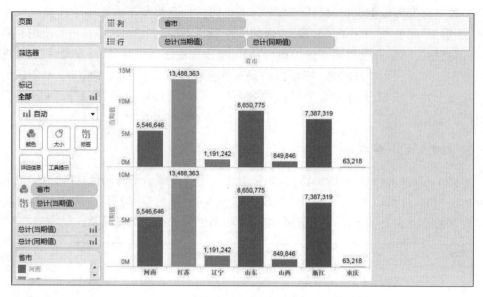

图 4-20　添加标签

2. 详细信息

详细信息的功能是依据拖放的字段对视图进行分解细化。

步骤 1：以圆图为例，将"省市"拖放到列功能区，"当期值"拖放到行功能区，标记类型选择"圆"图（见图 4-21）。这时每个圆点所代表的值其实是各个用电类别 6 个月的总和。

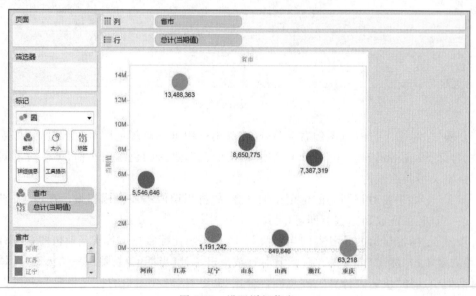

图 4-21　设置详细信息

步骤 2：将字段"用电类别"拖到标记卡的"详细信息"项，Tableau 会依据"用电类别"进行分解细化，这时每个圆点变为多个圆点，每一个点代表相应省市某一用电类别的总和

（见图 4-22）。拖放字段"统计周期"到"详细信息"并选择按"月"（Tableau 默认的是按"年"），这时每个点再次解聚，每个点表示该省某月某用电类别总和（见图 4-23）。

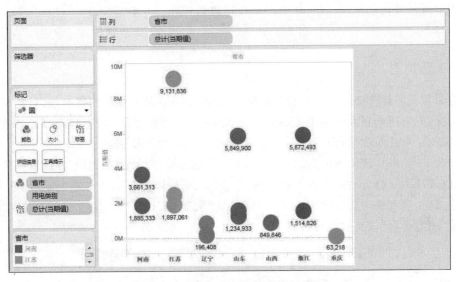

图 4-22　依据"用电类别"的详细信息

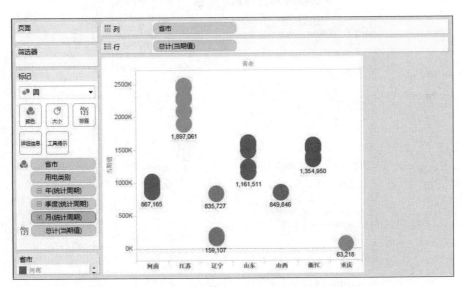

图 4-23　依据"用电类别"和"月（统计周期）"的详细信息

其实，直接拖放到"标记"卡的下方就可以表示详细信息，并且颜色、大小、标签都具有与详细信息搭配使用的功能。

3. 工具提示

步骤 1：当光标移至视图中的标记上时，会自动跳出一个显示该标记信息的框，出现提示信息，这便是工具提示的作用。

步骤 2：单击"工具提示"可以看到工具提示的内容,可对这些内容进行删除、更改格式、排版等操作。Tableau 会自动将"标记"卡和行列功能区的字段添加到工具提示中,如果还需要添加其他信息,只需将相应的字段拖放到"标记"卡中。

实验确认：□学生　　　□教师

4.6.3　筛选器

有时候只想让 Tableau 展示数据的某一部分,如只看某个月份的售电量、只看某地区各省情况、只看用电量大于某个值的数据等,这时可通过筛选器完成上述选择。拖放任一字段(无论维度还是度量)到筛选器卡里,都会成为该视图的筛选器。

步骤 1：如果让视图里只显示大工业的点,只需要将字段"用电类别"拖放到筛选器卡里,这时 Tableau 会自动弹出一个对话框,单击"从列表中选择"选项就会显示"用电类别"的内容,这里可直接勾选想展现的用电类别,如"大工业"(见图 4-24)。单击"确定"按钮后字段"用电类别"就显示在筛选器中了。

图 4-24　添加筛选器

步骤 2：Tableau 提供了多种筛选方式,在如图 4-24 所示筛选器上方可以看到"常规"、"通配符"、"条件"和"顶部"选项,每一个选项之卜都有相应的筛选方式,这大大丰富了筛选操作形式。

实验确认：□学生　　　□教师

4.6.4 页面

将一个字段拖放到页面卡会形成一个页面播放器,播放器可让工作表更灵活。

步骤 1:为了更好地展示页面功能,单击屏幕下方的"新建工作表"按钮新建一个工作表。

步骤 2:拖放字段"统计周期"到列,Tableau 默认"统计周期"为年,手动转换为月,拖放"当期值"到行,标记类型选择为圆。

步骤 3:拖放字段"统计周期"到页面卡,这时页面卡下方会自动出现一个"年(统计周期)"的播放器。将日期的显示"年(统计周期)"调整为"月(统计周期)"(见图 4-25)。

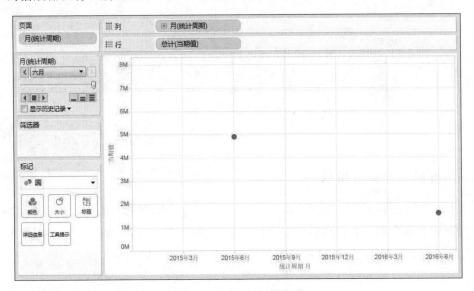

图 4-25 设置页面播放器

步骤 4:单击播放器的"播放"按钮,可以让视图动态播放出来,选择"显示历史记录"可以调整播放的效果。

实验确认:□学生　　　□教师

4.6.5 智能显示

在 Tableau 的右端有一个智能显示的按钮,单击展开,其中显示了 24 种可以快速创建的基本图形。将光标移动到任意图形上,下方都会显示制作该图需要的字段要求,如将光标移动到符号地图上,下方会显示"1 个地理维度,0 个或多个维度,0~2 个度量",这表明创建该视图必须要一个地理类型的字段类型,度量不能超过两个。

步骤 1:新建一个工作表。

步骤 2:按照要求,将地理维度"省市"拖到行功能区,"当期值"拖放到列功能区,这时候发现智能显示的某些图形高亮了,高亮的图形表示用目前的字段可以快速创建的图形。单击智能显示中的"符号地图",符号地图就创建完成了。这时,可以发现行、列功能区变为经、纬度字段,"省市"在"标记"卡中表示详细信息,符号大小表示"当期值"(见图 4-26)。

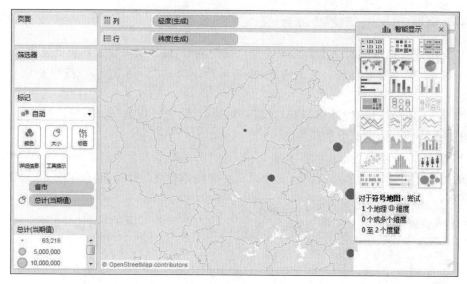

图 4-26　绘制符号地图

4.6.6　度量名称和度量值

　　度量名称和度量值都是成对使用的,目的是将处于不同列的数据用一个轴展示出来。当想同时看各省当期值和同期值时,拖放"省市"到列功能区,再分别拖放"当期值"和"同期值"到行功能区,可以看到,图中出现了当期值和同期值两条纵轴。

　　下面利用度量值和度量名称来完成两列不同数据共用一个轴的操作。

　　步骤1：新建一工作表。

　　步骤2：拖放字段"省市"到列功能区,然后拖放度量值到行功能区,这时在左下方"度量值"区域会显示包含哪些度量,Tableau 默认的度量值会包含所有的度量。由于我们只需要当期值和同期值,因此,单击"行"上"度量值"右边的小三角形,选择"筛选器",去掉记录数前面的勾,只保留当期值和同期值。

　　步骤3：将度量名称拖放到"颜色",这时柱状图按颜色分成了当期值和同期值,二者共用一个纵轴(见图 4-27(a))。如果习惯将当期值和同期值分开为两个柱子,只需将度量名称拖放到列功能区,放置在省市的右边(见图 4-27(b))。

　　事实上,可以利用智能显示快速完成双柱图形,在智能显示里双柱图称为并排图,把光标放上去会显示完成该图需要"1个或多个维度,1个或多个度量,至少需要 3 个字段"。将"省市"拖放到列功能区,将"当期值"和"同期值"拖放到行功能区,这时并排图被高亮,单击即可完成。

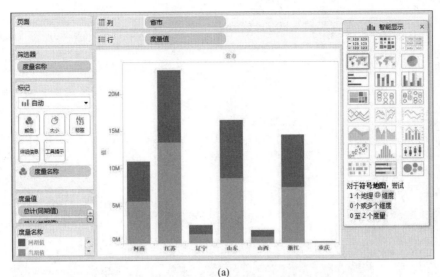

(a)

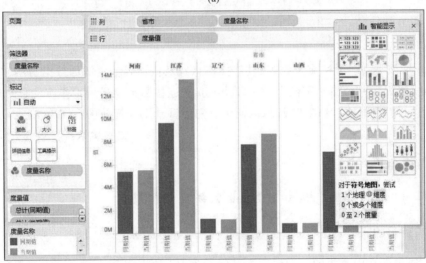

(b)

图 4-27　共用纵轴

4.7　创建仪表板

完成所有工作表的视图后,便可以将其组织在仪表板中了。

步骤 1:单击下方的新建仪表板,进入到仪表板工作区(见图 4-28)。

步骤 2:创建仪表板也是用拖放的方法,将创建好的工作表拖放到右侧排版区,并按照一定的布局排版好(见图 4-29)。

创建完仪表板后,应当将结果保存在 Tableau 工作簿中。为此,选择“文件”→“保存”命令,进行保存。保存的类型可以是 Tableau 工作簿(* . twb),该类型将所有工作表及其连接信息保存在工作簿文件中但不包括数据;也可以是 Tableau 打包工作簿

图 4-28　仪表板工作区

（＊.twbx），该类型包含所有工作表、其连接信息以及任何其他资源如数据、背景图片等。

至此，我们以一个简单案例介绍了 Tableau 从连接数据到最后工作簿发布的过程，重点介绍了如何利用功能区创建视图，以便读者熟悉 Tableau 拖放的作图方法。

实验确认：□学生　　　□教师

【实验与思考】

熟悉 Tableau 数据可视化设计

1. 实验目的

（1）通过课文中介绍的一个电力系统简单案例，尝试实际执行 Tableau 数据可视化设计的各项基本步骤，以熟悉 Tableau 数据可视化设计技巧，提高大数据可视化应用能力。

（2）欣赏 Tableau 数据可视化优秀作品，了解 Tableau 数据可视化设计能力。

2. 工具/准备工作

在开始本实验之前，请认真阅读课程的相关内容。

需要准备一台安装有 Tableau Desktop（参考版本为 9.3）软件的计算机。

3. 实验内容与步骤

1）Tableau 数据可视化设计实践

本章中以一个电力系统的简单案例介绍了 Tableau 从连接数据到最后工作簿发布的过程，重点介绍了利用功能区创建视图，以帮助读者熟悉 Tableau 拖放式的作图方法。

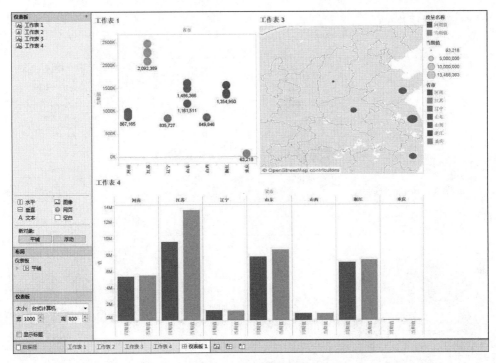

图 4-29　创建简单仪表板

请仔细阅读本章的课文内容,执行其中的 Tableau 数据可视化操作,实际体验 Tableau 数据可视化的设计步骤。请在执行过程中对操作关键点做好标注,在对应的"实验确认"栏中打勾(√),并请实验指导老师指导并确认。(据此作为本【实验与思考】的作业评分依据。)

请记录:你是否完成了上述各个实例的实验操作? 如果不能顺利完成,请分析可能的原因是什么。

答:_____

_____

_____

_____

2)浏览 Tableau 可视化库

登录 Tableau(中文简体)官方网站 https://www.tableau.com/zh-cn,将光标指针指向屏幕上方的"故事"项,在屏幕中弹出的选项中单击"Tableau 可视化库"图标,打开 Tableau 可视化库。

请浏览 Tableau 可视化库,其中包含十分丰富的 Tableau 可视化优秀作品,这些(动态)优秀作品都可以通过互动操作深入或者广泛了解更多的相关信息。

(1)全球石油钻井平台

在 Tableau 可视化库中选择(单击)"全球石油钻井平台"(见图 4-30)。图中所示仪表板一目了然地显示了全球石油产地的 10 年数据,以地图形式提供了全球石油产地鸟

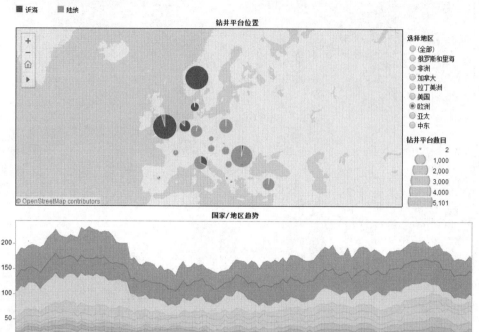

图 4-30　Tableau 设计作品：全球石油钻井平台

瞰图。

地图功能是 Tableau 的主要技术能力之一，地理位置可视化自然得心应手。读者可从右上方的菜单中选择一个区域，然后在下方的图表中研究该区域国家/地区的相关情况。

（2）iPhone 推文

2012 年 8 月 2 日，Apple 发布了新的 iPhone 4S，而不是传言中的 iPhone 5。于是，几小时之内，Apple 的粉丝们便通过推文表达了他们的失望之情，一时间，推特上带＃iPhone 4S 话题标签的推文暴增。

在 Tableau 可视化库中选择"iPhone 推文"（见图 4-31）。在线阅读所示 Tableau 图表时，将光标悬停在地图上的圆上方，即可查看各条推文。

（3）混合次摆线

在 Tableau 可视化库中选择"Theta 分析"。如图 4-32 所示工作簿演示了称为次摆线的曲线族。要获得次摆线，需先在一个圆盘上固定一个点（就像自行车轮上的反光片），然后沿着另一个圆滚动。通过过滤器、仪表板和拖放探索，可以利用后端功能生成各种各样的有趣曲线。借助 Tableau，可以灵活地可视化几乎所有类型的数据。

（4）跟踪股价

在 Tableau 可视化库中选择"跟踪估价"。可以借助 Tableau 来方便地制作极具冲击力的股票数据可视化图表，从中发现机会和风险。例如，蜡烛图就是用于金融分析的关键

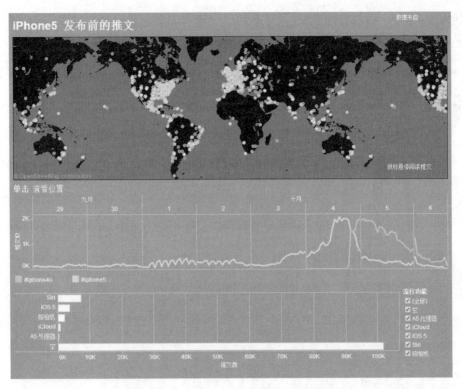

图 4-31　Tableau 设计作品：iPhone 5 与发布前的推文

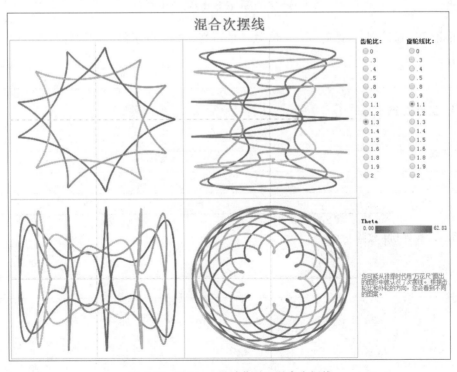

图 4-32　Tableau 设计作品：混合次摆线

图表(见图 4-33)。利用这种图表,可以在同一个视图中进行价格和波动性分析。在这幅 Tableau 蜡烛图中,可通过紧凑但功能强大的视图跟踪可口可乐或百事可乐的股价。

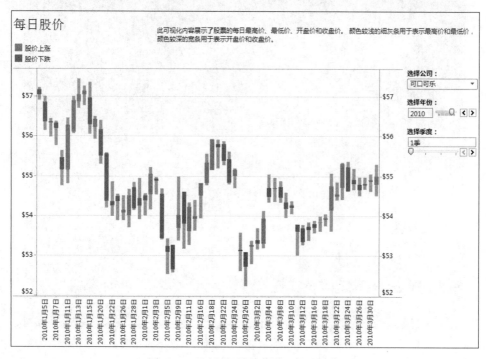

图 4-33　Tableau 设计作品:每日股价

请记录:通过浏览,你对 Tableau 软件的可视化数据分析能力的评价是:

答:_____

_____

4. 实验总结

_____

_____

_____

5. 实验评价(教师)

_____

_____

Tableau 数据管理与计算

【导读案例】

Tableau 案例分析：世界指标-医疗

有条件的读者，请在阅读本书这部分【导读案例】"Tableau 案例分析"时，打开 Tableau 软件，在其开始页面中单击打开典型案例"世界指标"，以研究性态度动态地观察和阅读，以获得对 Tableau 的最大限度的理解。

在典型案例"世界指标"工作界面的下方，列举了 7 个工作表，即人口、医疗、技术、经济、旅游业、商业和故事，分别展示了现实世界的若干侧面。其中，医疗工作表视图如图 5-1 所示。

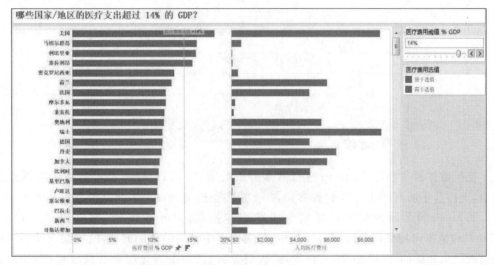

图 5-1　世界指标-医疗

如图 5-1 所示，右侧有个"医疗费用阈值"栏，拖动或者单击其中的游标，可以设定不同的阈值。注意观察视图，当调整阈值设定时，视图内标题、参考线、条形图的颜色等都会随之变动，反映不同的分析结果。视图中用不同颜色来直观地区分低于选值和高于选值的不同数据。视图左右分别显示了医疗费用和人均医疗费用。

阅读视图，通过移动鼠标，分析和钻取相关信息并简单记录。

(1) 所谓 GDP,是指:

答:＿＿＿＿＿＿＿＿＿＿＿＿＿＿＿＿＿＿＿＿＿＿＿＿＿＿＿＿＿＿＿＿

＿＿＿＿＿＿＿＿＿＿＿＿＿＿＿＿＿＿＿＿＿＿＿＿＿＿＿＿＿＿＿＿＿＿＿＿

请记录:美国:人均医疗支出:＿＿＿＿＿＿＿＿＿($),占 GDP:＿＿＿＿＿＿%;

德国:人均医疗支出:＿＿＿＿＿＿＿＿＿($),占 GDP:＿＿＿＿＿＿%;

中国:人均医疗支出:＿＿＿＿＿＿＿＿＿($),占 GDP:＿＿＿＿＿＿%;

塞浦路斯:人均医疗支出:＿＿＿＿＿＿＿($),占 GDP:＿＿＿＿＿＿%。

你认为医疗费用占 GDP 百分比低,可能是因为:

社会福利好,人民享受免费医疗　　　　　自然环境好,不生病医疗开销少

(2) 通过信息钻取,你还获得了哪些信息或产生了什么想法?

答:＿＿＿＿＿＿＿＿＿＿＿＿＿＿＿＿＿＿＿＿＿＿＿＿＿＿＿＿＿＿＿＿

＿＿＿＿＿＿＿＿＿＿＿＿＿＿＿＿＿＿＿＿＿＿＿＿＿＿＿＿＿＿＿＿＿＿＿＿

＿＿＿＿＿＿＿＿＿＿＿＿＿＿＿＿＿＿＿＿＿＿＿＿＿＿＿＿＿＿＿＿＿＿＿＿

＿＿＿＿＿＿＿＿＿＿＿＿＿＿＿＿＿＿＿＿＿＿＿＿＿＿＿＿＿＿＿＿＿＿＿＿

(3) 请简单描述你所知道的上一周发生的国际、国内或者身边的大事。

答:＿＿＿＿＿＿＿＿＿＿＿＿＿＿＿＿＿＿＿＿＿＿＿＿＿＿＿＿＿＿＿＿

＿＿＿＿＿＿＿＿＿＿＿＿＿＿＿＿＿＿＿＿＿＿＿＿＿＿＿＿＿＿＿＿＿＿＿＿

＿＿＿＿＿＿＿＿＿＿＿＿＿＿＿＿＿＿＿＿＿＿＿＿＿＿＿＿＿＿＿＿＿＿＿＿

＿＿＿＿＿＿＿＿＿＿＿＿＿＿＿＿＿＿＿＿＿＿＿＿＿＿＿＿＿＿＿＿＿＿＿＿

＿＿＿＿＿＿＿＿＿＿＿＿＿＿＿＿＿＿＿＿＿＿＿＿＿＿＿＿＿＿＿＿＿＿＿＿

＿＿＿＿＿＿＿＿＿＿＿＿＿＿＿＿＿＿＿＿＿＿＿＿＿＿＿＿＿＿＿＿＿＿＿＿

5.1　Tableau 数据架构

连接数据源是利用 Tableau 进行数据分析的第一步,Tableau 拥有强大的数据连接能力,支持几乎所有的主流数据源类型,并支持多表连接查询和多数据源数据关联。

Tableau 的元数据管理可以细分为数据连接层(Connection)、数据模型层(Data Model)和数据可视化层(VizQL)。其中,可视化层中使用的 VizQL 是以数据连接层和数据模型层为基础的 Tableau 核心技术,对数据源(包括数据连接层和数据模型层)非常敏感。Tableau 这样的三层设计,既可以让不了解元数据管理的普通业务人员进行快速分析,又方便了专业技术人员进行一定程度的扩展。

5.1.1　数据连接层

数据连接层决定如何访问源数据和获取哪些数据。数据连接层的数据连接信息包括数据库、数据表、数据视图、数据列,以及用于获取数据的表连接和 SQL 脚本,但是数据连接层不保存任何源数据。

在 Tableau 的各个版本中,数据连接层支持的数据类型都非常丰富,用户可以方便地对 Tableau 工作簿的数据连接进行修改,例如,将一系列仪表板的数据连接从测试数据库切换到生产数据库,只需要编辑数据连接,变更连接信息,Tableau 会自动处理所有字段的实现细节。

Tableau 支持传统的关系数据源(如 MySQL、Oracle、IBM DB2)、多维数据源(如 Oracle Essbase、Microsoft Analysis Services、Teradata OLAP Connector)、Hadoop 系列产品中的数据源(如 Cloudera Hadoop、Hortonworks Hadoop Hive、MapR Hadoop Hive)、Tableau 数据提取、Web 数据源(如 Google Analysis、Google BigQuery)、本地文件(如 Excel、文本文件)等多种类别。可通过 Tableau Desktop、Tableau Serve 新建数据源,还可以把数据源发布到 Tableau Server。

5.1.2　数据模型层

关系数据库中的数据可以在 Tableau 的数据模型层进行一定程度的数据建模工作,主要内容包括管理字段的数据类型、角色、默认值、别名,以及用户定义的计算字段、集和组等。例如,如果在数据库中删除字段,那么在 Tableau 工作表中对应的字段会被自动移除,或者自动映射到别的替代字段。

不论数据源来自哪种服务器,在完成数据连接后,Tableau 会自动判断字段的角色,把字段分为维度字段和度量字段两类。如果所连接数据是多维数据源,Tableau 会直接获取数据立方体维度和度量信息;如果连接的是关系数据源,Tableau 会根据其数据来判断该字段是维度字段还是度量字段。

Tableau 可以识别出多维数据源中预先定义好的分层结构。由于多维数据源的特性,Tableau 引入的多维数据源本身已经是一种聚合的形式,无法再进行进一步的聚合,并且维度字段将不能随意改变组织形式(如分组、创建分层结构、角色转换)和参与计算,同时度量字段也不能使用分级和改变角色。

5.2　数　据　连　接

要在 Tableau 中创建视图,首先需要新建数据源。打开 Tableau 软件后,在开始页面的左上角"连接"字符上方单击三角符号中的图标,进入 Tableau 工作表工作区。之后,在页面工具栏左侧单击"添加新的数据源"按钮,也可以在主界面菜单栏中选择"数据"→"新建数据源",在下级界面的左侧会看到 Tableau 支持的数据源类型(见图 5-2)。

5.2.1　连接文件数据源

为通过 Tableau 快速连接到电子表格、Access、Tableau 工作簿等各类文件数据源,可按以下步骤执行。

步骤 1:连接到电子表格。在文件数据源中,最常用的是电子表格。以 Microsoft Excel 文件为例,单击 Excel,在"打开"对话框的左窗格中选择"文档"(文档库),在右窗格中双击"我的 Tableau 存储库"→"数据源"→9.3(指 9.3 版)→zh_CN-China(指简体中文

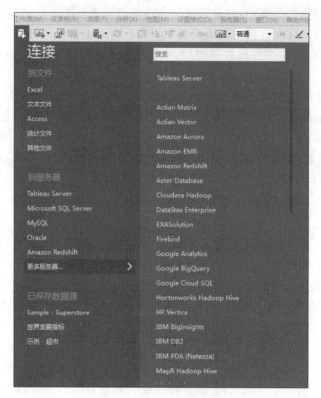

图 5-2　部分数据源类型

版），双击打开其中的 Excel"示例-超市"文件（见图 5-3）。

图 5-3　连接 Excel 示例

　　步骤 2：根据界面上部"将工作表拖到此处"的提示，将表"订单"拖入中部框内（双击此表也可），这时可在界面下方看到"订单"工作表的数据（见图 5-4）。

　　步骤 3：单击下方"工作表 1"，随即进入工作区界面（见图 5-5），此时即成功连接到了 Excel 数据源。

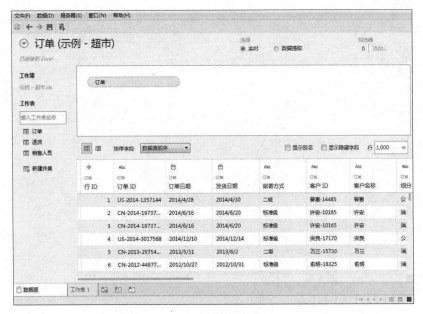

图 5-4　选择工作表

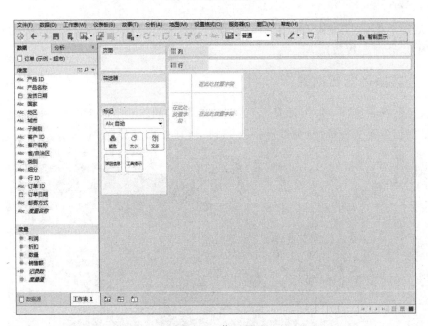

图 5-5　工作区界面

步骤 4：如果需要在下次使用时快速打开数据连接，可以将该数据连接添加到"已保存数据源"中，为此，单击"数据"→"＜数据源名称＞"→"添加到已保存的数据源"，在弹出的窗口中选择"保存"即可（见图 5-6）。

再次打开 Tableau 时，在开始界面就可以直接连接到已保存数据源。

步骤 5：连接到 Access 文件。

连接到 Microsoft Access 数据源的操作步骤与连接到电子表格基本类似。有所不同

图 5-6　添加到已保存的数据源

的是,在选定数据表的界面左下角会出现"新自定义 SQL"选项,熟悉 SQL 的用户可以选择使用 SQL 查询连接数据。

5.2.2　连接服务器数据源

在新建数据源界面中,"到服务器"栏中列出了 Tableau 所支持的各类服务器数据源,用户可以根据需要进行选择(见图 5-7)。Tableau 新版本支持对 Web 数据源及当前热门

图 5-7　可以连接的各类服务器数据源

的几类云端数据库(如 Amazon Aurora、Google Cloud SQL、Microsoft Azure)的连接。

5.2.3　组织数据

创建数据源的另外一种方式是将数据复制粘贴到 Tableau 中,Tableau 会根据复制数据自动创建数据源。用户可以直接复制的数据有包括 Microsoft Excel 和 Word 在内的 Office 应用程序数据、网页中 HTML 格式的表格、用逗号或制表符分隔的文本文件数据。

直接使用数据源的全量数据,在视图设计时可能会导致工作表响应迟缓。如果仅希望对部分数据进行分析,可以使用数据源筛选器。可以在新建数据源时选择筛选器,也可以在完成数据连接后,对数据源添加筛选器。

步骤 1:在数据连接时应用筛选器。

在如图 5-4 所示界面中,选择其右上角"筛选器"下方的"添加"(见图 5-8)。

图 5-8　添加筛选器

在"编辑数据源筛选器"对话框中单击"添加"按钮,随即进入"添加筛选器"对话框。例如,选择"订单日期"作为筛选字段,限定年份为 2014,单击"确定"按钮后回到"编辑数据源"界面,可以预览筛选后的数据。

步骤 2:针对数据源应用筛选器。

在完成数据连接后,可以选择"数据"→"<数据源名称>"→"编辑数据源筛选器",后续步骤与在数据连接时应用筛选器的步骤基本一致。

5.2.4　实现多表连接

在实际可视化分析过程中,数据可能来自多张数据表,也可能来自不同的文件或者服务器。Tableau 的数据整合功能可实现同一数据源的多表连接、多个数据源的数据融合。

在分析中,已经添加了数据源信息,但要开展进一步数据分析需要新的信息,可通过选择"数据"→"<数据源名称>"→"编辑数据源",将相关信息表加入到中心区域,

Tableau 会自动建立信息表的连接。当两表之间无法自动生成表连接时,会显示告警信息。

如果不希望按照 Tableau 默认的方式进行表间数据连接,用户也可以选择指定表连接方式。有 4 种连接类型,默认选择的是"内部连接",其他选项还包括左侧、右侧、完全外部连接等。其中"内部"只列出与连接条件匹配的数据行,"左侧"表示不仅包含查询结果集合中符合连接条件的行,而且还包括左表的所有数据行,"右侧"表示不仅包含查询结果集合中的符合连接条件的行,而且还包括右表的所有数据行,"完全外部"表示包含查询结果集合中的包含左、右表的所有数据行。

实验确认:□学生　　□教师

5.3 数 据 加 载

Tableau 加载数据有两种基本方式:一种是实时连接,即 Tableau 从数据源获取查询结果,本身不存储源数据;另一种是数据提取,将数据提取到 Tableau 的数据引擎中,由 Tableau 进行管理。

在下列情况下,建议使用数据提取的方式。

(1)源数据库的性能不佳:源数据库的性能跟不上分析速度的需要,可以由 Tableau 的数据引擎来提供快速交互式分析。

(2)需要脱机访问数据:如果需要脱机访问数据,可以将相关数据提取到本地。

(3)减轻源系统的压力:如果源系统是重要的业务系统,那么建议将数据访问转移到本地,以减轻对源系统的压力。

而在下列情况下,则不建议选择数据提取方式。

(1)源数据库性能优越:IT 基础设施支持快速数据分析。

(2)数据的实时性要求高:需要使用实时更新的数据进行分析。

(3)数据的保密要求高:出于信息安全考虑不希望将数据保存在本地。

5.3.1 创建数据提取

Tableau 有两种方式创建数据提取:一种是完成数据连接之后,针对数据源进行提取数据操作;另一种是在新建数据源时选择"提取"方式。

步骤 1:为对数据源进行"提取数据"操作,可在主界面中选择"数据"→"<数据源名称>"→"提取数据",进入"提取数据"对话框(见图 5-9)。

步骤 2:在打开的"提取数据"对话框中可以看到筛选器、聚合、行数三种提取选项。单击"添加"按钮,弹出"添加筛选器"对话框,选择用于筛选器的字段;可以选择"年"和"月"作为此数据源的数据提取字段。在此界面可以指定是否聚合可视维度,也可以选择从数据源提取前若干行。单击"确定"按钮,在弹出的"另存为"对话框中提取的数据,以.tde 格式保存,单击"保存"按钮完成创建数据提取。

步骤 3:采用筛选器提取数据时,数据窗格中的所有隐藏字段将会自动从数据提取中排除。单击"隐藏所有未使用的字段"按钮可快速地将这些字段从数据提取中删除。

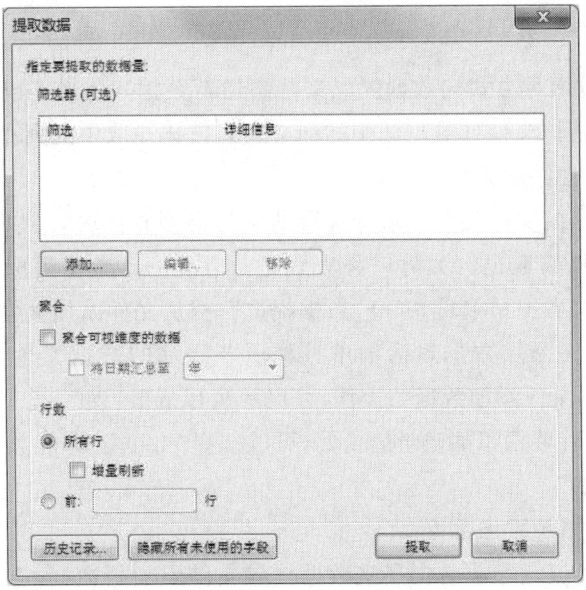

图 5-9 进行"提取数据"操作

步骤4：创建数据提取后，当前工作簿开始使用该数据提取中的数据，而不是原始数据源。用户也可以在使用数据提取和使用整个数据源之间进行切换，方法是选择"数据"→"＜数据源名称＞"→"使用数据提取"。

使用数据提取的好处是通过创建一个包含样本数据的数据提取，减少数据量，避免在进行视图设计时长时间等待查询响应，而在视图设计结束后，可以切回到整个数据源。

步骤5：需要移除数据提取时，可以选择"数据"→"＜数据源名称＞"→"数据提取"→"移除"。当删除数据提取时，可以选择仅从工作簿删除数据提取，或者删除数据提取文件。后一种情况将会删除在硬盘中的数据提取文件。

5.3.2 刷新数据提取

为刷新数据提取，可按以下步骤执行。

步骤1：当源数据发生改变时，通过刷新数据提取可以保持数据得到更新，方法是"数据"→"＜数据源名称＞"→"刷新"。

数据提取的刷新包含两种方式：一种是完全数据提取，即将所有数据替换为基础数据源中的数据；另一种是增量数据提取，仅添加自上次刷新后新增的行。

步骤2：要改变数据源的提取方式，需要选择"数据"→"＜数据源名称＞"→"提取数据"。

在"提取数据"对话框中，选择"所有行"和"增量刷新"，只有选择提取数据库中的所有行后，才能定义增量刷新，然后在数据库中指定将用于标识新行的字段。

步骤3：用户可以查看刷新数据提取的历史记录，方法是在"数据"菜单中选择数据源，然后选择"数据提取"→"历史记录"。"数据提取历史记录"对话框中将显示每次刷新的时间、类型和所添加的行数。

5.3.3　向数据提取添加行

Tableau可通过两种方式向数据提取文件添加新数据:从文件或从数据源添加。添加新数据行的前提是该文件或数据源中的列必须与数据提取中的列相匹配。

步骤1-1:从文件添加数据。

当要添加的数据的文件类型与数据提取的文件类型相同时,可以选择从文件数据源向数据提取文件添加新数据。另外一种方式是从Tableau数据提取(.tde)文件添加数据,选择"数据"→"<数据源名称>"→"数据提取"→"从文件添加数据"。

步骤1-2:在文件添加数据对话框中选择所要添加的数据文件,单击"打开"按钮,Tableau就会完成从文件添加数据的操作,并提示执行结果。

步骤1-3:为查看数据添加记录的摘要,可以选择"数据"→"<数据源名称>"→"数据提取"→"历史记录"。

步骤2-1:从数据源添加数据。

为从工作簿中的其他数据源向所选数据提取文件添加新数据,方法是选择"数据"→"<数据源名称>"→"数据提取"→"从数据源添加数据"。

步骤2-2:打开"从数据源追加数据"对话框,选择与目标数据提取文件兼容的数据源,Tableau就会完成从数据源追加数据的操作,并提示执行结果。

实验确认:□学生　　　□教师

5.3.4　优化数据提取

为提高数据提取的性能,可以对数据提取进行优化,提高数据提取的查询响应速度。具体操作方法是选择"数据"→"<数据源名称>"→"数据提取"→"优化",采用以下方式进行优化。

1.计算字段的预处理

进行数据提取优化后,Tableau提前完成计算字段的预处理,并存储在数据提取文件中。在视图中进行查询时,Tableau可以直接使用计算结果,不必再次计算。

如果改变了计算字段的公式或者删除了计算字段,Tableau将相应地从数据提取中删除计算字段。当再次进行数据提取优化时,Tableau将重新进行计算字段的预处理。

部分函数无法实现预处理,如外部函数(如RAWSQL和R)、表计算函数以及无法提前处理的函数(例如NOW()和TODAY())。

2.加速视图

如果在工作簿内设置了筛选器操作,那么Tableau必须基于源工作表的筛选器,以此计算目标视图的筛选器取值范围。进行数据提取优化后,Tableau将创建一个视图以计算可能的筛选值并缓存这些值,从而提高查询速度。

5.4　数　据　维　护

新建数据源是用户进行数据准备的第一步,在后续工作中,用户需要通过直接查看数据,验证数据连接是否成功;通过添加数据源筛选器,限定分析的数据范围;通过刷新数据源操作,保持分析的数据更新。

5.4.1　查看数据

查看数据源数据是用户最常见的需求,具体操作方法为选择"数据"→"＜数据源名称＞"→"查看数据"(见图 5-10)。在查看数据界面,用户可以选择将数据复制到粘贴板。

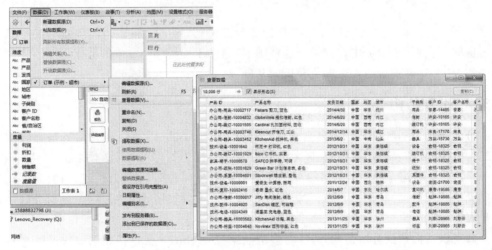

图 5-10　查看数据

5.4.2　刷新数据

当数据源中的数据发生变化后(包括添加新字段或行、更改数据值或字段名称、删除数据或字段),需要重新执行新建数据源操作,才能反映这些修改;另外,也可以执行刷新操作,在不断开连接的情况下即时更新数据。为此,选择"数据"→"＜数据源名称＞"→"刷新"即可。

如果工作簿中视图所使用的数据源字段被移除,那么完成更新数据操作后,将显示一条警告消息,说明该字段将从视图中移除。由于缺少该字段,工作表中使用该字段的视图将无法正确显示。

5.4.3　替换数据

如果希望使用新的数据源来替换已有的数据,而不希望新建工作簿,那么可以进行替换数据源操作。具体方式是选择"数据"→"替换数据源",进入替换数据源对话框,选择将原有数据源替换为新数据源。

完成数据源替换后,当前工作表的主数据源变更为新数据源。

5.4.4   删除数据

使用了新数据源后,可以关闭原有数据源连接,具体方法是选择"数据"→"＜数据源名称＞"→"关闭"操作来直接关闭数据源。

执行关闭数据源操作后,被关闭数据源将从数据源窗口中移除,所有使用了被删除数据源的工作表也将被一同删除。

实验确认：□学生　　　□教师

5.5　高级数据操作

Tableau 的高级数据操作方法包括创建分层结构、组、集、参数、计算字段、参考线与参考区间等内容,灵活运用它们来创建视图,将有助于了解 Tableau 的数据组织形式和基本工作方式,这是进行高级可视化分析的基础。

5.5.1   分层结构

分层结构是一种维度之间自上而下的组织形式。Tableau 默认包含对某些字段的分层结构,比如日期、日期/时间、地理角色。以日期维度为例,日期字段本身包含"年-季度-月-日"的分层结构。分层结构对维度之间的重新组合有重要作用,上钻(从当前数据往上回归到上一层数据)和下钻(从当前数据往下展开下一层数据,统称钻取)是导航分层结构的最有效方法。

除了默认内置的分层结构外,针对多维数据源,Tableau 会直接使用该数据源本身包含的维度的分层结构。针对关系数据源,Tableau 允许用户针对维度字段自定义分层结构,在创建分层结构后,将显示在"维度"窗格中。

如果希望查看不同地区层次的销售情况,依据已有的维度字段"地区"、"省市"和"城市"来创建分层结构即可轻松实现。

步骤 1-1：通过拖动方式创建名为"组织"的分层结构。

在"维度"窗格中,将字段"省/自治区"直接拖放到另一个字段"城市"上(字段的放置顺序会影响上下级关系),会弹出对话框,在对话框中输入名称"组织",单击"确定"按钮(见图 5-11)。

步骤 1-2：再将字段"地区"拖到"组织"分层结构中,通过调整得到"组织"的分层结构"地区-省/自治区-城市"。

步骤 2：通过右键菜单创建名为"组织"的分层结构。

在"维度"窗格中,单选或复选目标字段,右击选择"创建分层结构",出现命名提示后,为该分层结构输入名称"组织",单击"确定"按钮即可。

创建好分层结构"组织"后,可以通过拖放位置的方式调整顺序和添加新的层级,或者将其从分层结构中移除,也可将整个分层结构移除。当所有的层级都从分层结构中移除时,整个分层结构就被移除了。

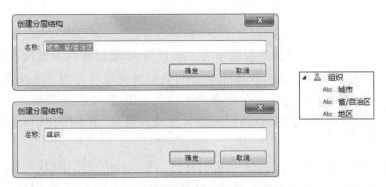

图 5-11　拖动方式,创建"组织"分层结构

为创建"华东地区 2014 年 12 月利润条形图",继续按以下步骤操作。

步骤 3-1:将"利润"拖至行功能区,"组织"拖至列功能区,选择标记类型为"条形图"。

步骤 3-2:将"订单日期"拖至"筛选器",设定日期为 2014 年 12 月;将"类别"拖至"筛选器",设定类别为"办公用品";将"地区"拖至"筛选器",设定地区为"华东",并调整为"适合宽度"。

步骤 4:使用行功能区或列功能区字段进行钻取(见图 5-12)。

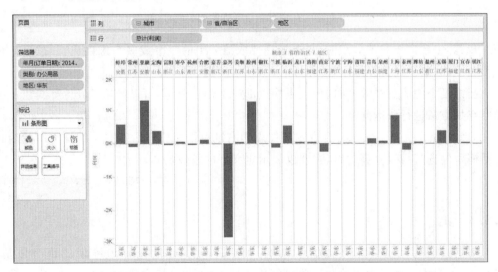

图 5-12　使用行功能区上的"加号/减号"进行钻取

在 Tableau 中,有两种方法可以进行上钻和下钻,一种是单击功能区字段前方的加号或减号,另一种是在视图标题上右击选择钻取分层结构。

根据分层结构,可由"地区"下钻到"省/自治区"→"城市",单击分层结构上的"加号/减号"符号即可。实际上,在分析时,不论在哪里使用分层结构(行功能区、列功能区或标记卡),一般而言,遇到"加号/减号"即可进行钻取操作(加号和减号分别对应下钻和上钻)。

实验确认:□学生　　　□教师

5.5.2 组

组是维度成员或者度量离散值的组合。通过分组,可以实现对维度成员的重新组合,以及度量值的按范围分类。在 Tableau 中,要归类重组维度成员有多种方式,分组是最常见和最快速的方式之一。在分析的统计数据中,如果有些维度的名称不同,但实际为同一个时,可以创建组,对其进行合并处理。但是,组不能用于计算,即组不能出现在公式中。

步骤1:直接在视图中选择维度成员创建组。在工作表视图中,按住 Ctrl 键单击选中维度成员,然后在选中区域悬停工具栏中单击"组成员"图标来创建新的组(见图 5-13),选择创建组,默认的组名称是"<组员 1>,<组员 2>,…",可重命名。

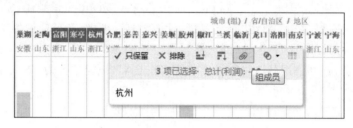

图 5-13 在视图中选择维度成员创建组

步骤2:当需要取消分组时,只要选择要取消分组的一个或多个维度成员,然后单击工具栏上的"取消成员分组"选项即可。

当维度中的成员非常多时,为了更快更准确地创建分组,可以使用 Tableau 提供的关键字查找方法进行快速分组。

Tableau 可通过在"维度"窗格或工作表中右键单击相应字段,选择"编辑组",然后在对话框中勾选"包括其他"选项,实现仅展示定义好的组成员。

实验确认:□学生　　　　□教师

5.5.3 集

集是根据某些条件定义数据子集的自定义字段,可以理解为维度的部分成员。Tableau 在数据窗格底部显示集。集能够用于计算,参与计算字段的编辑。

1. 集的分类

根据是否能够随着数据动态变化,集可以分为两大类:常量集和计算集。其中,常量集为静态集,不能跟随数据动态变化;计算集为动态集,可以跟随数据动态变化。一般情况下,集的创建针对一个维度进行,但是常量集可以是多个维度的数据子集,区别见表 5-1。

多个集之间可进行合并操作,合并后的集为合并集。

表 5-1　集的分类与比较

	常　量　集	计　算　集
随着数据变化	否,静态集	是,动态集
允许使用的维度数量	单个或多个维度	单个维度
创建方式	在视图中直接选择对象创建集	数据窗格右键单击维度创建集

2. 集的作用: 选取维度部分成员

集主要用于筛选,通过选取维度的部分成员作为数据子集,以实现对不同对象的选取。集主要有以下两个用处。

(1) 集内外成员的对比分析。Tableau 提供了集的一对特性——内/外,通过选择"在集内/外显示"可以直接对集内、集外成员进行聚合对比分析。

(2) 集内成员的对比分析。当重点为对集内成员的分析时,可选择"在集内显示成员",此时集的作用就是筛选器,只展示位于集内的成员。

3. 创建集

下面来了解如何创建常量集、计算集和合并集。

步骤 1-1: 创建常量集:"销售额"由高到低排名前 10 名客户。

首先创建基本视图,将"销售额"拖放到列功能区,将"客户名称"拖放到行功能区,然后按照如下步骤快速创建常量集。

步骤 1-2: 在视图中,按照"销售额"排序,采用降序排列,再用鼠标拖选前 10 名客户。

步骤 1-3: 在选中区域悬停,在弹出的工具提示上,单击"创建集"选项(见图 5-14)。

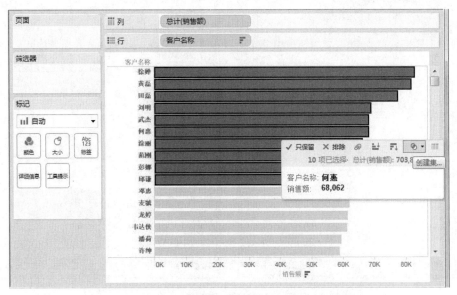

图 5-14　创建"销售额降序排名前 10 名客户"常量集

步骤1-4：在弹出的"创建集"对话框中，输入名称"销售额降序排名前100名客户"，单击"确定"按钮（见图5-15）。

图5-15　创建"销售额降序排名前100名客户"常量集

步骤2-1：创建计算集："销售额"由高到低排名前100名客户。右键单击"维度"窗格中的"客户名称"，选择"创建"→"集"。

步骤2-2：在弹出的"创建集"对话框中，输入名称"销售额降序排名前100名客户"，并在"常规"选项卡中选择"使用全部"（见图5-16(a)）。

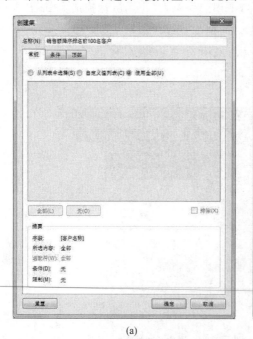

(a)

(b)

图5-16　创建"销售额降序排名前100名客户"计算集

步骤 2-3：打开"顶部"选项卡进行设置，选择"按字段"→"顶部"→100，以及"客户名称"→"计数"，然后单击"确定"按钮，即创建了"销售额"由高到低排名前 100 名客户集(见图 5-16(b))。

计算集还可按照"条件"进行设置，以实现对某个字段的值进行筛选。

通过以上创建过程可见，计算集对大量数据创建更为方便，同时能随着导入数据的变化动态变化，而常量集不论导入数据如何变化都是所选择的固定成员。

步骤 3：创建合并集。

在 Tableau 中，只有相同维度的集才能合并。

集的合并有三种方式：①并集，包含两个集内的所有成员；②交集，仅包含两个集内均存在的成员；③差集，包含指定集内存在而第二个集内不存在的成员，即排除共享成员。

实验确认：□学生　　□教师

5.5.4 参数

参数是可在计算、筛选器和参考线(包括参考区间)中替换常量值的用户自定义动态值，是实现控制与交互的最方便的方法，分析人员可以轻松地通过控制参数来与工作表视图进行交互。如图 5-17 所示，通过参数控件，可以调整其他字段，进而控制工作表视图。参数在工作簿中是全局对象，可在任何工作表中单独使用，也可同时应用于多个工作表视图。

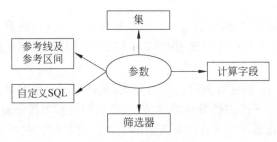

图 5-17　参数的使用

例如，可以创建一个在销售额大于 \$500 000 时返回"真"否则返回"假"的计算字段。可以在公式中使用参数来替换常量值 500 000，然后可使用参数控件来动态更改计算中的阈值。或者，可以使用筛选器显示利润最高的 10 种产品。将筛选器中的固定值 10 替换为一个动态参数，以便可以快速查看前 15、20 和 30 种产品。

1. 创建参数

参数的创建方式有多种，可以基于"数据"窗格中的所选字段创建新参数，或者可以从使用参数的任何位置中创建新参数(例如，在添加参考线或创建筛选器时)。

按以下步骤从"数据"窗格中创建新参数。

步骤 1：在"数据"窗格中，右键单击要作为参数基础的字段"利润"，在弹出菜单中选择"创建"→"参数",或者也可以使用右上角的下拉箭头并选择"创建参数"。

步骤 2:在弹出的"编辑参数"对话框中,单击"注释"按钮(见图 5-18),为字段输入名称"利润阈值"①并可以编写"注释"以描述该参数。"注释"是对参数意义的描述,以帮助其他人理解所设参数的含义。此处非强制项,可不设置。

图 5-18 创建参数

步骤 3:设置属性。单击右侧向下箭头按钮,为参数指定将接受值的"数据类型",系统默认为"浮点"。

步骤 4:指定"当前值",其中预显示了参数的默认值。这里设置"当前值"为 0。

步骤 5:设定要在参数控件中使用的"显示格式"。调整为"百分比",并设置展示两位小数。

步骤 6:"允许的值"指定参数接受值的方式,包括以下三种类型。

全部:参数控件是字段中的简单类型,表示参数可调整为任意值。

列表:参数控件提供可供选择的可能值的列表。选择"列表"则必须指定值列表。单击左列可输入值,每个值还可显示别名。可通过单击"从剪贴板粘贴"来复制和粘贴值列表,或者可以通过选择"从字段中添加"来以值列表的形式添加字段的成员。

范围:参数控件可用于选择指定范围中的值,可设置最小值、最大值和每次调整的步长,也可从参数设置或从字段设置。例如,可以定义介于 2016 年 1 月 1 日和 2016 年 12 月 31 日之间的日期范围,并将步长设置为 1 个月,以创建可用来选择 2016 年的每个月的参数控件。

这些选项的可用性由数据类型确定。例如,字符串参数只能接受所有值或列表。它不支持范围。一般情况下,作为参数基础的字段是维度时,"允许的值"表现为列表,当作为参数基础的字段是度量时,"允许的值"表现为范围。把"允许的值"设定为在 0～1 之间的"范围",步长设置为 0.1。

---

① 阈值:又叫临界值,指的是触发某种行为或者反应产生所需要的最低值。

步骤 7：单击"确定"按钮。完成后，参数列在"数据"窗格底部的"参数"部分中。

继续按以下步骤在使用计算集时创建参数。

步骤 8：右键单击"销售额降序排名前 100 名客户"计算集，在"编辑集"窗口中，修改集名字为"销售额降序排名前 N 名客户"，在字符"依据"左侧的输入数值栏的下拉菜单中，选择"创建新参数"。

步骤 9：在弹出的对话框中，设置参数的名称、注释、属性，与直接在"数据窗格"中创建参数的方法一致。参数名称为"销售额降序排名前 N 名客户阈值"，数据类型设置为"整数"，"允许的值"为"范围"，设置为 1～300，步长为 1，单击"确定"按钮即成功创建参数（见图 5-19）。

图 5-19　编辑计算集时创建"销售额降序排名前 N 名客户阈值"参数

当"步长"处于非激活状态时，Tableau 会根据数据范围自动选择相应的步长。

2. 使用参数

如果需要动态查看销售额排名不同的客户数量对比，需要引入参数进行手动改变，设置步骤如下。

步骤 1：在"数据"窗格中右击参数"销售额降序排名前 N 名客户阈值"，并选择"显示参数控件"，此时参数控件将显示在视图区域的右上角（见图 5-20）。

步骤 2：单击参数控件的下拉箭头可设置参数的展示形式，包括"显示标题"、"设置参数格式"、"滑块"、"输入内容"等，其中"设置参数格式"可调整参数标题、正文的字体格式和大小等；当选择"滑块"时，可通过"自定义"选择是否"显示读出内容"、"显示滑块"和"显示按钮"；当选择"输入内容"时，只展示读出内容。"滑块"和"输入内容"的展示形式见图 5-21。

步骤 3：将集"销售额降序排名前 N 名客户"拖入筛选器，调整参数的值，可动态观察不同排名的客户数量的分布。为更改参数值，可右键单击该参数并选择"编辑"，修改后，使用该参数的所有计算都会更新。

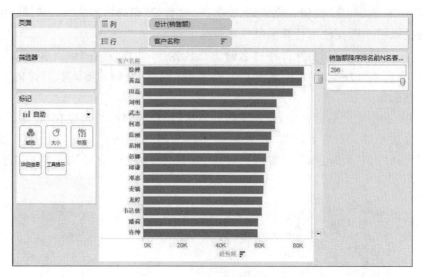

图 5-20　显示参数控件

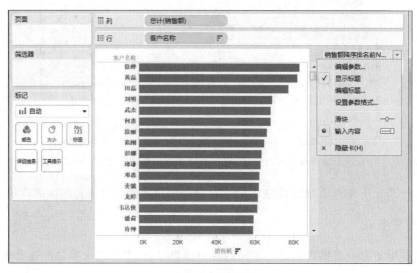

图 5-21　设置参数控件显示形式

实验确认：□学生　　　　□教师

5.5.5　参考线及参考区间

　　Tableau 在分析中可以嵌入多个参考线、参考区间、分布区间和盒须图等，来标记轴上的某个特定值或区域。例如，当在分析多种产品的月销售额时，可能需要在平均销售额标记处包含一条参考线，这样可以将每一种产品的业绩与平均值进行比较。或者，可能需要使用盒须图遮蔽轴上的特定区域、显示分布或显示全部范围的值。

　　参考线、参考区间、参考分布和参考箱不能用于使用联机或脱机地图的地图。

　　步骤 1：创建基本视图，将"销售额"拖放到"列功能区"，将"省/自治区"拖放到"行"功能区,显示条形图,再在"数据"窗格右侧单击"分析",打开"分析"窗格(见图 5-22)。

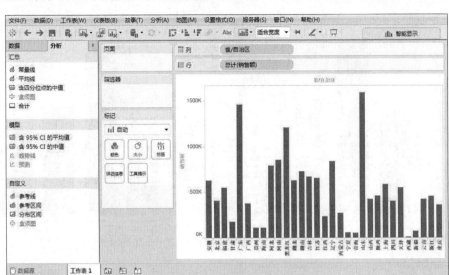

图 5-22　"分析"窗格(左侧)

在"分析"窗格中,Tableau 将常用功能在"汇总"栏中进行了列示,包括常量线、平均线、含四分位点的中值、盒须图和合计。

步骤 2:右键单击一个数轴,并选择"添加参考线",可打开"添加参考线、参考区间或框"对话框(见图 5-23)。

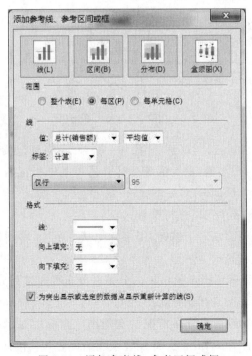

图 5-23　添加参考线、参考区间或框

Tableau 提供了 4 种类型的参考线、参考区间和参考箱(见图 5-24)。

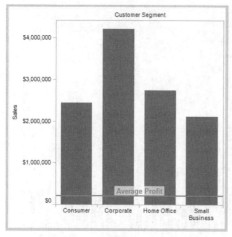

(a) 参考线

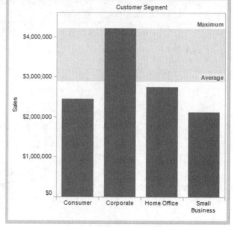

(b) 参考区域

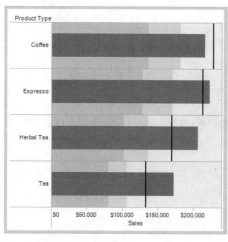

(c) 分布

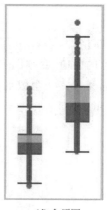

(d) 盒须图

图 5-24　参考线与参考区间类型

参考线:在轴上的常量或计算值位置添加一条线,用来标记某个常量或计算值位置,常用的有该轴的平均值、最小值、最大值等。计算值可基于指定的字段或参数生成,也可以添加带有参考线的置信区间。

参考线可基于表、区或单元格进行设置。

参考区间是指在轴上添加一个区间,用来标记某个范围,将视图标记之后,轴上两个常量或计算值之间的区域显示为阴影。

分布:通过添加阴影梯度指示值沿轴的分布。分布可通过百分比、百分位、分位数或标准差定义。参考分布还用来创建标靶图。

盒须图:添加描述值沿轴的分布情况的盒形图。盒形图显示四分位和须。Tableau 提供了几种不同的盒形图样式,并且允许配置须线的位置和其他详细信息。

步骤 3：以设置平均值为例，有基于"表"、"区"、"单元格"的设置效果。将"分析"窗格中的"平均线"拖放到视图中，并在弹出的对话框中选择"区"即可（见图 5-25）。

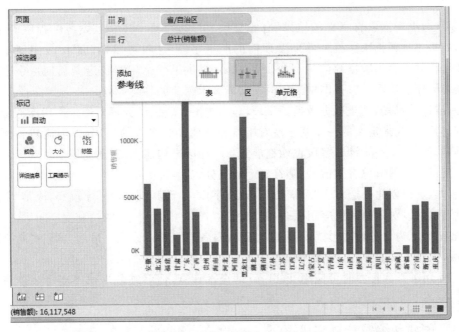

图 5-25　添加参考线"平均值"

步骤 4：将"分析"窗格中的"参考区间"直接拖放到视图中，在弹出的对话框中设置参考线的"范围"为"每区"，将区间开始的值选为"销售额"的"平均值"，区间结束的值选为"销售额"的"最大值"，样式为默认选项（见图 5-26）。

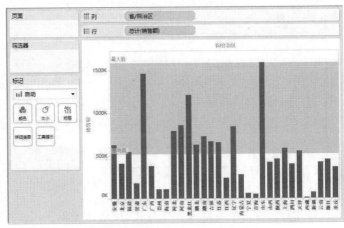

图 5-26　对每区的"销售额"创建平均值-最大值参考区间

实验确认：□学生　　　□教师

5.6　计 算 字 段

　　要从数据中提取有意义的结果,有时必须要修改 Tableau 从数据源中提取的字段。或者,如果基础数据未包括回答问题所需的所有字段,这时可以在 Tableau 中创建新字段,然后将其保存为数据源的一部分。Tableau 提供了一个用于自定义和创建字段的计算编辑器,还支持用户在视图中工作时在功能区上创建的临时计算。

　　所谓计算字段,就是根据数据源字段(包括维度、度量、参数等),通过使用标准函数和运算符构造公式来定义的一个基于现有字段和其他计算字段的公式,以创建新的计算字段。同其他字段一样,计算字段也能拖放到各功能区来构建视图,还能用于创建新的计算字段,而且其返回值也有数值型、字符型等的区分。

　　例如,可以创建一个名为"利润"的新计算字段,它计算"销售额"字段和"成本"字段的差。然后,可以对此新字段应用聚合(如求和)以查看一段时间内的总利润。随后,可以将这些数字显示为百分比的形式,启用总计以查看各类别的百分比。最后,可以对新字段进行分级,以直方图的形式显示数据。

　　在使用关系数据源时可应用 Tableau 的全部计算,但多维数据源不支持聚合和分级数据。

5.6.1　创建和编辑计算字段

　　为创建计算字段,可在"数据"窗格右侧单击小箭头,或右键单击字段,在弹出菜单中选择"创建"→"计算字段",在弹出的对话框(见图 5-27)中输入公式,再单击"应用",这样 Tableau 将对每一条记录按照该公式进行计算,并生成一个新的字段。计算字段创建界面包括"进入"窗格(左侧)和"函数"窗格。

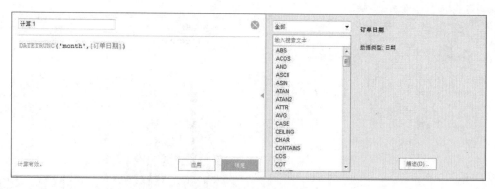

图 5-27　计算字段创建界面

　　在"进入"窗格中可输入计算公式,包括运算符、计算字段和函数。其中,运算符支持加(+)、减(-)、乘(*)、除(/)等所有标准运算符。字符、数字、日期/时间、集、参数等字段均可作为计算字段,Tableau 的自动填写功能会自动提示可使用计算的字段或函数。

　　"函数"窗格为 Tableau 自带的计算函数列表,包括数字、字符串、日期、类型转换、逻辑、聚合以及表计算等。双击该函数立即出现在"进入"窗格中。

　　计算字段的创建方式有两种：①直接在"数据"窗格中创建计算字段；②在使用计算集、计算字段、参考线及其他时创建。

　　如果计算返回数字，则新字段将显示在"数据"窗格的"度量"区域中，并且可以像使用其他任何字段那样使用该新字段。返回字符串或日期的计算将保存为维度。

　　在公式输入框中，可以使用"//"开头来书写注释。采用 Tableau 的函数时，具体函数的使用方式可参考窗格右方的函数描述和示例。

　　为了能够更快速地看到分析结果，Tableau 提供了在行功能区和列功能区直接进入计算公式的方式，这种方式下创建的计算字段可即时在视图中看到结果，将该字段拖放到"数据"窗格，即可形成新的字段。

　　在编辑器中工作时，来自非当前数据源的任何字段在显示时字段名称前面会附带数据源。例如：[DS1].[销售额]。在 Tableau 中允许保存无效的计算，但在"数据"窗格中该计算的旁边会出现一个红色感叹号，并且在更正无效的计算字段之前，无法将其拖到视图中。

　　若要编辑计算字段，可在"数据"窗格中右键单击该字段，并选择"编辑"。

　　用户只能编辑计算字段，即在 Tableau 中创建的命名字段（与作为原始数据源一部分的命名字段相对）。不能将数值数据桶、生成的经纬度字段、度量名称或度量值拖到计算编辑器中。

　　可以在编辑器中处理计算，同时在 Tableau 中执行其他操作。例如，可按以下步骤执行。

　　步骤 1：首先创建或编辑一个视图。

　　步骤 2：打开计算编辑器并处理计算字段。

　　步骤 3：将全部或部分公式拖到功能区，将其放在现有字段上以查看其如何更改视图。

　　步骤 4：双击刚刚放在功能区上的字段，以临时计算方式将其打开，然后对计算进行微调。

　　步骤 5：将临时计算拖回到计算编辑器并将其放到计算编辑器中的原始公式上，从而替换原始公式。

　　也可以将全部或部分公式拖到"数据"窗格上来创建新字段。

　　在单个工作簿中使用相同数据源的所有工作表都可使用计算字段。若要在工作簿之间复制和粘贴计算字段，可右键单击来源工作簿"数据"窗格中的字段，再选择"复制"。然后，右键单击目标工作簿"数据"窗格，并选择"粘贴"。可以复制和粘贴所有自定义字段，包括计算字段、临时组、用户筛选器和集。

　　可通过以下方式自定义计算编辑器。

　　(1) 折叠函数列表和帮助区域：通过单击工作区域和函数列表之间的角形控件来折叠（关闭）计算编辑器右侧的函数列表和帮助区域。单击同一控件（现在朝向左侧）可重新打开函数列表和帮助区域。

　　(2) 调整计算编辑器大小或移动计算编辑器：可通过拖动计算编辑器的任何一个角来调整其大小。编辑器最初显示在视图内，但可以将其移到视图外部——例如移到另一台显示器上。移动计算编辑器时不会移动 Tableau Desktop,移动 Tableau Desktop 时也不会移动编辑器。

(3)调整文本大小:若要调整计算编辑器中文本的大小,可按住 Ctrl 键并向上(放大)或向下(缩小)滚动鼠标按键。下一次打开编辑器时,文本为默认大小。

为了帮助避免语法错误,计算编辑器内置了着色和验证功能。创建公式时,语法错误会带有红色下划线。将光标悬停在错误上可以查看解决建议。公式有效性的反馈也显示在计算编辑器的底部。

编辑计算字段时,可以单击编辑器状态栏中的"影响的工作表"来查看哪些其他工作表正在使用该字段,这些工作表将在发生更改时同步得到更新。只有当所编辑的字段同时在其他工作表中使用时,才会显示"受影响的工作表"下拉菜单。

实验确认:□学生　　　□教师

5.6.2 公式的自动完成

在计算编辑器或临时计算中输入公式时,Tableau 将显示用于完成公式的选项列表。使用鼠标或键盘在列表中滚动时,Tableau 将在当前项是函数时显示简短说明。

如果当前项为字段、集或数据桶,并且关键字附带了注释,则该注释将显示为说明。

单击列表中的关键字或按回车键将其选定。如果关键字是函数,Tableau 将在选定时显示语法信息。

如果工作簿使用多个数据源,则自动完成的方式如下。

(1)如果所选字段来自辅助数据源,将添加包含其聚合和完全限定名称的字段。例如:

```
ATTR([二级数据源].[折扣])
```

(2)只有在设置了与当前活动工作表的显示混合关系时,才会显示辅助数据源的匹配项。

(3)用于混合两个数据源的字段只会在搜索结果中显示一次(显示的字段来自主数据源)。

5.6.3 临时计算

临时计算是在处理视图中功能区上的字段时可创建和更新的计算,也称为调用类型输入计算或内联计算。通常,会动态创建临时计算来执行测试想法、尝试假设方案、调试复杂计算和等操作。

行、列、标记和度量值功能区上支持临时计算;筛选器或页面功能区上不支持临时计算。临时计算中的错误标有红色下划线。将光标悬停在错误上可以查看解决建议。

不会为临时计算命名,但会在关闭工作簿时将其保存。如果要保存临时计算以在其他工作簿的工作表中使用,可将其复制到"数据"窗格。将会提示为该计算命名。为临时计算命名之后,它将与使用计算编辑器创建的计算相同,可在工作簿中的其他工作表上使用。

如果 Tableau 确定输入的表达式是度量（返回数字），则会在提交表达式时向表达式中自动添加聚合。例如，在临时计算中输入 DATEDIFF('日'，[发货日期]，[订购日期])，然后按回车键，将看到如下内容：

SUM(DATEDIFF('日', [发货日期], [订购日期]))

如果在临时计算中使用聚合字段，例如 SUM([利润])，则结果是一个聚合计算（AGG）。例如，当提交临时计算 SUM([利润])/SUM([销售额])时，结果为：

聚合(SUM([利润])/SUM([销售额]))

5.6.4　创建计算成员

如果正在使用多维数据源，则可以使用 MDX 公式代替 Tableau 公式来创建计算成员。计算成员可以是计算度量，即数据源中的新字段，就像计算字段一样。也可以是计算维度成员，即现有分层结构内的新成员。例如，维度"产品"有三个成员（汽水、咖啡和饼干），则可以定义一个对"汽水"和"咖啡"成员求和的新计算成员"饮料"。当将"产品"维度放在行功能区上时，它将显示 4 行：汽水、咖啡、饼干和饮料。

实例　创建计算字段。

为使用 Tableau 公式创建计算字段，并随后在数据视图中使用新字段，步骤如下。

步骤 1：连接到 Tableau Desktop 附带的"示例-超市"数据源。

步骤 2：单击"数据"窗格上"维度"右侧的下拉菜单，并选择"创建计算字段"以打开计算编辑器。

步骤 3：将新字段命名为"折扣率"并创建以下公式：

IIF([销售额]!＝0,[折扣]/[销售额],0)

通过以下方式构建公式：首先从函数列表中双击 IIF 语句，然后从"数据"窗格中拖动字段或在编辑器中输入字段。必须手动输入运算符(!＝和/)。IIF 语句用来避免出现被零除的情况。

步骤 4：单击"确定"按钮，将新字段添加到"数据"窗格中的"度量"区域。由于该计算返回数字，因此新字段列在"度量"栏下。

步骤 5：在视图中使用该计算。将"地区"放在列功能区上，将"邮寄方式"放在行功能区上，并将"类别"放在标记卡中的"颜色"上，然后将新计算字段"折扣率"放在行功能区上。

步骤 6：为视图中的字段将"折扣率"的聚合从"总和"更改为"平均值"。为此，右键单击行功能区上的"折扣率"字段，并选择"度量"→"平均值"（见图 5-28）。

步骤 7：如果现在公司策略发生了变化，必须编辑计算以便只计算超过 $2000 的销售额的折扣率。为此，在"数据"窗格中右键单击"折扣率"，并选择"编辑"。

在计算编辑器中，更改公式以便只计算超过 $2000 的销售额的折扣率：

IIF([销售额]>2000,[折扣]/[销售额],0)

步骤 8：单击"确定"按钮关闭计算编辑器后，视图会自动更新（见图 5-29）。

实验确认：　□学生　　　□教师

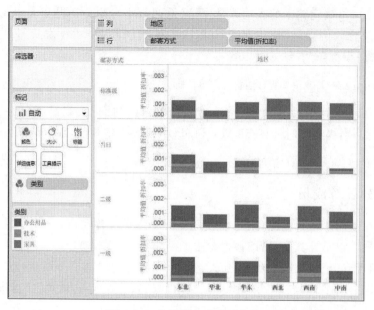

图 5-28　分邮件方式的平均值

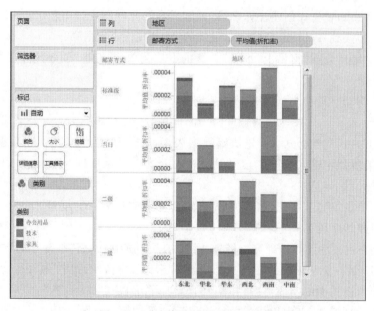

图 5-29　分邮件方式限额的平均值

5.6.5　聚合计算

当计算使用聚合函数时,我们称其为聚合计算。若要创建聚合计算,可按照创建或编辑计算字段中所述定义一个新计算字段。公式包含一个或多个聚合函数。通过从"函数"菜单中选择"聚合"类别,可以方便地在计算编辑器中选择聚合函数。当将聚合计算放在功能区上时,它的前面会显示"聚合"。

假设需要分析数据源中每一种产品的总体毛利润率。一种办法是创建一个名为"毛利率"的新计算字段,它等于利润除以销售额。然后,将此度量放在功能区中,使用预定义求和聚合。这种情况下,"毛利率"定义如下:

$$毛利率 = SUM([利润]/[销售额])$$

此公式计算数据源中每一行数据的利润和销售额之比,然后对这些数字求和。也就是在聚合前先执行除法。但是,大多数情况下并不会希望这样做,因为对比值求和通常没有用处。

可能我们需要知道的是所有利润的总和除以所有销售额的总和是多少,该公式如下:

$$毛利率 = SUM([利润])/SUM([销售额])$$

此时,在每个度量聚合后再执行除法。聚合计算允许创建这样的公式。聚合计算的结果始终为度量。聚合计算可正确地进行总计计算。

实例:聚合计算。创建一个名为"毛利率"的聚合计算,并在数据视图中使用该新字段。

步骤 1:连接到 Tableau Desktop 附带的 Excel"示例-超市"数据源。

步骤 2:单击"数据"窗格上"维度"右侧的下拉菜单,并选择"创建计算字段",打开计算编辑器。

步骤 3:将新字段命名为"毛利率"并创建以下公式:

$$IIF(SUM([销售额]) != 0, SUM([利润])/SUM([销售额]), 0)$$

新计算字段显示在"数据"窗格的"度量"区域中,可以像使用其他任何度量那样使用它。

步骤 4:使用计算进行聚焦。聚焦计算是一种可产生离散度量的特殊计算,用于根据某个度量的值显示离散阈值,其结果是离散值(不是连续值)。例如,用户可能需要对销售额进行颜色编码,例如,使超过 10 000 的销售额显示为绿色,低于 10 000 的销售额显示为红色。为此,公式定义一个名为"销售聚焦"的离散度量。

$$IIF(SUM([销售额]) > 10\ 000, "Good", "Bad")$$

"数据"窗格中显示的离散度量带有蓝色的"=Abc"图标。"销售聚焦"之所以被分类为度量,是因为它是另一个度量的函数;由于它生成离散值("Good"和"Bad")而不是连续值(如数字),因此它是离散度量。

步骤 5:将"客户名称"放在列功能区上,将"销售额"放在行功能区上,将"毛利率"放到行功能区上。当将"毛利率"放在功能区上时,它的名称自动更改为"聚合(毛利率)",表示它是聚合计算。因此,该字段的上下文菜单将不包含任何聚合选项,原因是无法聚合已经聚合的字段。

步骤 6:设置筛选器。将"订单日期"拖放到筛选器上,设置年份为 2014;将"地区"拖放到筛选器上,设置为"华东";将"类别"拖放到筛选器上,设置为"技术";右键单击各筛选项,均设置为"显示筛选器"。

步骤 7:将"销售聚焦"放在标记卡中的"颜色"上,因为它是聚合计算,所以带有"聚合"前缀"聚合(销售聚焦)"。超过 10 000 和低于 10 000 的值被分配不同的颜色。

结果见图 5-30,可调整屏幕右侧的筛选器,调整显示图示内容。

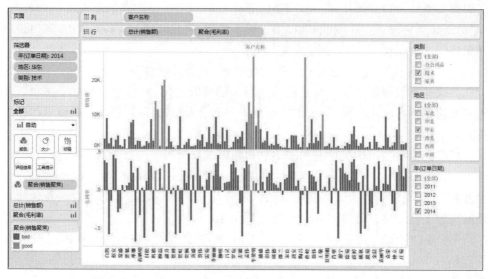

图 5-30　聚合计算

实验确认：□学生　　　□教师

5.7　表　计　算

特殊函数"表计算"是应用于表中值的计算。这些计算的独特之处在于，它们使用数据库中的多行数据来计算一个值。要创建表计算，需要定义计算目标值和计算对象值。可在"表计算"对话框中使用"计算类型"和"计算对象"下拉菜单定义这些值。当创建表计算后，在标记卡、行功能和列功能区域，该计算字段就会有正三角标记。

表计算函数针对度量使用"分区"和"寻址"进行计算，这些计算依赖于表结构本身。在编辑公式时，表计算函数需要明确计算对象和使用的计算类型。而最需要注意的是，在使用表计算时必须使用聚合数据。

任何 Tableau 视图都有一个由视图中的维度确定的虚拟表。此表不会与数据源中的表混淆。具体而言，虚拟表由 Tableau 工作区中的任何功能区或卡上的维度确定（见图 5-31）。

表计算是一种转换，基于维度将该转换应用于视图中单一度量的值。假设建立这样一个简单的视图，步骤如下。

步骤 1：以 Excel"示例-超市"为数据源，在工作区中将维度"订单日期"拖到列功能区（值聚合至"年"），维度"细分"拖到行功能区，度量"利润"拖到标记卡的"文本"图标上，出现的表中的各个单元格显示"订单日期"和"细分"的每个组合的"利润"度量值，共有 4 年的"订单日期"数据以及三个"细分"：这些数字相乘得到 12 个单独的单元格，每个单元格显示一个"利润"值（见图 5-32）。

假定想要查看的不是绝对货币值，而是 12 个单独利润值中的每个值占总利润的百分比，以便将所有单元格值加在一起时的总计是 100%。为此，可以添加表计算。

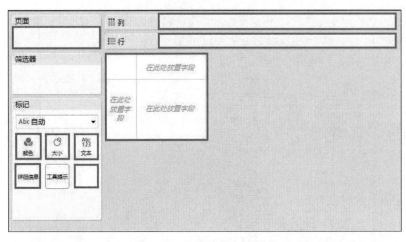

图 5-31　功能区或卡的维度

图 5-32　简单视图示例

步骤 2：始终将表计算添加到视图中的度量。在此例中，视图中只有一个度量，即 SUM(利润)，因此，在标记卡上右键单击该度量时，将看到两个提到表计算的选项，即添加表计算和快速表计算。

步骤 3：如果选择"快速表计算"，将看到一系列选项。其中的"总额百分比"看起来比较恰当。选择该选项，视图将更新以显示百分比，而不是绝对货币值（见图 5-33）。

注意："标记"卡上"SUM(利润)"旁现在显示出三角形图标，此图标表明表计算当前正在应用于此度量。

步骤 4：如果视图不是文本表，表计算仍然会是选项。倒退一个步骤（单击工具栏上的"撤销"按钮）以移除快速表计算。

步骤 5：使用"智能显示"将图表类型更改为水平条形图（见图 5-34）。

虽然不能将此视图称为"表"，但其维度是相同的，因此，视图的虚拟表也相同。

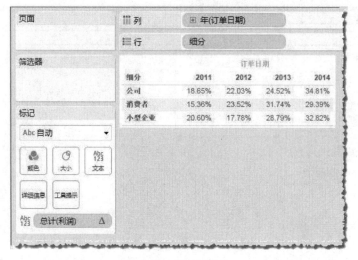

图 5-33　显示百分比

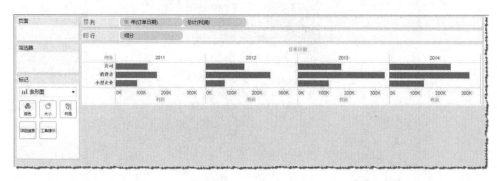

图 5-34　水平条形图

步骤 6：现在可以应用和以前完全相同的表计算：在列功能区右键单击"SUM（利润）"，选择"快速表计算"，然后选择"总额百分比"，视图将更改为沿水平轴显示百分比，而不是货币值。

在了解表计算或试用不同选项时，文本表通常将提供比其他图表类型更直观的细节。

实验确认：□学生　　　□教师

5.8　百　分　比

在 Tableau 中，任何分析都可用百分比的形式表示。例如，用户可能不需要查看每一种产品的销售额，而需要查看每一种产品的销售额占所有产品总销售额的百分比。

通过选择"分析"→"百分比"菜单项，可以计算百分比。当计算百分比时，工作表中的所有度量将根据所有表数据显示为百分比。

"分析"菜单中的百分比选项对应于百分比表计算。如果选择一个百分比选项，实际上是添加一个"总额百分比"表计算。

百分比计算需要以下两个因素。

(1) 聚合：根据每个度量的当前聚合计算百分比。

(2) 用来与所有百分比计算进行比较的数据：百分比采用分数的形式。分子是某个给定标记的值，分母取决于所需的百分比类型，它是用来与所有计算进行比较的数字。比较可基于整个表、一行、一个区，等等。默认情况下，Tableau 使用整个表。

图 5-35 是包含百分比的文本表示例。这些百分比是基于整个表、通过"销售额"度量的聚合总计计算的。百分比是根据每个度量的聚合计算的。标准聚合包括总和、平均值以及若干其他聚合。例如，如果应用于"销售额"度量的聚合是求和，则默认百分比计算（百分比表）意味着每个显示的数字都等于该标记的 SUM（销售额）除以整个表的 SUM（销售额）。

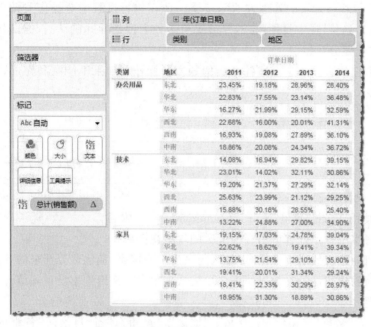

图 5-35   百分比文本表

除了使用预定义聚合外，计算百分比时还可使用自定义聚合。可通过创建计算字段来定义自己的聚合。创建新字段后，可像其他任何字段一样使用新字段的百分比。

实验确认：□学生　　□教师

【实验与思考】

熟悉 Tableau 数据可视化设计

1. 实验目的

以 Tableau 系统提供的 Excel"示例-超市"文件作为数据源，依照本章教学内容，循序渐进地实际完成 Tableau 数据管理与计算的各个案例，熟悉 Tableau 数据处理技巧，提高大数据可视化应用能力。

2. 工具/准备工作

在开始本实验之前,请认真阅读课程的相关内容。

需要准备一台安装有 Tableau Desktop(参考版本为 9.3)软件的计算机。

3. 实验内容与步骤

1) 体验课文中关于 Tableau 数据管理与计算的各项功能

本章中以 Tableau 系统自带的 Excel"示例-超市"文件为数据源,介绍了 Tableau 数据管理与计算的各项操作。

请仔细阅读本章的课文内容,执行其中的 Tableau 数据管理与计算操作,实际体验 Tableau 数据管理与计算的处理方法与步骤。请在执行过程中对操作关键点做好标注,在对应的"实验确认"栏中打勾(√),并请实验指导老师指导并确认。(据此作为本【实验与思考】的作业评分依据。)

请记录:你是否完成了上述各个实例的实验操作? 如果不能顺利完成,请分析可能的原因是什么。

答:_____

_____

_____

_____

2) 示例-向地图视图中添加参数

此示例使用 Excel"示例-超市"数据源来演示以下内容。

(1) 如何生成显示分省市销售额情况的地图视图。

(2) 如何创建将低出生率国家/地区与高出生率国家/地区区分开来的计算字段。

(3) 如何创建和显示参数以便用户可为低出生率与高出生率设置阈值。

为生成地图视图,按以下步骤操作。

步骤 1:在"数据"窗格调整"国家"、"地区"、"城市"、"省/自治区"各维度为"地理角色"的相关属性值。这时,在度量栏中出现"纬度(生成)"和"经度(生成)"项。

步骤 2:把"纬度(生成)"放在行功能区,然后把"经度(生成)"放在列功能区,并显示世界地图。

步骤 3:将"订单日期"维度拖到"筛选器"上,在"筛选器"对话框中选择"年",然后单击"下一步"按钮;继续在对话框中选择"2014",然后单击"确定"按钮。

步骤 4:将"省/自治区"维度拖到"详细信息"上,注意,所显示地图自动调整为中国区域。

步骤 5:将标记类型设置为"填充地图"。

步骤 6:将"销售额"度量拖到"标签"上。得到一个地图,其中显示了全国分省市的销售额情况。可以缩放地图或悬停鼠标来查看不同省市的销售额情况。

为创建计算字段,按以下步骤操作。

步骤 1:从"分析"菜单中选择"创建计算字段",将字段命名为"利润率",并在公式字段中输入或粘贴此计算：

IF([利润]/[销售额])＞＝0.48 THEN "高" ELSE "低" END

值 0.48 相当于 48％。单击"确定"按钮以应用并保存此计算时，Tableau 会将其分类为维度。

步骤 2：将"利润率"拖到标记卡的"颜色"图标上。地图现在用一种颜色显示高利润率地区，并用另一种颜色显示低利润率地区。

但将高利润率定义为 48％ 是武断的——之所以选择该值，是为了作图的效果。

作为替代，可以让用户定义该阈值，或者为用户提供可用来查看更改阈值如何使地图发生变化的控件。为此，按以下步骤创建参数。

步骤 3：在"数据"窗格中右键单击，并选择"创建参数"，在对话框中将新参数命名为"设置利润率"，并按如下方式对其进行配置（见图 5-36）。

图 5-36　配置参数

设置"数据类型"为"浮点"，因此参数控件在接下来的过程中将显示为滑块形式。这是因为浮点值是连续的——可能的值有无限多个。

"当前值"设置默认认值为 0.48(48％)。"值范围"部分设置最小和最大值以及步长，即值可发生变化的最小数额。

步骤 4：完成后，单击"确定"按钮退出"创建参数"对话框。

为创建和显示参数控件，将参数连接到"利润率"字段，按以下步骤操作。

步骤 1：在"数据"窗格中右键单击"利润率"，并选择"编辑"。将字段定义中值 0.48 替换为参数名称，即：

IF([利润]/[销售额])＞＝[设置利润率] THEN "高" ELSE "低" END

步骤 2：在"数据"窗格中右键单击"设置利润率"参数，并选择"显示参数控件"。

默认情况下，参数控件显示在右侧。现在，用户可以以增量方式增加或降低此值，以了解更改"利润率"的定义会对地图产生怎样的影响。

4. 实验总结

_____

_____

_____

_____

5. 实验评价（教师）

_____

_____

Tableau 可视化分析

【导读案例】

Tableau 案例分析：世界指标-技术

有条件的读者，请在阅读本书这部分【导读案例】"Tableau 案例分析"时，打开 Tableau 软件，在其开始页面中单击打开典型案例"世界指标"，以研究性的态度认真动态地观察和阅读，以获得对 Tableau 的最大限度的理解。

在典型案例"世界指标"工作界面的下方，列举了 7 个工作表，即人口、医疗、技术、经济、旅游业、商业和故事，分别展示了现实世界的若干侧面。其中，技术工作表的界面如图 6-1 所示。

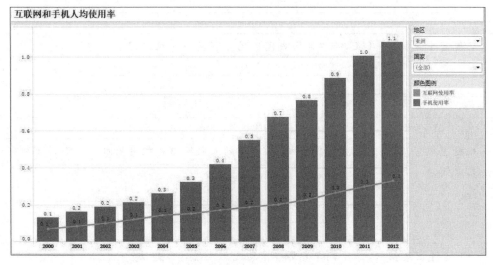

图 6-1　世界指标-技术

技术工作表以互联网和手机应用为世界技术的一个缩影，试图在其中分析以获取关联信息。见图 6-1，在右侧"地区"栏单击向下箭头可以选择全部、大洋洲、非洲、美洲、欧洲、亚洲、中东，以分地区钻取详细信息；在右侧"国家"栏单击向下箭头可以选择世界各国和地区的相关信息；"颜色图例"栏提示了视图中两种颜色分别代表了互联网平均使用率和手机平均使用率。

阅读视图,通过移动鼠标,分析和钻取相关信息并简单记录。

(1) 分地区互联网、手机平均使用率:

大洋洲:互联网:_____,手机:_____;

非　洲:互联网:_____,手机:_____;

美　洲:互联网:_____,手机:_____;

欧　洲:互联网:_____,手机:_____;

亚　洲:互联网:_____,手机:_____;

中　东:互联网:_____,手机:_____。

(2) 指定国家(地区)互联网、手机平均使用率:

美　国:互联网:_____,手机:_____;

德　国:互联网:_____,手机:_____;

日　本:互联网:_____,手机:_____;

俄罗斯:互联网:_____,手机:_____;

韩　国:互联网:_____,手机:_____;

中　国:互联网:_____,手机:_____;

中国香港:互联网:_____,手机:_____。

(3) 请分析:互联网与手机的使用率与该地区或国家的经济水平高度相关吗?

答:_____

_____

_____

　　从视图中分析,多年来,哪些地区或国家的互联网与手机应用水平增长迅速?

答:_____

_____

_____

　　从视图中分析,与其他先进国家相比,中国的互联网与手机应用水平是否仍有相当大的成长空间?

答:_____

_____

(4) 通过信息钻取,你还获得了哪些信息或产生了什么想法?

答:_____

_____

_____

(5) 请简单描述你所知道的上一周发生的国际、国内或者身边的大事。

答:_____

_____

6.1　条形图与直方图

数据准备：本章中以 Tableau 系统提供的 Excel"示例-超市"文件作为数据源，来学习和练习各种数据分析图表的 Tableau 可视化分析方法。

在 Tableau 开始界面"连接"栏中单击 Excel，在文件夹中选择"示例-超市"Excel 文件，单击"打开"按钮。在数据源窗口中，将屏幕左侧的工作表——订单拖到上部窗格中，屏幕显示如图 6-2 所示。

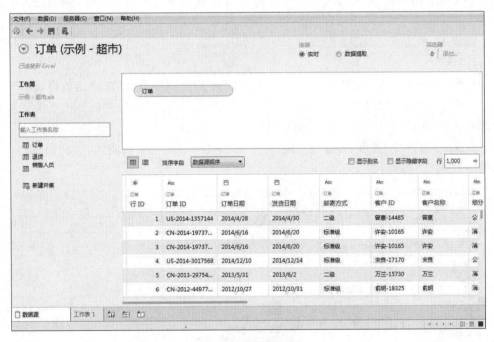

图 6-2　打开数据源

条形图，又称条状图、柱状图、柱形图，是最常使用的图表类型之一，它通过垂直或水平的条形展示维度字段的分布情况。水平方向的条形图即为一般意义上的条形图，垂直方向的条形图通常称为柱形图。

直方图，又称质量分布图、柱状图，是一种统计报告图，它由一系列高度不等的纵向条纹或线段表示数据分布的情况，一般用横轴表示数据类型，纵轴表示分布情况。作直方图的目的就是通过观察图的形状，判断生产过程是否稳定，预测生产过程的质量。

6.1.1 条形图与直方图的区别

直方图与条形图不同。条形图的横轴为单个类别,不用考虑纵轴上的度量值,用条形的长度表示各类别数量的多少;而直方图的横轴为对分析类别的分组(Tableau 中称为分级 bin),横轴宽度表示各组的组距,纵轴代表每级样本数量的多少。

由于分组数据具有连续性,直方图的各矩形通常是连续排列,而条形图则是分开排列。再者,条形图主要用于展示分类数据,而直方图则主要用于展示数据型数据。虽然可以用条形图来近似地模拟直方图,但由于条形图的 X 轴是分类轴,不是刻度轴,因此,它不是严格意义上的直方图。使用直方图分析时,样本数据量最好在 50 个以上。

6.1.2 条形图

条形图最适宜比较不同类别的大小,需注意纵轴应从 0 开始,否则很容易产生误导。

创建一个用于查看 2011 年 12 月份各省市售电量对比的水平/垂直条形图,步骤如下。

步骤 1:单击下方"工作表 1",可调整国家、地区、城市、省/自治区等维度的属性为"地理角色"。

步骤 2:在工作表界面中,将维度"订单日期"字段拖到筛选器,在弹出的筛选器字段对话框中选择日期类型为"年/月",单击"下一步"按钮,再在弹出的对话框中把统计周期勾选限制为"2011 年 12 月",单击"确定"按钮。

步骤 3:将维度"省市"拖至行功能区,度量"销售额"拖至列功能区,生成如图 6-3 所示的图表。

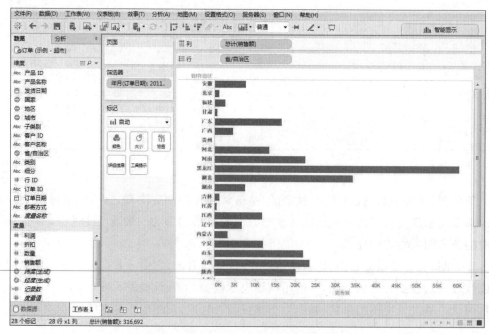

图 6-3 2011 年 12 月分省市销售额对比

步骤 4：单击工具栏中的"交换"按钮，将水平条形图转置为垂直条形图，单击降序排序按钮，分省销售额将按降序排列(图 6-4)。

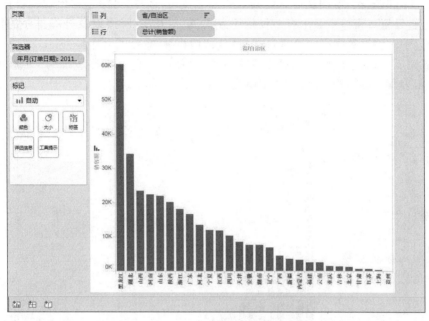

图 6-4　对水平条形图进行交换、降序排列

步骤 5：将维度"类别"拖至标记卡上的"颜色"，生成堆积条形图，继续查看分省市销售额按类别的分布情况，如图 6-5 所示。

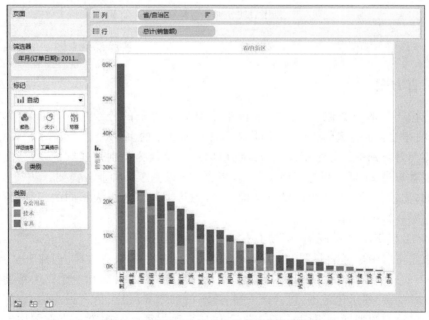

图 6-5　2011 年 12 月分省市销售额分类别分布

可以发现,当"省市"维度字段的成员过多时,生成的堆积条形图不够直观,可对堆积条形图中各类别进行升降排序。

步骤 6:单击"类别"图例卡右侧的下拉菜单按钮,选择"排序",在出现的排序窗口中对排序进行设置。窗口中显示有多种排序方式,包括升序、降序以及升降排序的依据,此外,还可以手动编辑顺序等。这里选择按字段"销售额"总计的升序排列。

设置完成后,颜色的顺序将按照类别销售额总计的大小按升序排列(见图 6-6);此外,为使图表颜色更好看,还可对各用电类别颜色进行编辑。

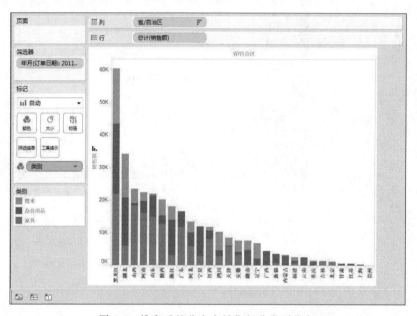

图 6-6 排序后的分省市销售额分类别分布

实验确认:□学生   □教师

6.1.3 直方图

直方图与条形图类似。直方图的横轴是对分析类别的分组(Tableau 中称为分级 bin),横轴宽度表示各组的组距,纵轴代表每级样本数量的多少。

直方图对类别进行分组统计。分组的原因可能是因为类别是连续的,或者类别虽然离散但是数量过多,可以视为近似于连续,当然也可以基于某种业务需要。

例如,比较分析示例超市的销售结构,可考虑将销售额分级为不同的组别,再对各组别的销售额进行统计,具体步骤如下。

步骤 1:以 Excel"示例-超市"文件作为数据源并创建级。

在数据窗口中选择度量"销售额",单击鼠标右键,在菜单中选择"创建"→"数据桶"(见图 6-7(a))。在弹出的"编辑级"对话框中,编辑新字段的名称和组距。为帮助确定最佳组距,按"加载"显示值范围,包括最大值、最小值和差异(最大值-最小值)。值范围可以帮助调整设定数据桶大小(Tableau 默认为 10),数据桶大小也就是直方图中常说的组距,这里设定为 1000(见图 6-7(b))。

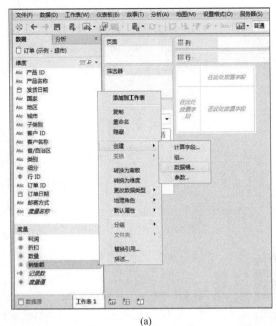

(a)　　　　　　　　　　　　　　　　　　(b)

图 6-7　创建级字段

因对度量分级创建的"销售额(数据桶)"字段为维度字段,故该级字段显示在数据窗口的维度区域中,并在字段名称前附有字段图标。

步骤 2:将度量"销售额"拖至行功能区,将新建的级"销售额(数据桶)"字段拖至列功能区,生成如图 6-8(a)所示的图表。

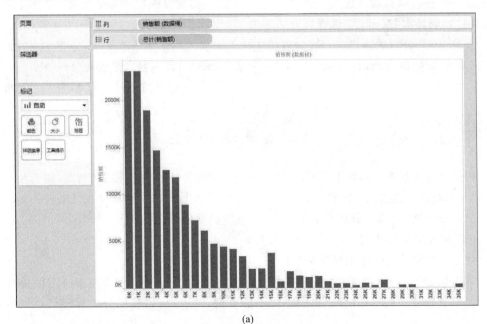

(a)

图 6-8　销售额分组统计直方图

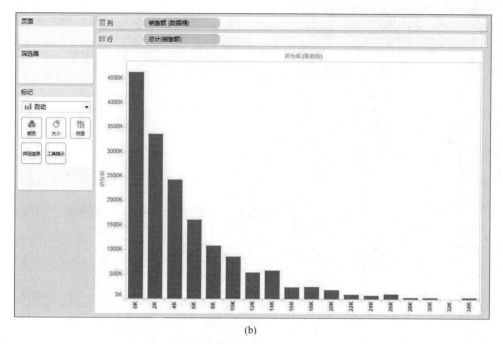

(b)

图 6-8 （续）

图 6-8 中，每个级标签代表的是该级所分配的数字范围的下限（含下限）。例如，标签为 1K 的级的含义是：销售额大于或等于 1000 但小于 2000 的销售额组。可通过修改数据桶大小来调整直方图的分级（见图 6-8(b)）。

说明：还可以自动创建直方图，方法是：①在数据窗口中选择一个度量；②单击工具栏上的"智能显示"按钮；③选择直方图选项。

步骤 3：为各级编辑别名。因为自动生成的级仅显示该级的下限，容易产生误导。以修改"18K"的标签为例，右击选中"18K"级标签，选中"编辑别名"，修改为"18-19K"。

实验确认：□学生　　　□教师

6.2　饼　　图

饼图又称圆饼图。相对于饼图，多数统计学家更推荐使用条形图或折线图，因为相对于面积，人们对长度的认识更精确。在使用饼图进行可视化分析时，需要注意的事项如下。

（1）分块越少越好，最好不多于 4 块，且每块必须足够大；

（2）确保各分块占比的总计是 100%；

（3）避免在分块中使用过多标签。

下面以分析"2011 年 12 月销售额中分类别占比情况"为例，介绍创建饼图的操作步骤。如果类别分类过多，直接画出的饼图不够直观，这时，可以利用分组"降低"类别的成员数量。

步骤 1：示例-超市中，商品大类分为"办公用品"、"技术"、"家具"三类。

如果需要将其他类别成员归为一组"其他类别",可右击选择维度"类别",选择"创建组",按住 Ctrl 键选中要分为一组的成员,单击"分组"即可。

步骤 2:将字段"订单日期"拖放到筛选器,选择"2011 年 12 月",将字段"类别"拖至"标记"卡的"颜色",并设置标记类型为"饼图","标记"卡中出现"角度"选项。

步骤 3:将度量"销售额"拖至"角度"后,饼图将根据该度量的数值大小改变饼图扇形角度的大小,从而生成占比图。

步骤 4:为饼图添加占比信息。将维度"类别"及度量"销售额"拖至"标记"卡中的"标签",并对标签"销售额"设置"快速表计算"→"总额百分比",添加占比信息后的图表如图 6-9 所示。

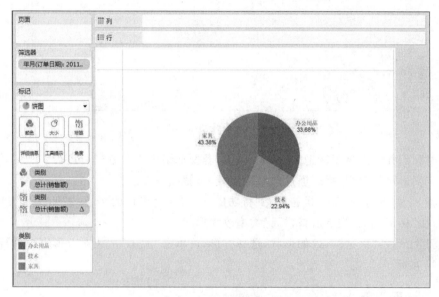

图 6-9　添加标签后的饼图

绘制图表后,可在饼图各个扇区单击,分别关注不同扇区。

实验确认:□学生　　　□教师

6.3　折　线　图

折线图是一种使用率很高的统计图形,它以折线的上升或下降来表示统计数量的增减变化趋势,最适用于时间序列的数据。与条形图相比,折线图不仅可以表示数量的多少,而且可以直观地反映同一事物随时间序列发展变化的趋势。

下面以分析示例超市"月销售额趋势"为例,介绍创建基本折线图的操作步骤。

步骤 1:将"销售额"拖至行功能区,"订单日期"拖至列功能区,并通过右键将其日期级别设为"月"。

步骤 2:单击"标记"卡处的颜色,在弹出对话框的标记处选择中间的"全部",这时图表中的线段上将出现小圆的标记符号,如图 6-10 所示。

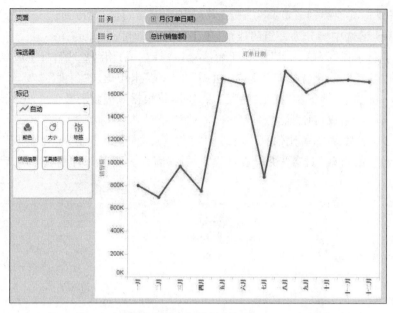

图 6-10　为折线图添加标记

　　有时我们并不满足于标记为一个小圆点,若要标记为一个方形,可以画一个折线图和一个自定义形状的圆图,然后通过双轴来完成,步骤如下。

　　步骤 3:再次拖放字段"销售额"到行功能区,这时会出现两个折线图,选择其中一个折线图,在"标记"卡右侧单击,将标记类型改为形状。

　　步骤 4:单击"标记"卡处的形状,选择方形,可单击"大小"按钮对方形大小进行调整,如图 6-11 所示。

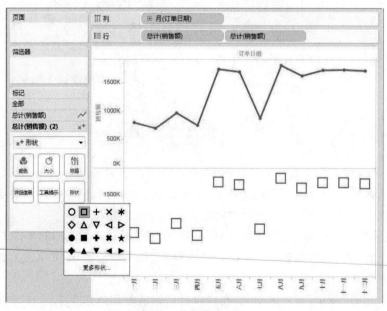

图 6-11　定义形状为方形

步骤5：右击行功能区右端的"总计（销售额）"，在弹出的对话框中选择双轴。由于两轴的坐标轴均为当期值，因此右击右边的纵轴，选择"同步轴"，完成双轴图表，如图6-12所示。

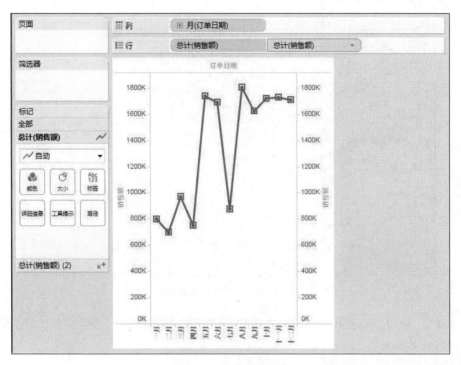

图 6-12　双轴创建图表

实验确认：□学生　　　□教师

6.4　压力图与突显表

当数据量较大时，可以选择使用压力图（包括突显表）或树形图来进行分析。

这时，如果仍然需要利用表格展示数据，同时又需要突出重点信息时，可选择使用突显表。

6.4.1　压力图

压力图，又称热图、热力图，是表格中数字的可视化表示，通过对较大的数字编码为较深的颜色或较大的尺寸，对较小的数字编码为较浅的颜色或较小的尺寸，来帮助用户快速地在众多数据中识别异常点或重要数据。

步骤1：将"省/自治区"拖至行，将"销售额"拖至标记卡的"大小"上，得到如图6-13所示的压力图。

可以看出，标记的大小代表了销售额的大小，标记越大值越大，标记越小值越小。在图中可以快速地发现重要数据，例如，广东、黑龙江和山东在所有销售额中居于前三位。

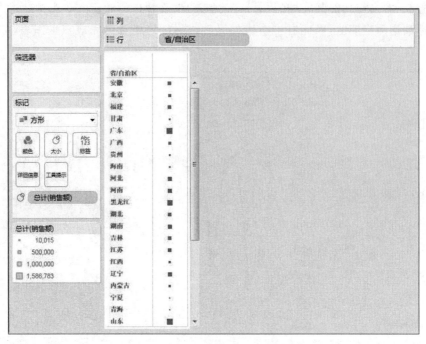

图 6-13 压力图——分省市销售额分析

步骤 2：可将"利润"拖至"标记"卡的"颜色"上，生成如图 6-14 所示的压力图，以快速获取两指标的异常点。

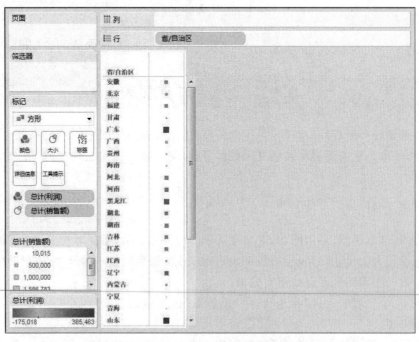

图 6-14 压力图——分省市累计销售额与利润情况

利润的大小由颜色表示,绿色越深代表利润值越大,相关企业经营成果越好;红色越深代表利润值越小,相关企业的亏损情况越严重。图表能够快速展现关联指标的关系以及数据的异常情况,快速定位数据异常点,并可结合对明细的钻取以及实际业务,理解发生异常的原因。

实验确认:□学生　　　□教师

6.4.2　突显表

与压力图类似,突显表的目的也是帮助分析人员在大量数据中迅速发现异常情况,但因其显示出具体数值,当数据量较大时对异常及重要数据难以辨识,故建议不要用突显表表示相关联指标的情况,而是仅突出显示一个指标(度量)的异常或重要信息。

步骤 1:将"省/自治区"拖至行功能区,将"利润"分别拖至"标记"卡的"文本"及"颜色"上,将标记类型改为"方形",得到如图 6-15 所示的突显表。

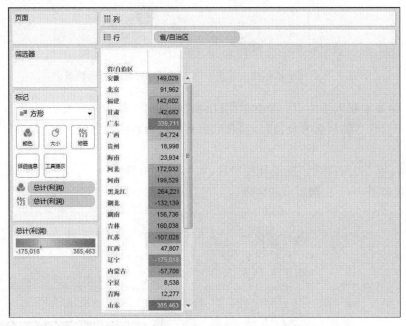

图 6-15　一个指标的突显表——各省市累计利润情况表

可以看出,突显表通过各表格颜色的深浅,能够帮助分析人员非常直观、迅速地从大量数据中定位到关键数据,这一点和压力图使用标记大小帮助定位在本质上是相同的;而且突出表还显示了各项的值。

步骤 2:使用突显表分析压力图中的例子:查看各省市销售额和利润中的异常点。将"销售额"拖至"指标卡"中的"颜色",生成如图 6-16 所示的图表。

图 6-16 中,表格中的数值表示利润的大小,单元格的颜色表示销售额的大小。由于利润由数值直接表达,传递信息不够直观,因此无法像压力图那样帮助用户快速看出两个相关联指标的异常情况。

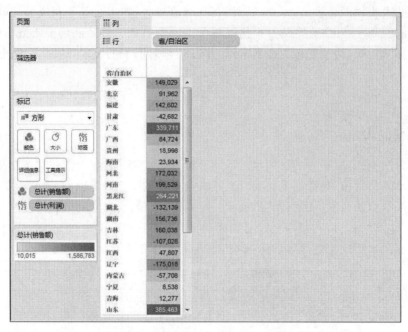

图 6-16　两个指标的突显表——各省市销售额与利润情况表

可见,突显表在表达关于一个度量"突出值"的情况下是非常有效的。

当有部分省市的利润为负值时,假设只想将利润为负的数据突出显示,可以进行下列操作。

步骤 3:将"省/自治区"拖至行功能区,将"利润"分别拖至"标记"卡的"文本"及"颜色"上,生成如图 6-17 左侧所示的图表。

图 6-17　利润按数值大小用不同颜色显示

步骤4：在"标记"栏中单击"颜色"，选择"编辑颜色"，在弹出的对话框中，单击"色板"右侧的下拉按钮，选择"自定义发散"颜色，并将两端设置为红色和黑色，渐变颜色设定为2，这时只有红和黑两种颜色。按照分析元素需要，让负数显示为红色，正数显示为黑色，即划分两种颜色的依据是正负，于是单击"高级"按钮，设定中心为0（见图6-17右侧）。可以看出，负值已用红色突出显示。

压力图和突显表都可以帮助分析人员快速发现异常数据，并对异常数据进行下钻，从而查看和分析引起异常的原因。

实验确认：□学生　　□教师

6.5　树 地 图

树地图，也称树形图，是使用一组嵌套矩形来显示数据，同压力图一样，也是一种突出显示异常数据点或重要数据的方法。

下面来分析"分省市累计利润总额的关系"，创建树地图的方法如下。

步骤1：选择标记类型为方形，将"省/自治区"拖放至"标签"；将"销售额"拖放至"大小"，这时图形的大小代表销售额累计。

步骤2：将"利润"拖放至"颜色"，颜色深浅代表利润额大小。最后得到如图6-18所示的树形图。

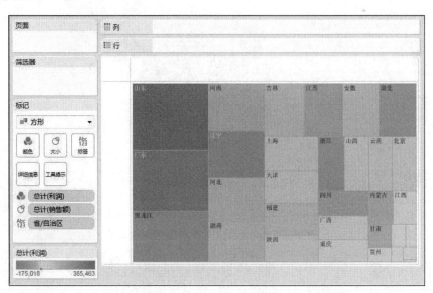

图 6-18　树地图——分省市累计销售额与利润总额关系

图6-18中，矩形的大小代表销售额的大小，颜色的深浅代表利润总额的大小。可以看出，山东、广东及黑龙江的累计销售额均排名全国前列；辽宁等地销售额较大但利润情况不佳；而一些省份的销售额虽小，但利润情况较好。

实验确认：□学生　　□教师

6.6 气泡图与圆视图

气泡图,即 Tableau"智能显示"卡上的"填充气泡图"。每个气泡表示维度字段的一个取值,各个气泡的大小及颜色代表了一个或两个度量的值。Tableau 气泡图的特点是具有视觉吸引力,能够以非常直观的方式展示数据。

圆视图可以看作是气泡图的一种变形,通过给气泡图添加一个相关的维度,按不同的类别分析气泡,并依据度量的大小,将所有气泡有序地排列起来,表现较气泡图更为清晰。

6.6.1 气泡图

下面以分析"分省市销售额的大小"为例,介绍创建填充气泡图的操作步骤及分析方法。

步骤 1:加载数据源,将"省/自治区"分别拖至"标记"卡的"颜色"和"标签",将"销售额"拖至"标记"卡的"大小",并更改标记类型为"圆",生成如图 6-19 所示的图表。

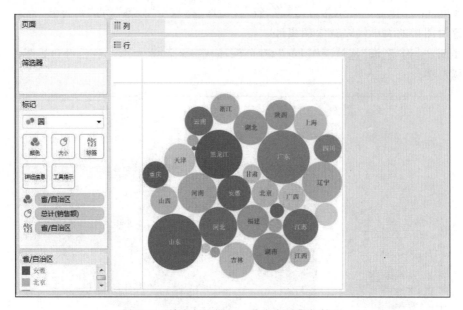

图 6-19 填充气泡图——分省市销售额情况

Tableau 会自动用不同的颜色标示出每个省份,并用气泡的大小标示出各省份销售额的大小。可以看出,2014 年 6 月山东省和广东省的销售额最多。

步骤 2:将填充气泡图的"标记"由"圆"改为"文本"时,图表将由填充气泡图变为文字云。例如,将上例中"标记"的"圆"改为"文本"后,得到如图 6-20 所示的图表。

可以看出,文字云和填充气泡图的本质相同,但用"文本"的大小替换"圆"的大小之后,直观性较差。

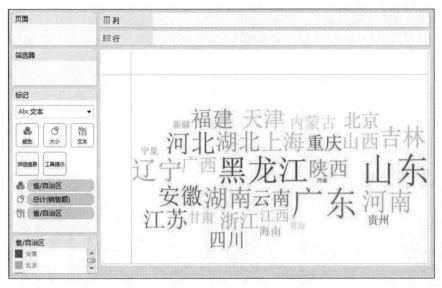

图 6-20　文字云——分省市销售额情况

6.6.2　圆视图

下面以分析"销售额按类别的各省市分布情况"为例,介绍圆视图的创建方法。

步骤 1:将"子类别"拖至列功能区,将"销售额"拖至行功能区,并修改标记的类型为"形状",得到累计销售额按类别的圆视图(见图 6-21)。

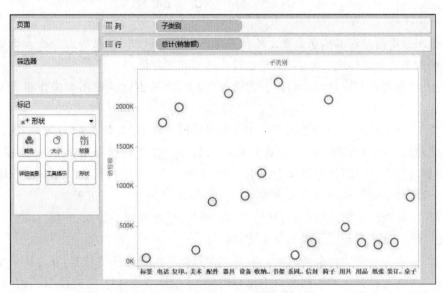

图 6-21　圆视图——销售额按类别圆视图

步骤 2:分别将"省/自治区"拖至"标记"卡上的"大小"和"颜色",将"子类别"拖至"标记"卡上的"颜色",生成如图 6-22 所示的圆视图。

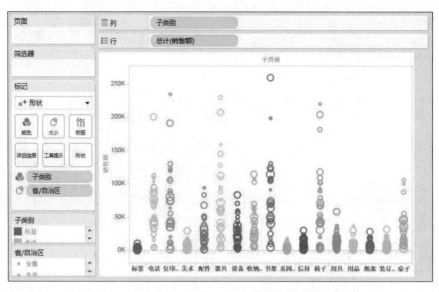

图 6-22　圆视图——销售额按类别的各省市分布情况

圆视图可以帮助分析人员快速发现每一类别中的异常点或突出数据,例如在图 6-22 中,很容易就能定位到"子类别"为"书架"的山东省的数据非常突出。

实验确认: □学生　　　□教师

6.7　标　靶　图

标靶图是指通过在基本条形图上添加参考线和参考区间,可以帮助分析人员更加直观地了解两个度量之间的关系,常用于比较计划值和实际值。

下面以"各省市利润总额计划的完成情况"为例,介绍创建标靶图的操作步骤及分析方法。

步骤 1:在系统提供的数据源 Excel"示例-超市"文件中,没有类似"计划数"这样的数据。为此,建立一个数据字段,以完成标靶图的制作。打开数据源 Excel"示例-超市"文件,在数据窗口中"维度"的右侧单击向下三角,从中单击"创建计算字段"命令,在输入框中建立字段"计划数"(+=自定义字段),定义公式为:[销售额] * 0.95。

步骤 2:将"省/自治区"拖至行功能区,将"销售额"拖至列功能区,并将"计划数"拖放到"标记"卡上,创建标靶图所需的条形图。

步骤 3:添加参考线和参考区间。右键单击视图区横轴的任意位置,在弹出菜单上选择"添加参考线",在弹出的编辑窗口中选择类型为"线",并对参考线的范围、值及格式进行设置(见图 6-23(a));再对参考区间进行设置,选择类型"分布",并对范围、区间的取值和格式进行设置(见图 6-23(b))。

步骤 4:调整标记的大小后,得到标靶图(见图 6-24)。

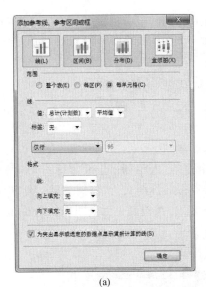

(a)　　　　　　　　　　　　　(b)

图 6-23　编辑参考线及参考区间

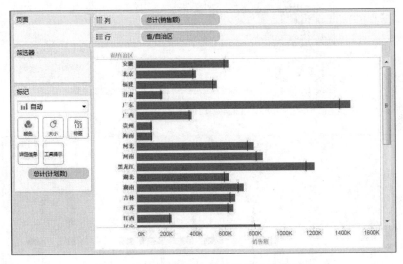

图 6-24　添加参考线、参考区间后的标靶图

实验确认：□学生　　　□教师

6.8　甘　特　图

　　甘特图，又称横道图，是以图示的方式通过活动列表和时间刻度形象地表示出任何特定项目的活动顺序和持续时间。甘特图的横轴表示时间，纵轴表示活动（项目），线条表示在整个期间上该活动或项目的持续时间，因此可以用来比较与日期相关的不同活动（项目）的持续时间长短。甘特图也常用于显示不同任务之间的依赖关系，并被广泛用于项目管理中。

下面以"比较2014年分省市商品交货情况"为例，说明创建甘特图的步骤和方法。

步骤1：连接Excel"示例-超市"数据源后，通过日期型字段"订单日期"和"发货日期"创建计算字段"延期天数"。

$$延期天数＝('day',[交货日期],[订单日期])$$

步骤2：将"省/自治区"拖至行功能区，将"交货日期"拖至列功能区，并通过右键把日期级别更改为"月"。

步骤3：将"交货日期"拖至"筛选器"，限定为2014年。

步骤4：将度量"延期天数"拖至"标记"卡上的"大小"后，生成甘特图。

步骤5：生成的甘特图尚无法区分出不同省份的延期交货情况。可将"延期天数"拖至"标记"卡的"颜色"上，并对其进行编辑（见图6-25）。编辑颜色后的图表如图6-26所示。

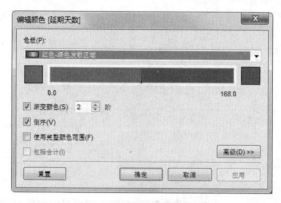

图6-25 编辑"延期天数"的颜色

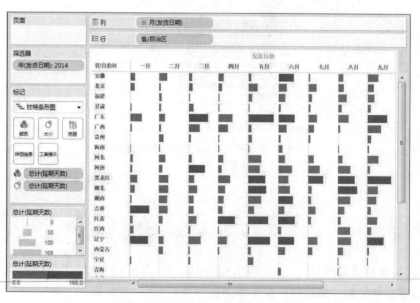

图6-26 供应商及时供货情况分析

实验确认：□学生　　□教师

6.9　盒须(箱线)图

盒须图,又叫箱线图,是一种常用的统计图形,用以显示数据的位置、分散程度、异常值等。箱线图主要包括 6 个统计量:下限、第一四分位数、中位数、第三四分位数、上限和异常值(见图 6-27)。

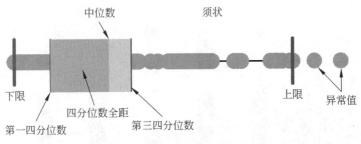

图 6-27　盒须图的统计量

(1) 中位数:数据按照大小顺序排列,处于中间位置,即总观测数 50% 的数据。

(2) 第一四分位数、第三四分位数:数据按照大小顺序排列,处于总观测数 25% 位置的数据为第一分位数,处于总观测数 75% 位置的数据为第三分位数。四分位全距是第三分位数与第一分位数之差,简称 IQR。

(3) 上限、下限:Tableau 可设置上限和下限的计算方式,一般上限是第三分位数与 1.5 倍的 IQR 之和的范围之内最远的点,下限是第一分位数与 1.5 倍的 IQR 之差的范围内最远的点。也可直接设置上限为最大值,设置下限为最小值。

(4) 异常值:在上限和下限之外的数据。

一般来说,上限与第三四分位数之间以及下限与第一四分位数之间的形状称为须状。

通过绘制盒须图,观测数据在同类群体中的位置,可以知道哪些表现好,哪些表现差;比较四分位全距及线段的长短,可以看出哪些群体分散,哪些群体更集中,即分析数据的中心位置及离散情况。

这里以分地区销售额统计数据为例来分析并制作盒须图。

6.9.1　创建盒须图

完成本案例需要的维度字段有"地区"和"城市",度量字段包括"数量"和"销售额"。

步骤 1:创建所需计算字段。

(1) 创建字段"地区 & 城市",其计算公式是:

$$[地区] + [城市]$$

(2) 为分析分城市平均销售额,需要创建字段"平均销售额",其计算公式为:

$$SUM([销售额])/SUM([数量])$$

步骤 2:生成基本视图。

(1) 将创建好的字段"平均销售额"和"地区"分别拖放到行功能区和列功能区。

（2）将"城市"拖放到"标记"卡，图形选择"圆"视图。这时视图中每一个圆点即代表一个城市，字段"平均销售额"会对每一个城市计算其平均销售额（见图 6-28）。

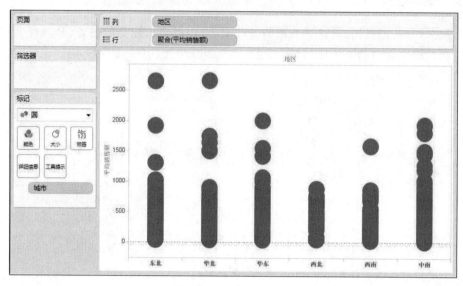

图 6-28　生成基本视图

步骤 3：单击"智能显示"→"盒须图"，完成创建盒须图。选择视图为"整个视图"。

步骤 4：对盒须图右键单击纵轴，选择"编辑参考线"，在弹出的对话框中设置盒须图的格式，例如，设置"格式"→"填充"为"极深灰色"；或直接单击盒须图，选择"编辑"进行设置。

步骤 5：单击"确定"按钮，生成盒须图（见图 6-29）。

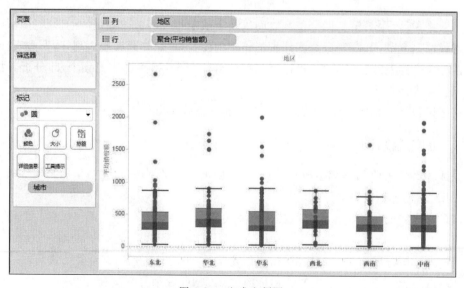

图 6-29　生成盒须图

6.9.2　图形延伸

如图 6-29 所示,所有的点都落在了一条垂直线上,一个点代表一个城市,由于城市较多,很多点都是重叠覆盖的,不能直观地展示各城市之间数量的比较,也无法直观显示其分布。这时,可以采用将点水平铺开的方法,为此需完成以下步骤。

步骤 1:创建自定义计算字段"将点散开",计算公式为 index()%30。

步骤 2:将计算字段"将点散开"拖放到列功能区"地区"的右边,设置"计算依据"为"城市",各个圆点即水平展开,展开幅度为 30。可以调整公式"将点散开"来调整散开的幅度。

步骤 3:为了分析平均销售额的异常点问题所在,将"销售额"拖放到选项卡中的"大小",同时为了使图形更美观,将"城市"拖放到"颜色",生成结果如图 6-30 所示。

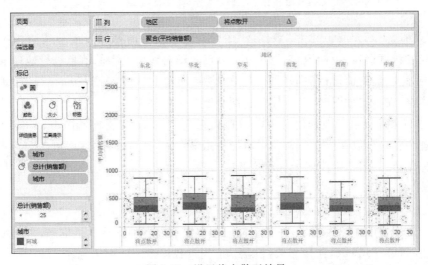

图 6-30　设置将点散开效果

实验确认:□学生　　□教师

地图可视化,是指以计算机科学、地图学、认知科学与地理信息系统为基础,以屏幕地图形式,直观、形象与多维、动态地显示空间信息的方法与技术。Tableau 的地图分析功能十分强大,可编辑经纬度信息,实现世界、地区、国家、省/市/自治区、城市等不同等级的地图展示,实现对地理位置的定制化。Tableau 的地理位置识别功能能够自动识别国家、省/自治区/直辖市、地市级别的地理信息,并能识别名称、拼音或缩写。

6.10　地图分析

6.10.1　分配地理角色

将 Tableau 连接到包含地理信息的数据源,并分配对应的"地理角色"后,Tableau 可通过简单的拖放和单击生成地图。Tableau 包含两种地图类型:符号地图和填充地图,同时也可制作包含两者的混合地图以及多维度地图。

Tableau将每一级地理位置信息定义为"地理角色","地理角色"包括"国家/地区""省/市/自治区""城市""区号""国会选区""县""邮政编码",其中只有"国家/地区""省/市/自治区""城市"对中国区域有效。具体地理角色定义如表6-1所示。

表6-1 Tableau地理角色定义

地 理 角 色	说 明
国家/地区	全球国家/地区,包括名称、FIPS 10、2 字符(ISO 3166-l)或 3 字符(ISO 3166-l)。示例:AF、CD、Japan、Australia、BH、AFG、UKR
省/市/自治区	全世界的省/市/自治区,可识别名称和拼音。示例:河南、jiangsu、AB、Hesse
城市	全世界的城市名称,城市范围为人口超过一万、政府公开地理信息的城市,可识别中文、英文的城市名称。示例:大连、沈阳、Seattle、Bordeaux

一般情况下,Tableau会将"数据源"中包含地理信息的字段自动分配给相应的地理角色,并在"维度窗口"中标识,表示 Tableau 已自动对该字段中的信息进行地理编码并将每个值与纬度、经度值进行关联,两个字段"纬度(生成)"和"经度(生成)"将自动添加到"度量"窗格,在创建地图时,可以拖放这两个字段进行展示。

有时,Tableau会把地理信息字段识别成字符串字段,在这种情况下,需要手动为其分配地理角色。可以在"维度窗口"中右键单击该字段,然后选择"地理角色",为其分配对应的地理角色,之后该字段的图标将变换。

6.10.2 创建符号地图

符号地图即以地图为背景,在对应的地理位置上以多种形状展示信息,为使用符号地图功能,在打开 Tableau,连接相关数据后,应先对数据分配地理角色。

Tableau 生成地图有以下两种方法。

方式1:双击地理字段,例如"省/自治区"或"城市"字段。一般情况下,Tableau 将自动调出地图视图。如未出现地图视图,则在"菜单栏"中选择"地图"→"背景地图",将"背景地图"设置为 Tableau 即可。

在"省/自治区"符号地图背景下,拖放"度量"窗口中的"销售额"到标记卡中的"大小"图标上,生成符号地图。

方式2:按住 Ctrl 键,同时选中"维度"窗口中的"省/自治区"和"度量"窗口中的"销售额",单击右上角的"智能显示",选中"符号地图",Tableau 默认将"销售额"作为"大小"在地图上进行展示,效果与方式1一致。

生成的图中的"圆"标记代表各个省市的销售额,如果想要分"类别"维度对比各个省市的销售情况,只需把标记卡中图的类型由"圆"改为"圆饼图",并把"类别"字段拖放至"颜色"即可。

若要查看"城市"级别的信息,只需双击"维度"窗格中的"城市"字段,或拖动"城市"字段到标记卡中的"详细信息"即可,调整标记卡的相应内容后,生成的效果。

6.10.3　编辑地理位置

Tableau 可对其地理库中不包含的地理位置进行信息编辑。

单击地图右下角出现的未知信息提示,会弹出"[省/自治区]的特殊值"对话框,在对话框中有三个选项,单击"编辑位置",或在菜单栏中选择"地图"→"编辑位置",此时弹出对话框(见图 6-31)。

图 6-31　"编辑位置"对话框

地理信息未识别有两种类型:①不明确,表示该数据所代表的地理位置有两个或以上,Tableau 不知道该为其分配哪个位置;②无法识别,表示其不在 Tableau 的地理库中。

对"无法识别"的数据,可在"匹配位置"中选择一个"匹配项",将其映射到正确位置。

若要精确定位,可在下拉列表中选择"输入纬度和经度",在弹出的对话框中输入经纬度信息即可。

默认情况下,在匹配项下拉列表中会列出地理库中的所有位置,即中国的所有省市。

对地图中无法识别的位置,可采用相同的方式进行位置匹配。Tableau 的原理是先匹配上级单位,再匹配下级单位,所以,一般情况下,需要先将上级地理角色的位置定义好,再设置下级地理角色。

若存在大量无法识别的地理位置,逐个进行匹配或"输入纬度和经度"会耗费较大的工作量,因此,建议通过"导入自定义地理编码"的方法,对 Tableau 的地理库进行扩充,实现地理位置识别。

地图右下角未识别信息对话框中有三个选项,其余的"筛选数据"和"在默认的位置显示数据"主要是针对数据信息的设置,"筛选数据"为将不识别的数据剔除,"在默认位置显示数据"是将经纬度设置为 0 进行展示。因此,在地图模式下,不建议选择。

6.10.4　设置地图层格式

生成地图后,有多个选项可设置地图的显示效果。例如,选择"地图"→"地图层",可在屏幕左侧打开"地图层"窗格(见图 6-32)。

其中,下方的"数据层"是 Tableau 预设的美国人口普查等信息,对中国情况不适用。

Tableau 地图提供了多个层(可移动窗格右侧的滑块显示全部分层选项),这些层可对地图上的相关点进行标记。Tableau 提供的部分地图层仅在特定缩放级别上可见。表 6-2 列出了每个地图层及其使用的范围。

图 6-32　"地图层"窗格

表 6-2　Tableau 地图层说明

层　名　称	说　　明
基本	显示包括水域和陆域的底图
土地覆盖	遮盖自然保护区和公园以便为地图提供更大深度
海岸线	以深灰色显示海岸线轮廓
街道和高速	标记公路、高速公路以及城市街道,还包括公路和街道名称
突出显示国家/地区边界	以浅灰色显示国家/地区轮廓
突出显示国家/地区名称	以浅灰色显示国家/地区名称
国家/地区边界	以深灰色突出显示国家/地区边界
国家/地区名称	以深灰色突出显示国家/地区名称
突出显示州/省边界	以浅灰色显示州/省边界
突出显示州/省名称	以浅灰色显示州/省名称
州/省边界	以深灰色突出显示州/省边界
州/省名称	以深灰色突出显示州/省名称

在展示世界地图时,可选择"重复背景",此时背景地图可多次显示相同区域。在非"重复背景"下,世界地图只展示一次。

单击"地图层"窗格底部的"设为默认值"按钮,即将设置好的地图格式设置为默认值,此时,在本 Tableau 中创建的地图均采用本次设置。

实验确认:□学生　　　□教师

6.10.5　创建填充和多维地图

填充地图即将地理信息作为面积进行填充,创建填充地图的方法有以下三种。

(1) 双击"维度"窗口中的"省/自治区"字段,生成符号地图后,拖放"度量"窗格中的"销售额"到标记卡中的"颜色"。

(2) 按住 Ctrl 键,同时选中"维度"窗格中的"省市"和"度量"窗格中的"销售额",单击"智能显示",选中"填充地图",Tableau 默认将"销售额"作为"颜色"在地图上进行展示。

(3) 创建好符号地图后,在标记卡的图形选项中选择"已填充地图"或在"智能显示"中选择"填充地图"。

这三种方法创建的填充地图效果一致。

在填充地图中,对 Tableau 不能识别的位置,无法通过编辑位置来实现地理定位。填充地图只能识别到"省/市/自治区",不能识别"城市"一级的地理角色,因此,若要展示城市信息,只能采用符号地图。

多维度地图通过对不同维度的信息用多个地图展示,实现信息的分维度比对。多维度地图展示要在已创建好的符号地图或填充地图的基础上创建。以符号地图或填充地图为基础创建多维度地图的步骤是相同的。

在上面创建好的填充地图基础上,拖放"维度"窗格中的"订单日期"到行功能区,"类别"到列功能区,并放在"经度(生成)"、"纬度(生成)"之前,即可实现分时间段、分类别的分省市销售额完成对比分析。

6.10.6　创建混合地图

混合地图是指把符号地图和填充地图叠加而形成的一种地图形式,其创建步骤如下。

步骤 1:创建混合地图时,首先需要创建一个符号地图或填充地图,下面以先创建填充地图为例,生成以"销售额"为颜色的分省市填充地图。

步骤 2:将"度量"窗格中的"纬度(生成)"再次拖放到行功能区上,或在行功能区中,按住 Ctrl 键拖放"纬度(生成)"到右侧,此时,同时展示两个地图。

步骤 3:右键单击行功能区的"纬度(生成)",选择"双轴",两个地图重叠为一个。同理,重复拖放列功能区的"经度(生成)",也可实现同样的效果。

可以看到在标记卡中生成了两个切换条,为"纬度(生成)"和"纬度(生成)(2)",分别代表两个地图图层。

步骤 4:选择"纬度(生成)(2)",修改其图形类型为"圆"。

步骤 5:拖放"度量"窗格中"数量"字段到标记卡中的"颜色","利润"到"大小",编辑"颜色"为红色系,拖放"维度"窗格中的"省/自治区"到"标签"图标,实现了三维信息的展示。

步骤 6:若要展示地市级信息,则在"维度(生成)(2)"这一地图层双击"度量"窗格中的"城市",或拖放"城市"到标记卡中的"详细信息"图标,并拖放"城市"到"标签"图标上,最终生成把符号地图和填充地图叠加而形成的一种地图形式。

在创建混合地图时,创建两个地图图层后,先设置每个地图图层展示的信息,再设置

"双轴"显示,实现效果一致。

6.10.7　设置地理信息

Tableau 中的背景地图选项为使用者提供了地图源的多种选择,用户可以选择不使用地图源,或选择 Tableau 自带的地图源 Tableau,或脱机使用地图,或使用 WMS 服务器实现自定义地图源"WMS 服务器",并可设置何种地图源为默认地图源。

(1) 联机地图。默认情况下,所有新建工作表都会自动连接到 Tableau 的联机地图源 Tableau,其地理位置信息由开源地图供应商 OpenStreetMap 提供。

用户可指定某地图源为 Tableau 默认地图源,操作方式为在"地图"→"背景地图"菜单中选择地图源,然后选择"地图"→"背景地图"→"设置为默认值"。

(2) 地图存储和脱机工作。在使用联机地图创建地图视图时,Tableau 会将构成地图的图像存储在缓存中。这样在进行分析时,就不必等待检索地图。同时,通过存储地图,可以在设备脱机时仍使用部分地图进行分析。地图的缓存将随 IE 浏览器的因特网文件一起存储,删除 IE 浏览器中的临时文件即清除了地图缓存。

(3) WMS 服务器。如果具有提供特定行业的 WMS 服务器,Tableau 可以添加该服务器作为地图源。在添加了 WMS 地图服务器之后,可以导出地图源与他人共享,或导入共享的地图源。

当有大量 Tableau 无法识别的地理位置时,可通过导入自定义地理编码扩充 Tableau 的地理信息库。自定义地理编码只能绘制符号地图。

【实验与思考】

熟悉 Tableau 数据可视化设计

1. 实验目的

以 Tableau 系统提供的 Excel"示例-超市"文件作为数据源,依照本章教学内容,循序渐进地实际完成 Tableau 可视化地图分析的各个案例,尝试建立 Tableau 符号地图、填充地图、多维度地图和混合地图,熟悉 Tableau 数据可视化分析技巧,提高大数据可视化应用能力。

2. 工具/准备工作

在开始本实验之前,请认真阅读课程的相关内容。
需要准备一台安装有 Tableau Desktop(参考版本为 9.3)软件的计算机。

3. 实验内容与步骤

本章中以 Tableau 系统自带的 Excel"示例-超市"文件为数据源,介绍了 Tableau 各种可视化地图分析图形的制作方法与制作过程。

请仔细阅读本章的课文内容,执行其中的 Tableau 数据地图分析操作,实际体验 Tableau 数据地图分析图形的制作方法与步骤。请在执行过程中对操作关键点做好标注,在对应的"实验确认"栏中打勾(√),并请实验指导老师指导并确认。(据此作为本【实验与思考】的作业评分依据。)

请记录:你是否完成了上述各个实例的实验操作? 如果不能顺利完成,请分析可能的原因是什么。

答:_____

_____

_____

_____

4. 实验总结

_____

_____

_____

_____

5. 实验评价(教师)

_____

_____

Tableau 预测分析

【导读案例】

Tableau 案例分析：世界指标-旅游业

有条件的读者，请在阅读本书这部分【导读案例】"Tableau 案例分析"时，打开 Tableau 软件，在其开始页面中单击打开典型案例"世界指标"，以研究性的态度动态地观察和阅读，以获得对 Tableau 的最大限度的理解。

在典型案例"世界指标"工作界面的下方，列举了 7 个工作表，即人口、医疗、技术、经济、旅游业、商业和故事，分别展示了现实世界的若干侧面。其中，旅游业工作表的界面如图 7-1 所示。

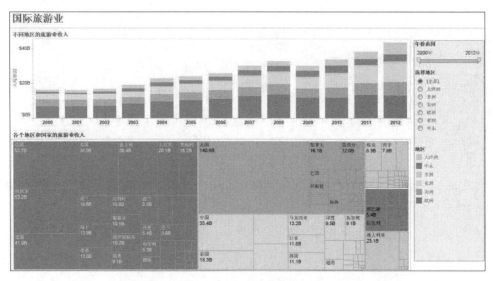

图 7-1　世界指标-旅游业

如图 7-1 所示，右侧"年份范围"栏可拖动左右侧的游标选择限定的分析年份，可在"选择地区"栏单选全部、大洋洲、非洲、美洲、欧洲、亚洲或中东；"地区"栏提示了视图中用 6 种不同颜色分别代表 6 个地区。

视图中，图 7-1 上图以堆叠条图反映了 2000—2012 年不同地区的国际旅游业收入情况；图 7-1 下图以树地图形式反映了 6 个地区分国别的国际旅游收入情况。

阅读视图,通过移动鼠标,分析和钻取相关信息并简单记录。

(1) 由视图可见,国际旅游业收入最多的前10个国家(地区)是:

第 1 名:_____,旅游业收入:$ _____ B;

第 2 名:_____,旅游业收入:$ _____ B;

第 3 名:_____,旅游业收入:$ _____ B;

第 4 名:_____,旅游业收入:$ _____ B;

第 5 名:_____,旅游业收入:$ _____ B;

第 6 名:_____,旅游业收入:$ _____ B;

第 7 名:_____,旅游业收入:$ _____ B;

第 8 名:_____,旅游业收入:$ _____ B;

第 9 名:_____,旅游业收入:$ _____ B;

第 10 名:_____,旅游业收入:$ _____ B。

(2) 通过信息钻取,你还获得了哪些信息或产生了什么想法?

答:_____

_____

_____

_____

_____

(3) 请简单描述你所知道的上一周发生的国际、国内或者身边的大事。

答:_____

_____

_____

_____

_____

_____

7.1　预测分析的可视化

预测分析是一种统计或数据挖掘解决方案,可在结构化和非结构化数据中使用以确定未来结果的算法和技术,可用于预测、优化、预报和模拟等许多用途。大数据时代下,作为其核心,预测分析已在商业和社会中得到广泛应用。随着越来越多的数据被记录和整理,未来预测分析必定会成为所有领域的关键技术。

预测分析通过适当的统计方法对收集来的大量第一手资料和第二手资料进行分析,以求最大化地开发数据资料的功能,发挥数据的作用。数据分析的目的是把隐没在一大批看来杂乱无章的数据中的信息集中,萃取和提炼数据,以找出所研究对象的内在规律。在实用中,数据分析可帮助人们做出判断,以便采取适当行动。

大数据项目带有一些应考虑的因素,用以确保分析方法适合处理所面对的问题。基于大数据的特性,这些方法适合用于决策支持,特别是具有高处理复杂度和高价值的战略性决策。由于数据的高容量和复杂性,用于这方面的分析技术需要能够灵活地迭代使用(分析灵活性)。这些条件产生了复杂的分析项目,例如,预测客户流失率,执行起来会有一定的延迟(考虑需要的决策速度);或者使用先进分析方法、大数据和机器学习算法的组合来实施这些分析技术,用来提供实时(需要高吞吐率)或者准实时的分析,例如,基于近期网站访问记录和购买行为的推荐引擎。

另外,为了成功实施大数据项目,还需要将与当今传统企业数据仓库不同的方法用来作为数据架构,需要一种可让业务和技术都获得竞争优势的新型分析平台,新技术基础架构需要满足以下几点。

(1) 可大规模扩展到 PB 级数据;

(2) 支持低延迟数据访问和决策;

(3) 具有集成分析环境,以加速高级分析建模和操作化流程。

分析人员需要与 IT 和数据库管理员进行合作,用以获取他们在分析沙盒中需要的数据,这包括:原始未处理的数据、聚合数据,以及具有多种类型结构的数据。沙盒需要精通深度分析的人来使用,以便采用更强大的方式来探索数据。

借助于对海量数据集的新尺度处理能力,不仅能不断识别深藏在大数据中的可操作价值,还能实现这些操作价值与用户网络环境的无缝集成(无位置限制)。

7.1.1 预测分析的作用

预测分析和假设情况分析可帮助用户评审和权衡潜在决策的影响力,用来分析历史模式和概率,以预测未来业绩并采取预防措施。其主要作用包括以下几个方面。

1. 决策管理

决策管理是用来优化并自动化业务决策的一种卓有成效的成熟方法。它通过预测分析让组织能够在制定决策以前有所行动,以便预测哪些行动在将来最有可能获得成功,优化成果并解决特定的业务问题。决策管理包括管理自动化决策设计和部署的各个方面,供组织管理其与客户、员工和供应商的交互。从本质上讲,决策管理使优化的决策成为企业业务流程的一部分。由于闭环系统不断将有价值的反馈纳入到决策制定过程中,所以对于希望对变化的环境做出即时反应并最大化每个决策的组织来说,它是非常理想的方法。

当今世界,竞争的最大挑战之一是组织如何在决策制定过程中更好地利用数据。可用于企业以及由企业生成的数据量非常高且以惊人的速度增长。与此同时,基于此数据制定决策的时间段非常短,且有日益缩短的趋势。虽然业务经理可能可以利用大量报告和仪表板来监控业务环境,但是使用此信息来指导业务流程和客户互动的关键步骤通常是手动的,因而不能及时响应变化的环境。希望获得竞争优势的组织们必须寻找更好的方式。

决策管理使用决策流程框架和分析来优化并自动化决策,通常专注于大批量决策并使用基于规则和基于分析模型的应用程序实现决策。对于传统上使用历史数据和静态信息作为业务决策基础的组织来说这是一个突破性的进展。

2.滚动预测

预测是定期更新对未来绩效的当前观点,以反映新的或变化中的信息的过程,是基于分析当前和历史数据来决定未来趋势的过程。为应对这一需求,许多公司正在逐步采用滚动预测方法。

7×24 小时的业务运营影响造就了一个持续而又瞬息万变的环境,风险、波动和不确定性持续不断。并且,任何经济动荡都具有近乎实时的深远影响。

毫无疑问,对于这种变化感受最深的是 CFO(财务总监)和财务部门。虽然业务战略、产品定位、运营时间和产品线改进的决策可能是在财务部门外部做出,但制定这些决策的基础是财务团队使用绩效报告和预测提供的关键数据和分析。具有前瞻性的财务团队意识到传统的战略预测不能完成这一任务,他们正在迅速采用更加动态的、滚动的和基于驱动因子的方法。在这种环境中,预测变为一个极其重要的管理过程。为了抓住正确的机遇,为了满足投资者的要求,以及在风险出现时对其进行识别,很关键的一点就是深入了解潜在的未来发展,管理不能再依赖于传统的管理工具。在应对过程中,越来越多的企业已经或者正准备从静态预测模型转型到一个利用滚动时间范围的预测模型。

采取滚动预测的公司往往有更高的预测精度,更快的循环时间,更好的业务参与度和更多明智的决策制定。滚动预测可以对业务绩效进行前瞻性预测;为未来计划周期提供一个基线;捕获变化带来的长期影响;与静态年度预测相比,滚动预测能够在觉察到业务决策制定的时间点得到定期更新,并减轻财务团队巨大的行政负担。

3.预测分析与自适应管理

稳定、持续变化的工业时代已经远去,现在是一个不可预测、非持续变化的信息时代。未来还将变得更加无法预测,员工将需要具备更高技能,创新的步伐将进一步加快,价格将会更低,顾客将具有更多发言权。

为了应对这些变化,CFO 们需要一个能让各级经理快速做出明智决策的系统。他们必须将年度计划周期替换为更加常规的业务审核,通过滚动预测提供支持,让经理能够看到趋势和模式,在竞争对手之前取得突破,在产品与市场方面做出更明智的决策。具体来说,CFO 需要通过持续计划周期进行管理,让滚动预测成为主要的管理工具,每天和每周报告关键指标。同时需要注意使用滚动预测改进短期可见性,并将预测作为管理手段,而不是度量方法。

7.1.2　行业应用举例

1.预测分析帮助制造业高效维护运营并更好地控制成本

一直以来,制造业面临的挑战是在生产优质商品的同时在每一步流程中优化资源。多年来,制造商已经制定了一系列成熟的方法来控制质量、管理供应链和维护设备。如今,面对着持续的成本控制工作,工厂管理人员、维护工程师和质量控制的监督执行人员都希望知道如何在维持质量标准的同时避免昂贵的非计划停机时间或设备故障,以及如何控制维护、修理和大修业务的人力和库存成本。此外,财务和客户服务部门的管理人员,以及最终的高管级别的管理人员,与生产流程能否很好地交付成品息息相关。

2. 犯罪预测与预防,预测分析利用先进的分析技术营造安全的公共环境

为确保公共安全,执法人员一直主要依靠个人直觉和可用信息来完成任务。为了能够更加智慧地工作,许多警务组织正在充分合理地利用他们获得和存储的结构化信息(如犯罪和罪犯数据)和非结构化信息(在沟通和监督过程中取得的影音资料)。通过汇总、分析这些庞大的数据,得出的信息不仅有助于了解过去发生的情况,还能够帮助预测将来可能发生的事件。

利用历史犯罪事件、档案资料、地图和类型学以及诱发因素(如天气)和触发事件(如假期或发薪日)等数据,警务人员将可以:确定暴力犯罪频繁发生的区域;将地区性或全国性流氓团伙活动与本地事件进行匹配;剖析犯罪行为以发现相似点,将犯罪行为与有犯罪记录的罪犯挂勾;找出最可能诱发暴力犯罪的条件,预测将来可能发生这些犯罪活动的时间和地点;确定重新犯罪的可能性。

3. 预测分析帮助电信运营商更深入地了解客户

受技术和法规要求的推动,以及基于互联网的通信服务提供商和模式的新型生态系统的出现,电信提供商要想获得新的价值来源,需要对业务模式做出根本性的转变,并且必须有能力将战略资产和客户关系与旨在抓住新市场机遇的创新相结合。预测和管理变革的能力将是未来电信服务提供商的关键能力。

7.2　预　　测

可以使用 Tableau Desktop 的指数平滑模型预测定量时间系列数据。使用指数平滑,为最新观察赋予的权重比旧观察相对要多。这些模型捕获数据的演变趋势或季节性,并将数据外推到未来。预测是全自动的过程,不过可以进行配置。许多预测结果都将成为图形中的字段。

当视图中至少有一个日期维度和一个度量时,就可以向视图中添加预测。选择"分析"→"预测"→"显示预测"。如果不存在日期维度,可以在视图中包含具有整数值的维度字段的情况下添加预测。

预测显示时,度量的未来值显示在实际值的旁边。在 Tableau 中只支持 Windows 中的多维数据源。

另外,预测时视图中不能包含表计算、百分比计算、总计或小计,以及使用聚合的日期值设置精确日期等内容。

7.2.1　Tableau 预测的工作原理

用户通常向包含日期字段和至少一个度量的视图中添加预测,但在缺少日期的情况

下，Tableau 也可以为除了至少一个度量外还包含具有整数值维度的视图创建预测。

所有预测算法都是实际数据生成过程（DGP）的简单模型。为获得高质量预测，DGP 中的简单模式必须与模型所描述的模式很好地匹配。

在 Tableau 评估预测质量之前，会以全局方法优化每个模型的平滑参数。因此，选择的本地最佳的平滑参数也可能是全局范围内最佳的。但由于初始值参数不做进一步优化，因此初始值参数可能不是最佳的。Tableau 中提供的 8 个模型属于指数平滑方法的分类模型的一部分。Tableau 自动选择其中最佳的那个。最佳模型是生成最高质量预测的模型。

当可视化项中的数据不足时，Tableau 会自动尝试以更精细的时间粒度进行预测，然后将预测聚合回可视化项的粒度。Tableau 提供可以从闭合式方程模拟或计算的预测区间。所有具有累乘组件或具有集合预测的模型都具有模拟区间，而所有其他模型则使用闭合式方程。

1. 指数平滑和趋势

Tableau 中的预测使用"指数平滑"技术，尝试在度量中找到可延续到将来的一种固定模式。指数平滑是指模型从某一固定时间序列的过去值的加权平均值，以迭代方式预测该序列的未来值。而最简模型（简单指数平滑）是从上一个实际值和上一个级别值来计算下一个级别值或平滑值。该方法之所以是指数方法，是因为每个级别的值都受前一个实际值的影响，影响程度呈指数下降，即值越新权重越大。

当要预测的度量在进行预测的时间段内呈现出趋势或季节性时，带趋势或季节组件的指数平滑模型十分有效。

所谓趋势，是指数据随时间增加或减小的可能性，季节性则是指值的重复和可预测的变化，例如，每年中各季节的温度波动。

通常，时间序列中的数据点越多，所产生的预测就越准确。如果要对季节性建模，则具有足够的数据尤为重要，因为模型越复杂，就需要越多数据形式的证明，才能达到合理的精度级别。另一方面，如果使用两个或更多不同 DGP 生成的数据进行预测，则得到的预测质量将较低，因为一个模型只能匹配一个。

2. 季节性

Tableau 针对一个季节周期进行测试，需要对估计预测的时间系列有典型的时间长度。为此，如果按月聚合，则 Tableau 将寻找 12 个月的周期；如果按季度聚合，将寻找 4 个季度的周期；如果按天聚合，将寻找每周季节性。因此，如果按月时间系列中有一个 6 个月的周期，则 Tableau 可能会寻找一个 12 个月模式，其中包含两个类似的子模式。

Tableau 可以使用两种方法中的任一方法来派生季节长度。原始时间度量法使用视图时间粒度（TG）的自然季节长度。时间粒度意指视图表示的最精细时间单位。例如，如果视图包含截断到月的绿色连续日期或蓝色离散年和月日期部分，则视图的时间粒度为月。

Tableau 会自动针对给定视图选择最适合的方法。当 Tableau 使用日期对视图中的度量进行排序时,如果时间粒度为季度、月、周、天或小时,则季节长度将几乎肯定分别是4、12、13、7或24。因此,只会使用时间粒度的自然长度来构建 Tableau 支持的5个季节指数平滑模型。

如果 Tableau 使用整数维度进行预测,则使用第二种方法。此情况下没有时间粒度(TG),因此必须从数据中派生可能的季节长度。

如果时间粒度为年,则也会使用第二种方法。年度系列很少有季节性,但如果它们确实有季节性,则也必须派生自数据。

对于时间粒度为分钟或秒的视图,也使用第二种方法。如果此类系列有季节性,则季节长度可能为60。但是,在测量定期的真实流程时,该流程可能会有与时钟不对应的定期重复。因此,对于分钟和秒,Tableau 也会检查数据中与60不同的长度。

对于按年、分钟或秒排序的系列,如果模式相当清晰,就将测试数据中的单一季节长度。对于按整数排序的系列,将会为所有5个季节模型预估9个不太清晰的季节长度,并返回 AIC 最低的模型。如果没有适合的候选季节长度,则只会预估非季节模型。

由于 Tableau 在从数据派生可能的季节长度时所有选择都是自动的,因此"预测选项"对话框的"模型类型"菜单中的默认模型类型"自动"不会更改。选择"自动不带季节性"可避免搜索所有季节长度和预估季节模型,从而可提高性能。

对于按整数、年、分钟和秒排序的视图中的模型类型"自动",不管是否使用候选时间长度,它们始终派生自数据。由于模型预估与周期回归相比所花费的时间要多很多,因此性能影响应保持适度。

3. 模型类型

Tableau 用于预测的模型类型包括"自动"、"无"、"累加"或"累乘"。对于大多数视图,在"预测选项"对话框中选择"自动"设置通常是最佳设置。

累加模型是对各模型组件的贡献求和,而累乘模型是至少将一些组件的贡献相乘。当趋势或季节性受数据级别(数量)影响时,累乘模式可以大幅改善数据预测质量。

4. 使用时间进行预测

在使用日期进行预测时,视图中只能有一个基准日期。支持部分日期,并且所有部分均必须引用同一基础字段。日期可以位于行、列功能区或标记卡上。

Tableau 支持三种类型的日期,其中两种类型可用于预测。

(1)截断日期:对历史记录中具有特定时间粒度的某个特定时间点的引用,例如2017年2月。它们通常是连续的,在视图中具有绿色背景。截断日期可用于预测。

(2)日期部分:是指时间度量的特定成员,例如二月。每个日期部分都由一个通常为离散的不同字段(带有蓝色背景)表示。预测至少需要一个"年"日期部分。具体而言,它可以使用以下任何日期部分组合来进行预测:

年

年+季度

年+月

年＋季度＋月

年＋周

自定义：月／年、月／日／年

其他日期部分(例如"季度"或"季度＋月")无法用于预测。

(3) 确切日期：是指历史记录中具有最大时间粒度的特定时间点,例如 2012 年 2 月 1 日 14:23:45.00。确切日期无法用于预测。

5. 粒度和修剪

在创建预测时,需要选择一个日期维度,它指定了度量日期值所采用的时间单位。Tableau 日期支持一系列时间单位,包括年、季度、月和天。为日期值选择的单位称为日期的粒度。

度量中的数据通常并不是与粒度单位完全一致。用户可能会将日期值设置为季度,但实际数据可能在一个季度的中间(例如,在 11 月末)终止。这可能会产生问题,因为这个不完整季度的值会被预测模型视为完整季度,而不完整季度的值通常比完整季度的值要小。如果允许预测模型考虑此数据,则产生的预测将不准确。解决方法是修剪该数据,从而忽略可能会误导预测的末端周期。使用"预测选项"对话框中的"忽略最后"选项来移除(或者说修剪)掉这样的部分周期。默认设置是修剪一个周期。

6. 获取更多数据

Tableau 需要时间系列中至少具有 5 个数据点才能预测趋势,以及用于至少两个季节或一个季节加 5 个周期的足够数据点才能估计季节性。例如,需要至少 9 个数据点才能估计具有一个四季度季节周期(4＋5)的模型,需要至少 24 个数据点才能估计具有一个 12 个月季节周期(2×12)的模型。

如果针对不具有支持准确预测的足够数据点的视图启用预测,则 Tableau 有时会为了实现更精细的粒度级别来查询数据源,从而提取足够数据点来产生有效预测。

(1) 如果视图中包含少于 9 年的数据,Tableau 默认查询数据源以获取每个季度的数据,按季度估计预测,并聚合为按年的预测结果以显示在视图中。如果仍然没有足够数据点,则 Tableau 将按月估计预测,并将聚合后的按年预测结果返回到视图。

(2) 如果视图中包含少于 9 个季度的数据,Tableau 默认按月估计预测并将聚合后的按季度预测结果返回到视图。

(3) 如果视图中包含少于 9 周的数据,Tableau 默认按天进行预测并将聚合后的按周预测结果返回到视图。

(4) 如果视图中包含少于 9 天的数据,Tableau 默认按小时估计预测并将聚合后的按天预测结果返回到视图。

(5) 如果视图中包含少于 9 小时的数据,Tableau 默认按分钟估计预测并将聚合后的按小时预测结果返回到视图。

(6) 如果视图中包含少于 9 分钟的数据,Tableau 默认按秒估计预测并将聚合后的按分钟预测结果返回到视图。

这些调整都在后台进行,无须进行配置。Tableau 不会更改可视化项的外观,实际上也不会更改日期值。不过,"预测描述"和"预测选项"对话框中的预测时间段摘要将反映出所使用的实际粒度。

仅当要预测的度量的聚合是 SUM 或 COUNT 时,Tableau 才能获取更多数据。

7.2.2　创建预测

预测至少需要使用一个日期维度和一个度量的视图。例如:

(1)要预测的字段位于行功能区上,一个连续日期字段位于列功能区上。

(2)要预测的字段位于列功能区上,一个连续日期字段位于行功能区上。

(3)要预测的字段位于行或列功能区上,离散日期位于行或列功能区上。至少有一个包含的日期级别必须是"年"。

(4)要预测的字段位于标记卡上,一个连续日期或离散日期位于行、列或标记上。

如果视图中包含具有整数值的维度,也可以在日期维度不存在时创建预测。

若要启用预测,可右键单击该可视化项,并选择"预测"→"显示预测",或选择"分析"→"预测"→"显示预测"。启用预测后,除实际的历史记录值外,Tableau 还将显示该度量的未来估计值。默认情况下,估计值将由比用于表示历史数据的颜色更浅的颜色来显示(见图 7-2)。

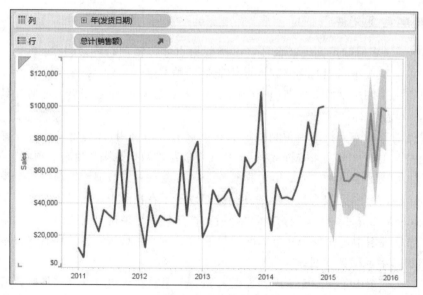

图 7-2　显示预测

图 7-2 中右侧的阴影区域显示预测的 95% 预测区间。即该模型已确定销售额值将于预测周期的阴影区域内的可能性为 95%。可以使用"预测选项"对话框中的"显示预测区间"设置为预测区间配置可信度百分位,以及是否在预测中包含预测区间(见图 7-3)。

如果不想在预测中显示预测区间,可清除该复选框。要设置预测区间,应选择一个值或输入自定义值。为可信度设置的百分位越低,预测区间越窄。

预测区间显示方式取决于预测标记的标记类型,即:对于预测标记类型为线的,预测区域显示为区间,对于形状、正方形、圆形、条形或饼形,预测区域显示为须线。

在下面的示例中,预测数据由颜色较浅的阴影圆指示,预测区间由结束于须线的直线指示(见图 7-4)。

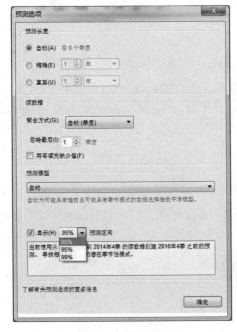

图 7-3　预测区间

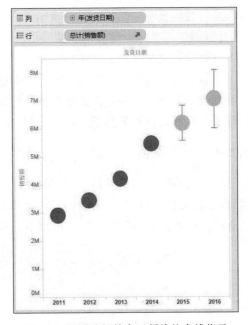

图 7-4　预测区间结束于须线的直线指示

可通过向"详细信息"功能区添加此类结果类型,将有关预测的信息添加到基于预测数据的所有标记的工具提示。

如果视图中没有有效日期,Tableau 将在视图中查找具有整数值的维度。如果它找到此类维度,则会使用该维度来预测视图中度量的其他值。

实验确认:□学生　　□教师

7.2.3　预测字段结果

Tableau 提供了多种类型的预测结果。若要在视图中查看这些结果类型,可右键单击度量字段,选择"预测结果",然后选择一个选项。

选项包括以下几个。

(1) 实际值与预测值:显示由预测数据进行扩展的实际数据。

(2) 趋势:显示移除了季节组件的预测值。

(3) 精度:显示已配置可信度的预测值的预测区间距离。

(4) 精度%:显示以百分比表示的预测值精度。

(5) 质量:按 0(最差)~100(最好)的比例显示预测的质量。

(6) 较高预测区间:显示一个值,高于该值的真实未来值将位于时间的可信度百分比范围内(假定采用高质量模型)。可信度百分比由"预测选项"对话框中的"预测区间"设置控制。

(7)较低预测区间:显示低于预测值的90、95或99可信度。实际区间由"预测选项"对话框中的"预测区间"设置控制。

(8)指示器:对在预测处于非活动状态时已经位于工作表上的行显示字符串"实际",对在激活预测时添加的行显示字符串"估计"。

(9)无:不显示此度量的预测数据。

预测描述信息还包括在工作表描述中。

预测新度量:将新度量添加到已启用预测的图形时,Tableau 将尝试预测未来值。

更改预测结果类型:若要更改度量的预测结果类型,可右键单击度量字段,选择"预测结果",然后选择结果类型。

7.2.4 预测描述

"描述预测"对话框描述了 Tableau 为用户的可视化项计算的预测模型。启用预测后,可通过选择"分析"→"预测"→"描述预测"打开"描述预测"对话框(见图 7-5),其中的信息是只读的,不过可以单击"复制到剪贴板"按钮,然后将屏幕内容粘贴到可写文档中。

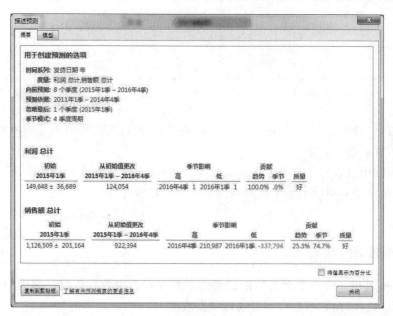

图 7-5 "描述预测"对话框

"描述预测"对话框有两个选项卡:"摘要"和"模型"。"摘要"选项卡描述 Tableau 已创建的预测模型,以及 Tableau 在数据中发现的一般模式。"模型"选项卡提供了更详尽的统计信息。对于预测的每个度量将显示一个表,用来描述 Tableau 为该度量创建的预测模型。

实验确认: □学生　　　□教师

7.3 合 计

可以在视图中自动计算数据总计和小计。默认情况下，Tableau 使用基础数据计算总计。如果使用多维数据源，则可指定是使用基础数据在服务器上计算总计，还是使用表中显示的数据在本地计算总计。

为向视图中添加合计，可按以下步骤执行。

步骤 1：在工作区的左侧，单击分析窗格。

步骤 2：将"合计"拖放到出现的"添加合计"对话框中的其中一个选项上（见图 7-6）。

图 7-6 添加合计

也可以使用"分析"菜单将总计和小计添加到视图中。Tableau 中的任何视图均可包括总计。例如，在显示 4 年中每个部门和类别的总销售额的视图中，可以启用总计，以便查看所有产品和所有年度的总计。

步骤 3：通过在菜单中选择"分析"→"合计"→"显示行总计"、"列总计"，将总计作为附加行或列添加到表中（见图 7-7）。

是否可以启用总计遵循以下规则：

（1）视图必须至少有一个标题：只要在列功能区或行功能区中放置维度，就会显示标题。如果显示列标题，则可计算列总计。如果显示行标题，则可计算行总计。

（2）必须聚合度量：聚合确定显示的总计值。

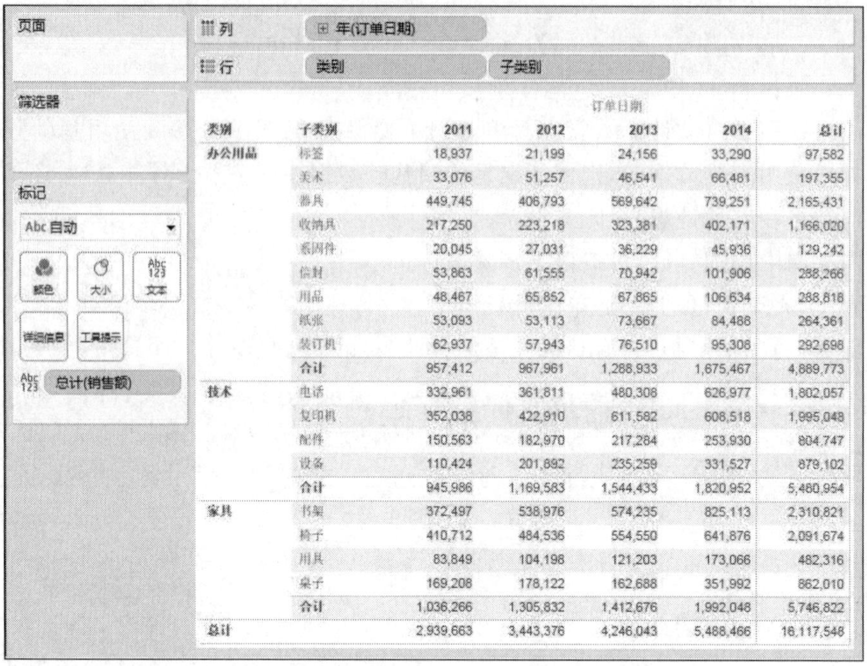

类别	子类别	2011	2012	2013	2014	总计
办公用品	标签	18,937	21,199	24,156	33,290	97,582
	美术	33,076	51,257	46,541	66,461	197,355
	器具	449,745	406,793	569,642	739,251	2,165,431
	收纳具	217,250	223,218	323,381	402,171	1,166,020
	系固件	20,045	27,031	36,229	45,936	129,242
	信封	53,863	61,555	70,942	101,906	288,266
	用品	48,467	65,852	67,865	106,634	288,818
	纸张	53,093	53,113	73,667	84,488	264,361
	装订机	62,937	57,943	76,510	95,308	292,698
	合计	957,412	967,961	1,288,933	1,675,467	4,889,773
技术	电话	332,961	361,811	480,308	626,977	1,802,057
	复印机	352,038	422,910	611,582	608,518	1,995,048
	配件	150,563	182,970	217,284	253,930	804,747
	设备	110,424	201,892	235,259	331,527	879,102
	合计	945,986	1,169,583	1,544,433	1,820,952	5,480,954
家具	书架	372,497	538,976	574,235	825,113	2,310,821
	椅子	410,712	484,536	554,550	641,876	2,091,674
	用具	83,849	104,198	121,203	173,066	482,316
	桌子	169,208	178,122	162,688	351,992	862,010
	合计	1,036,266	1,305,832	1,412,676	1,992,048	5,746,822
总计		2,939,663	3,443,376	4,246,043	5,488,466	16,117,548

图 7-7　显示总计

(3) 总计不能应用于连续维度。

Tableau 中的任何数据视图均可包括小计。例如,一个视图包含按特定产品细分的两个产品类型的总销售额。除了查看每个产品的销售额之外,可能需要查看每个产品类型的总销售额。

步骤 4:若要为所有字段添加小计,可从"分析"菜单中选择"合计"→"添加所有小计",然后,可以选择为一个或多个字段禁用小计。

若要计算单个字段的小计,可在视图中右键单击该字段,然后选择"小计"。随后,菜单中的"小计"旁边会显示复选标记。

通过单击列或行标题并从工具提示上的下拉列表中选择"聚合",可以快速为小计设置聚合。为特定字段启用小计后,总计将随该字段在视图中的位置而发生变化。

步骤 5:还可以为数据的图形视图显示总计。在图 7-8 中,因为表只包含列标题,所以只计算列总计。

默认情况下,行总计和小计显示在视图的右侧,列总计和小计显示在视图的底部。也可以选择在视图的左侧或顶部显示合计。

步骤 6:为将行合计移到视图的左侧,选择"分析"→"合计",然后选择"到左侧的行合计"。同理,为将列合计移到视图的顶部,选择"分析"→"合计",然后选择"到顶部的列合计"。

实验确认:□学生　　□教师

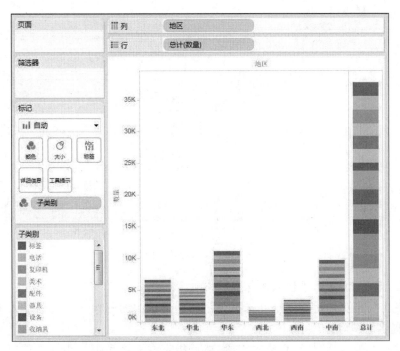

图 7-8　只计算列总计

7.4　背　景　图　像

背景图像是显示在数据下方的图像,用于为视图中的标记添加更多上下文信息。背景图像的一个常见用途是在数据中添加与坐标系相对应的自定义地图图像。例如,用户可能有一些数据表示建筑物中的多个楼层,这时,可以使用背景图像将这些数据覆在建筑物的实际楼层平面图上。其他使用背景图像的示例包括:显示海底模型,显示用于分析Web 日志的网页图像,甚至显示视频游戏中直观显示玩家统计数据的等级。

虽然 Tableau 允许加载在线和离线提供商所提供的动态地图,但通过背景图像,可以使用自己的自定义图像,无论是特殊地图还是与数据对应的任何其他图像。

7.4.1　添加背景图像

在向视图中添加背景图像时,需要指定一个坐标系,方法是将 X 和 Y 轴映射到数据库中各字段的值。如果要添加地图,X 和 Y 轴应该分别是以小数表示的经度和纬度。但可以基于自己的坐标系将这两个轴映射到任何相关字段。

为添加背景图像,可执行以下操作。

步骤 1:选择"地图"→"背景图片",然后选择数据源,在本例中,数据源可能是"订单(示例-超市)",屏幕显示"背景图片"对话框(见图 7-9(a))。

步骤 2:在"背景图片"对话框中,单击"添加图像"按钮(见图 7-9(b))。

步骤 3:在"添加背景图片"对话框中,执行以下操作。

(a)　　　　　　　　　　　　　　　(b)

图 7-9　添加背景图像

（1）在"名称"文本框中输入图像名称。

（2）单击"浏览"按钮导航至并选择要添加到背景中的图像。也可以输入 URL 以链接到在线提供的图像。

（3）选择要映射到图像 X 轴的字段，然后指定左右经度值。添加地图时，应使用小数值（而不是度/分/秒或东/西/南/北）将经度值映射到 X 轴。

（4）选择要映射到图像 Y 轴的字段，然后指定上下维度值。添加地图时，应使用小数值（而不是度/分/秒或东/西/南/北）将纬度值映射到 Y 轴。

（5）可以使用"冲蚀"滑块调整图像浓度。滑块越向右移，图像在数据后的显示越模糊。

步骤 4：可以使用"选项"选项卡指定以下选项。

（1）锁定纵横比：可保持图像的原始尺寸，无论如何操作轴都是如此。取消选择此选项则允许图像变形。

（2）始终显示整个图像：可在数据仅涵盖部分图像时禁止剪裁图像。如果在视图中将两个轴都锁定，则此选项可能无效。

（3）添加图像显示条件。

步骤 5：单击"确定"按钮。

在向视图中的行和列功能区添加 X 和 Y 字段时，背景图像会显示在数据的后面。如果没有显示背景图像，应确保针对 X 和 Y 字段使用解聚的度量。要解聚所有度量，可选择"分析"→"聚合度量"。要单独更改每个度量，可右键单击功能区上的字段并选择"维度"。最后，如果已针对 X 和 Y 字段使用生成的"纬度"和"经度"字段，则需要禁用内置地图才会显示背景图像。选择"地图"→"背景地图"→"无"，可以禁用内置地图。

为使标记在置于背景图像上时在视图中的显示更加清晰，每个标记周围都带有一个对比鲜明的纯色"光环"。也可以通过选择"格式"→"显示标记光环"关闭该标记光环。

实验确认：□学生　　　□教师

7.4.2　设置视图

在添加背景图像后,需要构建一个视图,该视图须匹配为该图像指定的 X 和 Y 轴映射。也就是说,指定为 X 和 Y 的字段必须位于适当的功能区中。

可按照以下步骤正确设置视图。

步骤 1:将映射到 X 轴的字段放在列功能区中。

如果使用的是地图,则经度字段应位于列功能区中。实际上 X 轴上分布的值由列功能区上的字段确定。

步骤 2:将映射到 Y 轴的字段放在"行"功能区中。

如果使用的是地图,则纬度字段应位于行功能区中。这初看似乎不对,但实际上 Y 轴上分布的值由行功能区上的字段确定。

实验确认:□学生　　　□教师

7.4.3　管理背景图像

可以向工作簿中添加多个背景图像,然后选择要在每个工作表上激活的图像。"背景图片"对话框列出了所有图像、所需字段并指出了它们的可见性。可见性根据是否在当前视图中使用所需字段来确定。

添加背景图像时,随时可以返回编辑 X 和 Y 字段映射以及"选项"选项卡中的任何选项。

为编辑图像,可执行以下操作。

步骤 1:选择"地图"→"背景图像"。

步骤 2:在"背景图片"对话框中,选择要编辑的图像,然后单击"编辑"按钮。

步骤 3:在"编辑背景图片"对话框中,对图像进行更改,然后单击"确定"按钮。

使用"背景图片"对话框中的复选框来启用和禁用当前工作表的图像。通过启用多个图像,可以在一个工作表中显示多个图像。例如,可能有多个图像,可以将它们平铺在背景中以呈现一个大型背景图像。

要启用或禁用背景图像,可执行以下操作。

步骤 1:选择"地图"→"背景图像"。

步骤 2:在"背景图片"对话框中,选中要启用的图像旁边的复选框。

步骤 3:单击"确定"按钮。

在添加并启用背景图像后,图像将自动显示在包含视图中使用的所需字段的任何工作表中。要避免在所有工作表上显示图像,可以指定显示/隐藏条件。显示/隐藏条件是为指定何时显示图像而定义的条件语句。

当不再需要使用背景图像时,可将其禁用或移除。要移除图像,可执行以下操作。

步骤 1:选择"地图"→"背景图像"。

步骤 2:在"背景图片"对话框中,选择要移除的图像,然后单击"移除"按钮。

步骤 3:单击"确定"按钮。

实验确认:□学生　　　□教师

7.5 趋 势 线

可使用 Tableau 趋势线功能以增量方式构建行为的交互模型。通过趋势线,可以回答像"是否按销售额对利润进行预测"或"机场中的平均延迟是否与月份显著相关"这样的问题。

向视图添加趋势线时,可以指定期望的外观和行为。可按以下步骤进行。

步骤 1:选择"分析"→"趋势线"→"显示趋势线",或者在该窗格中右键单击并选择"趋势线"→"显示趋势线"(见图 7-10)。

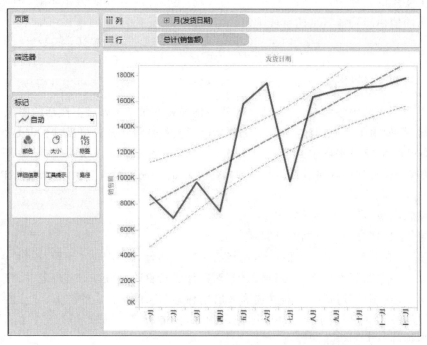

图 7-10　添加趋势线

此命令会为工作表上的每个页面、区和颜色添加一条线性趋势线。也可以从"分析"窗格中拖入此趋势线。继续下面的步骤配置趋势线。

步骤 2:选择"分析"→"趋势线"→"编辑趋势线",或者在该区中右键单击并选择"趋势线"→"编辑趋势线"以打开"趋势线选项"对话框(见图 7-11)。

(1) 选择"线性"、"对数"、"指数"或"多项式"模型类型。

(2) 可以忽略要作为趋势线模型中排除因素的特定字段。

(3) 使用"允许按颜色绘制趋势线"选项来确定是否要排除颜色。当视图中有颜色编码时,可使用此选项来添加一条趋势线,该趋势线将忽略颜色编码而对所有数据建模。

(4) 确定是否"显示置信区间"。默认情况下,当添加趋势线时,Tableau 置信区间会显示上和下 95% 置信线。"指数"模型不支持置信线。

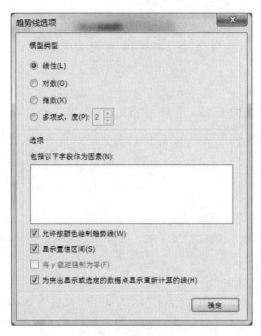

图 7-11　编辑趋势线

（5）选择是否将 Y 截距强制为零。当需要让趋势线从零开始时，此选项十分有用。仅当行功能区和列功能区都包含连续字段（就像散点图那样）时，才能使用该选项。

步骤 3：完成后，单击"确定"按钮。

若要向视图添加趋势线，两个轴必须包含一个可解释为数字的字段。例如，不能向具有"产品类别"维度的视图添加趋势线，该维度在列功能区上和行功能区的"利润"度量上包含字符串。不过，可以向一段时间内的销售额视图添加趋势线，因为销售额和时间都可以解释为数字值。

对于多维数据源，数据分层结构实际上包含字符串而不是数字。因此，不允许使用趋势线。此外，所有数据源上的"月／日／年"日期格式都不允许使用趋势线。

如果启用趋势线并以不允许使用趋势线的方式修改视图，则将不显示趋势线。将视图更改回允许趋势线的状态后，趋势线会重新显示。

步骤 4：从视图中移除趋势线的简便方式是将其拖离即可，也可以单击趋势线并选择"移除"。

若要从视图中移除所有趋势线，可选择"分析"→"趋势线"→"显示趋势线"以移除选中标记，或者在窗格中右键单击并选择"趋势线"→"显示趋势线"以移除选中标记。

下次启用趋势线时，将会保留这些趋势线选项。不过，如果在禁用趋势线的情况下关闭工作簿，则趋势线选项会恢复为默认设置。

实验确认：□学生　　　　□教师

【实验与思考】

熟悉 Tableau 预测分析

1. 实验目的

以 Tableau 系统提供的 Excel"示例-超市"文件作为数据源,依照本章教学内容,循序渐进地实际完成 Tableau 预测分析的各个案例,初步了解 Tableau 数据预测分析技巧,提高大数据可视化应用能力。

2. 工具/准备工作

在开始本实验之前,请认真阅读课程的相关内容。

需要准备一台安装有 Tableau Desktop(参考版本为 9.3)软件的计算机。

3. 实验内容与步骤

本章中以 Tableau 系统自带的 Excel"示例-超市"文件为数据源,介绍了 Tableau 各种预测分析的操作方法。

请仔细阅读本章的课文内容,执行其中的 Tableau 预测分析操作,实际体验 Tableau 预测分析的操作方法与步骤。请在执行过程中对操作关键点做好标注,在对应的"实验确认"栏中打勾(√),并请实验指导老师指导并确认。(据此作为本【实验与思考】的作业评分依据。)

请记录:你是否完成了上述各个实例的实验操作? 如果不能顺利完成,请分析可能的原因是什么。

答:_____

_____

_____

_____

4. 实验总结

_____

_____

_____

5. 实验评价(教师)

_____

_____

Tableau 仪表板

【导读案例】

Tableau 案例分析：世界指标-经济

有条件的读者，请在阅读本书这部分【导读案例】"Tableau 案例分析"时，打开 Tableau 软件，在其开始页面中单击打开典型案例"世界指标"，以研究性的态度动态地观察和阅读，以获得对 Tableau 的最大限度的理解。

在典型案例"世界指标"工作界面的下方，列举了 7 个工作表，即人口、医疗、技术、经济、旅游业、商业和故事，分别展示了现实世界的若干侧面。其中，经济工作表的界面如图 8-1 所示。

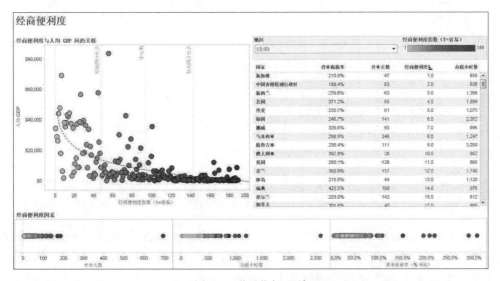

图 8-1 世界指标-经济

如图 8-1 所示，工作区中视图的左侧，以散点（气泡）图的形式介绍了世界各国经商便利度与人均 GDP 之间的关联，视图右侧以表格形式反映了世界各国的经商便利度指数（1＝容易）。

可在工作表上方的"地区"栏中选择全部、大洋洲、非洲、美洲、欧洲、亚洲或中东等不同地区。

阅读视图,通过移动鼠标,分析和钻取相关信息并简单记录。

(1) 为简化起见,在视图中选择亚洲地区。由图8-1左图可以明显看出,经商便利度指数与人均GDP有很大的相关性,例如人均GDP高,说明这个国家(或地区)经济发达,市场化程度高,因而经商便利度好。但是,经商便利度还受到其他因素的影响,请分析:

行业税税率:＿＿＿＿＿＿＿＿＿＿＿＿＿＿＿＿＿＿＿＿＿＿＿＿

开业天数:＿＿＿＿＿＿＿＿＿＿＿＿＿＿＿＿＿＿＿＿＿＿＿＿＿

办税小时数:＿＿＿＿＿＿＿＿＿＿＿＿＿＿＿＿＿＿＿＿＿＿＿

你认为还有其他重要因素吗?

答:＿＿＿＿＿＿＿＿＿＿＿＿＿＿＿＿＿＿＿＿＿＿＿＿＿＿＿＿

＿＿＿＿＿＿＿＿＿＿＿＿＿＿＿＿＿＿＿＿＿＿＿＿＿＿＿＿＿＿＿＿

＿＿＿＿＿＿＿＿＿＿＿＿＿＿＿＿＿＿＿＿＿＿＿＿＿＿＿＿＿＿＿＿

＿＿＿＿＿＿＿＿＿＿＿＿＿＿＿＿＿＿＿＿＿＿＿＿＿＿＿＿＿＿＿＿

(2) 通过信息钻取,你还获得了哪些信息或产生了什么想法?

答:＿＿＿＿＿＿＿＿＿＿＿＿＿＿＿＿＿＿＿＿＿＿＿＿＿＿＿＿

＿＿＿＿＿＿＿＿＿＿＿＿＿＿＿＿＿＿＿＿＿＿＿＿＿＿＿＿＿＿＿＿

＿＿＿＿＿＿＿＿＿＿＿＿＿＿＿＿＿＿＿＿＿＿＿＿＿＿＿＿＿＿＿＿

＿＿＿＿＿＿＿＿＿＿＿＿＿＿＿＿＿＿＿＿＿＿＿＿＿＿＿＿＿＿＿＿

(3) 请简单描述你所知道的上一周发生的国际、国内或者身边的大事。

答:＿＿＿＿＿＿＿＿＿＿＿＿＿＿＿＿＿＿＿＿＿＿＿＿＿＿＿＿

＿＿＿＿＿＿＿＿＿＿＿＿＿＿＿＿＿＿＿＿＿＿＿＿＿＿＿＿＿＿＿＿

＿＿＿＿＿＿＿＿＿＿＿＿＿＿＿＿＿＿＿＿＿＿＿＿＿＿＿＿＿＿＿＿

＿＿＿＿＿＿＿＿＿＿＿＿＿＿＿＿＿＿＿＿＿＿＿＿＿＿＿＿＿＿＿＿

＿＿＿＿＿＿＿＿＿＿＿＿＿＿＿＿＿＿＿＿＿＿＿＿＿＿＿＿＿＿＿＿

＿＿＿＿＿＿＿＿＿＿＿＿＿＿＿＿＿＿＿＿＿＿＿＿＿＿＿＿＿＿＿＿

8.1 创建仪表板

仪表板是显示在单一位置的多个工作表和支持信息的集合,它便于用户同时比较和监视各种数据。例如,用户可能有一组每天都要查看的视图,为此可以创建一个仪表板,一次显示所有视图,而不必逐个浏览每个工作表。例如,图7-1"世界指标-旅游业"就是一个由"不同时间的旅游业"工作表和"各国旅游业(收入)"工作表组成的仪表板。与工作表相似,仪表板显示为工作簿底部的标签,用数据源的最新数据进行更新。

创建仪表板时,可从工作簿的任何工作表中添加视图。还可以添加各种支持对象,例如文本区域、网页和图像。从仪表板中,可以设置格式、添加注释、向下钻取、编辑轴等。

添加到仪表板中的每个视图都连接至相应的工作表。这意味着,如果修改工作表,则会更新仪表板,如果修改仪表板中的视图,也会更新工作表。

8.1.1　创建仪表板

仪表板的创建方式与新工作表的创建方式大致相同。创建仪表板后,可以添加和移除视图和对象。例如,选择"仪表板"→"新建仪表板",或者单击工作簿底部的"新建仪表板"选项卡标签。之后,工作表的底部会添加一个仪表板标签,切换到新仪表板,可添加视图和对象(见图 8-2)。

图 8-2　新建仪表板

8.1.2　向仪表板中添加视图

打开仪表板时,"仪表板"窗格将替换工作簿左侧的"数据"窗格。"仪表板"窗格中列出了当前工作簿中的各个工作表。创建新工作表时,仪表板窗口会同步得到更新,这样,在添加至仪表板时,所有工作表都始终可用。

向仪表板中添加视图交互功能,可以了解仪表板上的视图是如何相互交互的,其操作步骤如下。

步骤 1:启动 Tableau 软件,在如图 4-8 所示的"开始"页面中单击"示例-超市"图标,软件以"只读"方式打开超市示例。单击"文件"→"另存为",另外起名,为该示例建立一个副本。

步骤 2:在"仪表板"窗格中单击某个工作表(例如"假设分析"),并将其从"仪表板"窗格拖到右侧的仪表板中。在仪表板中拖动(按住鼠标左键)工作表时,一个灰色阴影区域将提示出可以放置该工作表的各个位置。

步骤 3:根据需要,继续将不同工作表拖至仪表板中。

将视图添加至仪表板后,"仪表板"窗格中会在该工作表的标记的右下角增加"复选"标记。另外,为工作表打开的任何图例或筛选器都会自动添加到仪表板中。

实验确认:□学生　　　□教师

默认情况下,仪表板使用"平铺"布局,这样,每个视图和对象都排列到一个分层网格中。可以将布局更改为"浮动"以允许视图和对象重叠。

对于很大或很复杂的数据源,可能难以查看详细的视图。为更清晰地查看这些视图,可以创建交互仪表板来限制所显示的数据。利用 Tableau 的交互功能,可以使用一个概览工作表来筛选感兴趣的自定义级别详细信息。创建概览工作表,通过使用热图来简单地显示分类离散点。此过程需要三个步骤。

步骤 1:连接到 Excel"示例-超市"数据源,选择"工作表"→"新建工作表"。

步骤 2:按住 Ctrl 键,选择"类别"、"子类别"、"细分"、"销售额"和"利润",然后单击"智能显示",在"智能显示"对话框中选择"压力图"(热图)图表(见图 8-3)。

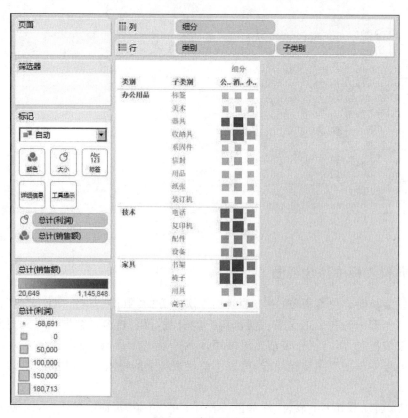

图 8-3　建立压力图

步骤 3:右键单击顶部的"细分"标签中的一个,并选择"旋转标签",可使标签显示得更完整清晰。

步骤 4:右键单击屏幕下方的工作表标签(例如"工作表 1"),选择"重命名工作表",输入"压力图"。

继续创建详细工作表。接着,可以下钻到基于客户的详细信息中。实现此目的的一种方式是集中显示销售额位居前列的客户。

步骤 1:选择"工作表"→"新建工作表"。

步骤 2：从"维度"窗格中,将"客户名称"和"省/自治区"字段拖到行功能区;从"度量"窗格中将"销售额"拖到列功能区(见图 8-4)。

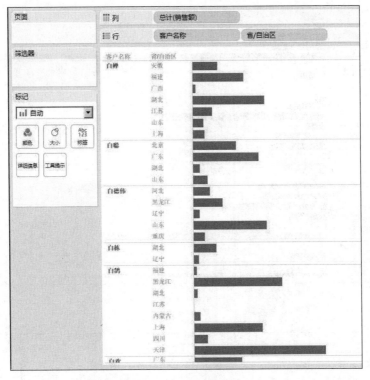

图 8-4　设置行列信息

步骤 3：在行功能区上,右键单击"客户名称",并选择"排序"。在"排序"对话框中,执行以下任务。

(1) 在"排序顺序"下,选择"降序"。

(2) 在"排序依据"下,选择"字段"。保留"销售额"和"总和"的默认设置。

步骤 4：单击"确定"按钮,得到一个很长的条形图,其中包含"示例-超市"中的每个客户,以及这些客户所花费的金额(见图 8-5)。

步骤 5：右键单击屏幕下方的该工作表标签,选择"重命名工作表",并输入"客户详细信息"。

接下来创建仪表板。创建一个用于筛选客户列表,以仅显示所需结果的仪表板。

步骤 1：选择"仪表板"→"新建仪表板"。

步骤 2：从"仪表板"窗格中将"压力图"拖至仪表板。

步骤 3：从"仪表板"窗格中将"客户详细信息"拖至仪表板中压力图的右侧。

步骤 4：单击屏幕右侧的颜色图例,将其拖到压力图的底部,以使压力图易于理解,调整压力图的边框(见图 8-6)。

步骤 5：选择压力图,单击压力图上方的"用作筛选器"图标。"客户详细信息"现在已基于压力图上所选的内容进行筛选。

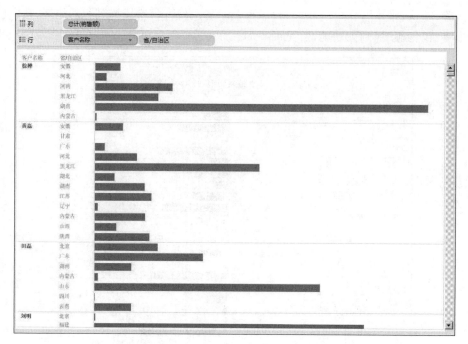

图 8-5　条形图

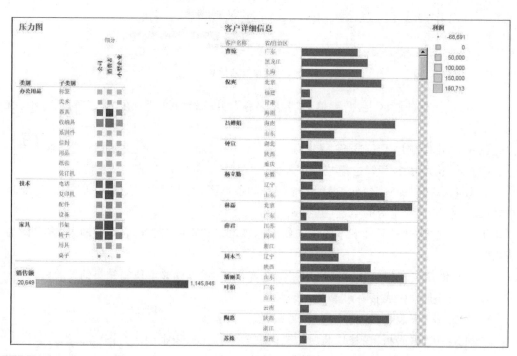

图 8-6　调整压力图

步骤 6：单击压力图中任一轴上的任何标签，将看到"客户详细信息"视图刷新以显示与之相关的数据内容。

尝试回答：

(1) 谁的纸张购买量最大,在哪个地区?

答：＿＿＿＿＿＿＿＿＿＿＿＿＿＿＿＿＿＿＿＿＿＿＿＿＿＿＿＿＿＿

(2) 谁的配件购买量最大,在哪个地区?

答：＿＿＿＿＿＿＿＿＿＿＿＿＿＿＿＿＿＿＿＿＿＿＿＿＿＿＿＿＿＿

(3) 谁的装订机购买量最大,在哪个地区?

答：＿＿＿＿＿＿＿＿＿＿＿＿＿＿＿＿＿＿＿＿＿＿＿＿＿＿＿＿＿＿

(4) 谁的复印机购买量最大,在哪个地区?

答：＿＿＿＿＿＿＿＿＿＿＿＿＿＿＿＿＿＿＿＿＿＿＿＿＿＿＿＿＿＿

(5) 谁的椅子购买量最大,在哪个地区?

答：＿＿＿＿＿＿＿＿＿＿＿＿＿＿＿＿＿＿＿＿＿＿＿＿＿＿＿＿＿＿

实验确认：□学生　　□教师

8.1.3　添加仪表板对象

仪表板用于监视和分析相关的视图和信息的集合,而仪表板对象则是仪表板中的一个区域,可以包含非 Tableau 视图的支持信息。例如,可以添加文本区域来包括详细说明,可能需要添加作为超链接目标的网页等。仪表板对象列在"仪表板"窗格中,可以添加文本、图像、网页和空白区域。

为添加仪表板对象,可将仪表板对象从"仪表板"窗格直接拖放到仪表板上。

图 8-7 是一个使用多个不同类型仪表板对象的仪表板,对象的下面列出了对象说明。

A：图像。可向仪表板中添加静态图像文件。例如,用户可能需要添加徽标或描述性图表。在添加图像对象时,系统会提示从计算机中选择图像。也可以输入联机图像的 URL。

向仪表板添加图像时,可通过选择"图像"菜单中的选项来自定义图像的显示方式。例如,可以选择是否"适合图像",这会将图像缩放为仪表板上的图像对象大小。还可以选择是否"使图像居中",这会将图像与仪表板上的图像对象的中心对齐。最后,可以"设置 URL",将图像转化为仪表板上的活动超链接。

B. 空白。通过空白对象,可向仪表板中添加空白区域以优化布局。通过单击并拖动区域的边缘可以调整空白对象的大小。

C. 文本。通过文本对象,可向仪表板中添加文本块。这对于添加标题、说明以及版权信息等很有用。文本对象将自动调整大小,以适合在仪表板中的放置位置。也可以通过拖动文本对象的边缘手动调整文本区域的大小。默认情况下,对象是透明的。要改变这种情况,可右键单击仪表板中的文本对象,然后选择"格式"。

D. 网页。通过网页对象,可将网页嵌入到仪表板中,以便将 Tableau 内容与其他应用程序中的信息进行组合。如果使用"数据"→"超链接"命令设置超链接,这时网页对象特别有用。如果视图中包含网页超链接,通过添加网页对象可以在仪表板中显示这些页面。这些链接随后会在仪表板而不是浏览器窗口中打开。

在添加网页对象时,系统会提示指定 URL。如果将仪表板发布到服务器,最佳做法

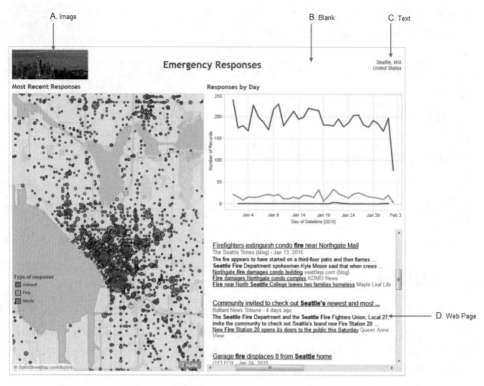

图 8-7　使用多个不同类型对象的仪表板

是将 https：//协议与 URL 动作一起使用。

将仪表板打印为 PDF 时,不会包含网页的内容。

8.1.4　从仪表板中移除视图和对象

将工作表或对象添加至仪表板之后,可通过许多不同方式将其移除,包括将其拖出仪表板、使用仪表板窗口中的上下文菜单或使用仪表板视图菜单。

为拖动移除视图或对象,可以按以下步骤操作。

步骤 1：选择要从视图中移除的视图。

步骤 2：单击视图顶部的移动控柄,将其拖离仪表板。

为使用仪表板窗口移除工作表,可在仪表板窗口中右键单击工作表,并选择"从仪表板移除",也可以使用仪表板视图菜单移除工作表或对象。

8.1.5　仪表板 Web 视图安全选项

"网页"对象允许在仪表板中嵌入网页。默认情况下,当向仪表板中添加"网页"对象时,将会启用若干 Web 视图安全选项以改进嵌入网页的功能和安全性。

为调整默认 Web 视图安全选项,可选择"帮助"→"设置和性能"→"设置仪表板 Web 视图安全性",然后清除下面列出的一个或多个选项。

（1）启用 JavaScript。如果选择此选项,则会在 Web 视图中启用 JavaScript 支持。

清除此选项可能会导致某些需要 JavaScript 的网页在仪表板中工作不正常。

（2）启用插件。如果选择此选项，则会启用网页使用的任何插件，例如 Adobe Flash 或 Quick Time 播放器。

（3）阻止弹出窗口。如果选择此选项，则会阻止弹出窗口。

（4）启用 URL 悬停动作。如果选择此选项，则会启用 URL 悬停动作。

对安全选项进行的任何更改将应用于工作簿中的所有网页对象，包括创建的新网页对象，以及在 Tableau Desktop 中打开的所有后续工作簿。若要查看所做更改，可能需要保存并重新打开工作簿。

实验确认：□学生　　　□教师

8.2　布　局　容　器

创建仪表板后，可向仪表板中添加工作表和其他对象。一种仪表板对象是"仪表板"窗格中的布局容器。布局容器有助于在仪表板中组织工作表和其他对象。这些容器在仪表板中创建一个区域，在此区域中，对象根据容器中的其他对象自动调整自己的大小和位置。例如，具有主-详细信息筛选器（可更改目标视图的大小）的仪表板在应用筛选器时可以使用布局容器自动调整其他视图。

1. 添加布局容器

添加水平布局容器可自动调整仪表板对象的宽度。添加垂直布局容器可自动调整仪表板对象的高度。

（1）将水平或垂直布局容器拖至仪表板。

（2）向布局容器中添加工作表和对象。将光标悬停于布局容器上时，会有一个蓝色框指示正在将该对象添加到布局容器流中。

（3）在对象移动和调整大小时进行观察。

（4）可以根据需要添加任意多个布局容器，甚至可在其他容器内添加布局容器。

2. 移除布局容器

移除布局容器时，会从仪表板中移除容器及其所有内容。

（1）在要删除的布局容器中选择一个对象。

（2）打开选定对象右上角的下拉菜单，选择布局容器。

（3）打开选定布局容器的下拉菜单，选择从仪表板中移除。

3. 设置布局容器的格式

可为布局容器指定阴影和边框样式，从而直观地对仪表板中的对象分组。默认情况下，布局容器是透明的，并且没有边框样式。

（1）打开要设置格式的布局容器的下拉菜单，选择设置容器格式。

（2）在"设置容器格式"窗口中，从"阴影"控件中指定颜色和不透明度。

（3）从"边框"控件中指定边框的线条样式、粗细和颜色。

4．缩放布局容器

布局容器对各种仪表板都有用，增加了对应用筛选器时对象在仪表板中的自动移动方式的控制。而且，在比较多个条形图或标靶图时，也可以使用布局容器。这种情况下，条形高度会自动调整，使两个工作表中的条形保持对齐。

实验确认：☐学生　　☐教师

8.3　组织仪表板

可通过多种方式来组织仪表板以突出显示重要信息、讲述故事或为查看者添加交互功能。例如，可以：

（1）重新排列或隐藏视图及项。

（2）指定每个视图或项在仪表板上的大小和位置。

（3）为仪表板指定平铺或浮动布局。

（4）使用布局容器，以便仪表板可基于数据显示动态调整和调整大小。

（5）通过创建工作表选择器控件，使查看器能够在仪表板上显示个别工作表。

8.3.1　平铺和浮动布局

仪表板上的每个对象都可以使用以下两个布局类型之一：平铺或浮动。平铺对象排列在一个单层网格中，该网格会根据总仪表板大小和它周围的对象调整大小。浮动对象可以层叠在其他对象上面，而且可具有固定大小和位置。

1．切换布局

默认情况下，仪表板设置为使用"平铺"布局。所有视图和对象都以平铺的形式添加。若要将对象切换为浮动，可执行以下操作之一。

（1）在仪表板中选择视图或对象，然后选择"仪表板"窗格底部的"浮动"选项。

（2）按住 Shift 键的同时将新工作表或对象拖动到该视图。或者，在仪表板中选择现有视图或对象，然后在按住 Shift 键的同时将该对象拖动到仪表板上的新位置。

同样，可通过上面所列的方法将浮动对象重新转换为平铺对象。

若要更改整个仪表板的默认布局，可单击"仪表板"窗格中间的"浮动"按钮。当仪表板设置为"浮动"布局时，任何新工作表和对象都会以浮动布局添加。

2．对浮动对象重新排序和调整大小

仪表板中的所有项都列在"仪表板"窗格的"布局"部分。"布局"部分在一个分层结构中显示平铺对象和所有浮动对象。

在分层结构中单击、按住并拖动各项可更改它们在仪表板中的层叠顺序。显示在列表顶部的项位于前面，而显示在列表底部的项位于后面。

注意：无法重新排列平铺布局项的顺序。

右键单击"仪表板"窗格的"布局"部分中的项可自定义对象以及隐藏和显示工作表的组成部分。

使用"仪表板"窗格底部的"位置"字段可指定浮动对象的精确位置。将以像素为单位的位置定义为与仪表板左上角的偏移。x 和 y 值指定对象左上角的位置。例如，若要将对象放在仪表板的左上角，应指定 $x=0$ 和 $y=0$。如果要将对象向右移动 10 个像素，则应将 x 值更改为 10。同样，若要将对象向下移动 10 个像素，应将 y 值更改为 10。输入的值可以是正或负，但必须是整数。

使用"仪表板"窗格底部的"大小"字段可指定浮动对象的精确尺寸。以像素为单位来定义大小，其中 w 为对象宽度，h 为对象高度。还可以调整浮动对象的大小，方法是在仪表板中单击并拖动选定对象的一个边缘或角。

8.3.2　显示和隐藏工作表的组成部分

将工作表拖到仪表板时，会自动显示工作表中的视图、其图例和筛选器。但是，用户可能需要隐藏工作表的某些部分，例如图例、标题、说明和筛选器。使用仪表板视图右上角的下拉菜单可以显示和隐藏工作表的这些部分。

步骤 1：在仪表板中选择一个视图。

步骤 2：单击选定视图右上角的下拉菜单，选择要显示的项。例如，可以显示标题、说明、图例以及各种筛选器。

或者，可以在"仪表板"窗格中右键单击"布局"部分中的一项来访问所有这些命令。筛选器只能用于原始视图中使用的字段。

8.3.3　重新排列仪表板视图和对象

在仪表板中重新排列视图、对象、图例和筛选器，以使它们适合于所做的分析或演示。可以使用选定的视图、图例或筛选器顶部的移动控柄重新安排仪表板的某些部分。

步骤 1：选择要移动的视图或对象。

步骤 2：单击选定项顶部的移动控柄，将其拖至新位置。

步骤 3：将该视图或对象放在新位置。

在仪表板中拖动对象时，可以放置该对象的各个位置显示为灰色阴影。

8.3.4　设置仪表板大小

可以使用仪表板窗口底部的"仪表板"区域来指定仪表板的整体尺寸。取消选择仪表板中的所有项时会显示"仪表板"区域。默认情况下，仪表板设置为"桌面"预设，即 1000×800 像素。使用下拉菜单来选择新的大小。

可选的选项如下。

（1）自动：仪表板自动调整大小，以填充应用程序窗口。

（2）精确：仪表板始终保持固定大小。如果仪表板比窗口大，仪表板将变为可滚动。

（3）范围：仪表板在指定的最小和最大尺寸之间进行缩放，之后将显示滚动条或空白。

（4）预设：从各种固定大小预设中选择，例如"信纸"、"小型博客"和 iPad。如果选择的预设大小比窗口大，则仪表板将变为可滚动。

8.4 了解仪表板和工作表

仪表板中的视图连接到它们所表示的工作表，这意味着当更改工作表时，仪表板会同步得到更新，并且对仪表板进行的更改也会影响该工作表。对仪表板中的视图添加注释、设置格式和调整大小时，应注意此交互性。

仪表板是方便的汇总和监视方式，但用户还可以通过跳转至选定工作表以返回编辑原始视图。此外，还可以直接从仪表板复制工作表，以执行深入分析，这样不会影响仪表板。最后，可以隐藏仪表板中所用的工作表，使其不在缩图、工作表排序程序或工作簿底部的标签中显示。

（1）为转到工作表，可以选择要查看完整大小的视图，然后在仪表板视图菜单上选择"转到工作表"。

（2）为复制工作表，可以选择要复制的视图，然后在仪表板视图菜单上选择"复制工作表"。

（3）为隐藏工作表，可以右键单击工作簿底部的工作表选项卡标签，并选择"隐藏工作表"。

（4）为显示隐藏的工作表，可以打开使用隐藏工作表的仪表板，在仪表板中选择隐藏的工作表，然后在仪表板视图菜单中选择"转到工作表"。或者可在"仪表板"窗格中右键单击隐藏的工作表，并选择"转到工作表"。该工作表将打开，其标签再次显示在工作簿底部。

实验确认：□学生　　□教师

【实验与思考】

熟悉 Tableau 仪表板操作

1. 实验目的

以 Tableau 系统提供的 Excel"示例-超市"文件作为数据源，依照本章教学内容，循序渐进地实际完成 Tableau 仪表板的各个案例，初步了解 Tableau 仪表板的组织技巧，提高大数据可视化应用能力。

通过示例学习，了解如何使用 Tableau 通过仪表板来组织数据的可视化表达。

2. 工具/准备工作

在开始本实验之前，请认真阅读课程的相关内容。

需要准备一台安装有 Tableau Desktop(参考版本为 9.3)软件的计算机。

3. 实验内容与步骤

本章中以 Tableau 系统自带的 Excel"示例-超市"文件为数据源,介绍了 Tableau 仪表板的操作方法。

请仔细阅读本章的课文内容,执行其中的 Tableau 仪表板操作,实际体验 Tableau 仪表板的操作方法与步骤。请在执行过程中对操作关键点做好标注,在对应的"实验确认"栏中打勾(√),并请实验指导老师指导并确认。(据此作为本【实验与思考】的作业评分依据。)

请记录:你是否完成了上述各个实例的实验操作? 如果不能顺利完成,请分析可能的原因是什么。

答: _____

_____

_____

_____

4. 实验总结

_____

_____

_____

_____

5. 实验评价(教师)

_____

_____

Tableau 故事

【导读案例】

Tableau 案例分析：世界指标-故事

有条件的读者，请在阅读本书这部分【导读案例】"Tableau 案例分析"时，打开 Tableau 软件，在其开始页面中单击打开典型案例"世界指标"，以研究性的态度动态地观察和阅读，以获得对 Tableau 的最大限度的理解。

在典型案例"世界指标"工作界面的下方，列举了 7 个工作表，即人口、医疗、技术、经济、旅游业、商业和故事，分别展示了现实世界的若干侧面。其中，故事工作表以 Tableau 故事的形式综合展示了世界指标的各项分析（见图 9-1）。

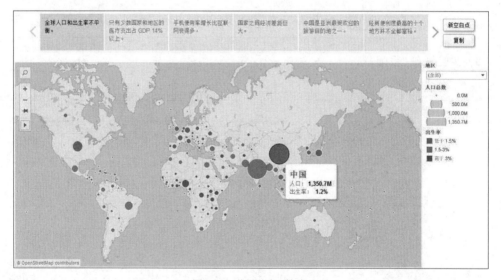

图 9-1　世界指标-故事

如图 9-1 所示，屏幕右侧随打开的不同故事会出现不同的选择栏目，例如，针对第一个故事点，右侧出现的"地区"栏下拉菜单中可选择全部、大洋洲、非洲、美洲、欧洲、亚洲或中东等不同选项，以打开对应的全球或不同地区地图，查看对应的可视化分析内容。

阅读视图，通过移动鼠标，分析和钻取相关信息并简单记录。

（1）在工作区上方的导航器中单击各个故事点，可选择阅读不同的可视化分析内容，通过鼠标指针在视图中的移动和点击,可动态分析和了解各项指标的具体细节。

请单击故事点,查看故事描述与视图内容的对应关系,体会故事工作表的设计意图。

(2) 通过信息钻取,你还获得了哪些信息或产生了什么想法?

答:_____

_____

_____

_____

(3) 请简单描述你所知道的上一周发生的国际、国内或者身边的大事。

答:_____

_____

_____

_____

_____

9.1　故事工作区

故事是一个包含一系列共同作用以传达信息的工作表或仪表板工作表(见图 9-2)。用户可以创建故事以揭示各种事实之间的关系,提供上下文,演示决策与结果的关系,或者只是创建一个极具吸引力的案例。

故事是一个工作表,因此用于创建、命名和以其他方式管理工作表和仪表板的方法同样适用于故事。同时,故事还是按顺序排列的工作表集合,故事中各个单独的工作表称为"故事点"。

Tableau 故事不是静态屏幕截图的集合,事实上,各故事点仍与基础数据保持连接并随基础数据的更改而更改,或随故事更改中所用视图和仪表板的更改而更改。当分享故事(例如,通过将工作簿发布到 Tableau Server 或 Tableau Online)时,用户也可以与故事进行交互,以揭示新的发现结果或提出有关数据的新问题。

用户可通过许多不同方式使用故事,例如:

(1) 使用故事来构建有序协作分析,供自己或供与同事协作时使用。显示数据随时间变化的效果,或执行假设分析。

(2) 将故事用作演示工具,向受众叙述某个事实。就像仪表板提供相互协作的视图的空间排列一样,故事可按顺序排列视图或仪表板,以便为受众创建一种叙述流。

可通过许多不同方式构建故事。例如,故事中的每个故事点都可以基于不同工作表或仪表板。反之,每个故事点都可以基于一个为每个故事点自定义的工作表或仪表板,这可能会在每个新故事点中添加更多信息。通常需要结合这些方法,对某些故事点使用新

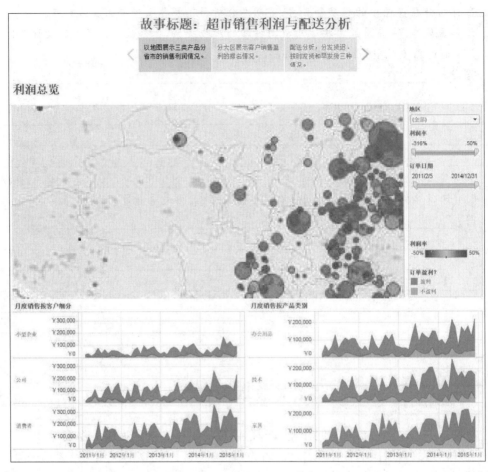

图 9-2　Tableau 可视化故事

工作表,并为其他故事点自定义同一工作表。

　　处理故事时,可以使用以下控件、元素和功能。下面列出了相关说明(见图 9-3)。

　　A:"仪表板和工作表"窗格。可以执行以下操作。

　　(1) 将仪表板和工作表拖到故事中。

　　(2) 向故事点中添加说明。

　　(3) 选择显示或隐藏导航器按钮。

　　(4) 配置故事大小。

　　(5) 选择显示故事标题。

　　B:"故事"菜单。可以执行以下操作。

　　(1) 打开"设置故事格式"窗格。

　　(2) 将当前故事点复制为图像。

　　(3) 将当前故事点导出为图像。

　　(4) 清除整个故事。

　　(5) 显示或隐藏导航器按钮和故事标题。

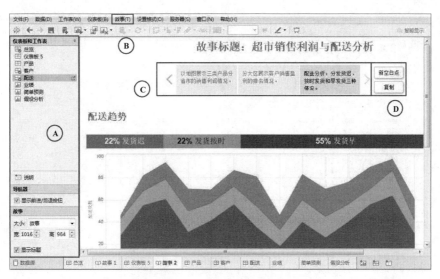

图 9-3　处理故事的控件

C：导航器。可用来编辑、组织和标注所有故事点。也可以使用导航器按钮在整个故事中移动。

（1）导航器按钮。单击导航器右侧的向前箭头→向前移到一个故事点，单击导航器左侧的向后箭头→向后移到一个故事点。也可以使用将鼠标悬停在导航器时出现的滑块在所有故事点之间快速滚动，然后选择一个故事点以查看或编辑。

（2）故事点。导航器中的当前故事点将以不同颜色突出显示，指明它处于选定状态。

在添加故事点或对其进行更改时，可以选择更新故事点以保存更改、恢复任何更改或删除故事点。

D：用于添加新故事点的选项。创建故事点之后，可以选择若干不同的选项来添加另一个点。若要添加新故事点，可以执行以下操作。

（1）添加新的空白点。

（2）将当前故事点保存为新点。

（3）复制当前故事点。

9.2　创 建 故 事

为从现有工作表和仪表板创建故事，可按以下步骤进行。

步骤 1：在屏幕右下角单击"新建故事"按钮，Tableau 将打开一个新故事输入界面作为切入点。

步骤 2：在屏幕的左下角"故事"栏中选择故事的大小。从预定义的大小中选择一个（见图 9-4），或以像素为单位设置自定义大小。选择大小时要考虑到目标平台，而不是在其中创建故事的平台。

步骤 3：若要向故事添加标题，可双击"故事标题"以打开"编辑标题"对话框。可以在

图 9-4　打开一个新故事并设置故事大小

对话框中输入标题,选择字体、颜色和对齐方式。单击"应用"按钮查看所做的更改。

步骤 4:从"仪表板和工作表"区域将一个工作表拖到故事中,并放置到视图中心位置。

步骤 5:单击"添加标题"以概述故事点。如果想要提供更多信息,可在每个故事点内添加说明和注释。

步骤 6:自定义故事点。可以通过以下任一方式自定义故事点。

(1)通过选择标记范围;

(2)通过筛选视图中的字段;

(3)通过对视图中的字段进行排序;

(4)通过放大或平移地图;

(5)通过添加描述框;

(6)通过添加注释;

(7)通过更改视图中的参数值;

(8)通过编辑仪表板文本对象;

(9)通过在视图内的分层结构中下钻或上钻。

步骤 6-1:从"仪表板和工作表"窗格中将工作表拖到故事点后,该工作表仍然保持与原始工作表的连接。如果修改原来的工作表,所做的更改将会自动反映在使用此工作表的故事点上。但是,在故事点中所做的更改不会自动更新原来的工作表。

步骤 6-2:向故事点中添加说明。为此,可在左侧"仪表板和工作表"窗格中双击"说明"。可以向一个故事点中添加任何数量的说明。

说明不会附加到故事点中的标记、点或区域上,可将它们放到任意所需位置。此外,说明仅存在于向其中添加说明的故事点上,它们不会影响基础工作表或故事中的任何其他故事点。

步骤 6-3:在添加描述框后,单击它以选择并放置它。选择了说明框时,可以通过单击其边框上的下拉箭头打开菜单、编辑说明、设置说明格式、设置其相对于它可能覆盖的其他任何说明框的浮动顺序、取消选择,或将其从故事点移除。

步骤 6-4:修改故事点之后,可单击其边框上的"更新"保存所做的更改,或者单击"回退"(圆圈箭头)将故事点还原为其以前的状态。

步骤 7:添加另一个故事点。可以通过多种方式添加另一个故事点。

(1) 如果想将另一个工作表用于下一个故事点,则单击"新建空白点"。

(2) 如果希望将当前故事点用作新故事点的起点,则单击"复制"。随后自定义第二个故事点中的视图或工作表,使其与原来的故事点有所不同。

(3) 单击"另存为新点"。此选项仅在开始自定义故事点时才会出现。完成后,"复制"按钮变为"另存为新点"按钮。单击"另存为新点"可将自定义项另存为新故事点。原始故事点保持不变。

步骤 8:继续添加故事点,直到故事完成。

实验确认:□学生　　□教师

9.3　设置故事的格式

可以通过以下方式设置故事的格式。

9.3.1　调整标题大小

有时一个或多个选项中的文本太长,无法放在导航器的高度范围内。在这种情况下,可以纵向和横向调整说明大小。

步骤 1:在导航器中,选择一个说明。

步骤 2:拖动左边框、右边框或下边框以横向调整说明大小,拖动下边框以纵向调整大小,或者选择一个角并沿对角线方向拖动以同时调整说明的横向和纵向大小。

导航器中的所有说明将更新为新大小。

可以使仪表板恰好适合于故事的大小。例如,如果故事恰好为 800×600 像素,则可以缩小或扩大仪表板以适合放在该空间内。要使仪表板适合放在故事中,可在仪表板中单击"仪表板大小"下拉菜单,并选择想要使仪表板适合于放在其中的故事。

9.3.2　"设置故事格式"窗格

要打开"设置故事格式"窗格,请选择"格式"→"故事"。在"设置故事格式"窗格中,可以设置故事的以下任何部分的格式。

故事阴影:若要为故事选择阴影,可在"设置故事格式"窗格中单击"故事阴影"下拉控件。可以选择故事的颜色和透明度。

故事标题：可以调整故事标题的字体、对齐方式、阴影和边框。若要设置标题格式，请单击"设置故事格式"窗格的"故事标题"部分中的下拉控件之一。

导航器：可以在"设置故事标题"的"导航器"部分中调整导航器的字体和阴影。

字体：要调整导航器字体，请单击"字体"下拉控件。可以调整字体的样式、大小和颜色。

阴影：要为导航器选择阴影，请单击"阴影"下拉控件。可以选择导航器的颜色和透明度。在导航器中移动时，标题颜色和字体将更新以指示当前选择的故事点。

如果故事包含任何说明，可以在"设置故事格式"窗格中设置所有说明的格式。可以调整字体，以及向说明中添加阴影边框。

清除所有格式设置：若要将故事重置为默认格式设置，可单击"设置故事格式"窗格底部的"清除"按钮。若要清除单一格式设置，请在"设置故事格式"窗格中右键单击要撤销的格式设置，然后选择"清除"。举例来说，如果要清除故事标题的对齐，请在"故事标题"部分右键单击"对齐"，然后选择"清除"。

实验确认：□学生　　　□教师

9.4　更新与演示故事

可以通过以下任一方式更新故事。

（1）修改现有故事点。为此，可在导航器中单击它，然后进行更改。用户甚至可以替换基础工作表，方法是将不同的工作表从"仪表板和工作表"区域拖到故事窗格中。

（2）删除故事点。为此，可在导航器中单击它，然后单击紧靠框上方的×（删除图标）。如果意外删除了一个故事点，还可单击"撤销"按钮将其还原。

（3）插入故事点。若要在故事末尾以外的某个位置插入新故事点，可添加一个故事点，然后将其拖到导航器中的所需位置并放下，故事点将插入到指定位置。

或者，如果要将工作表拖到故事中，只需将其放置在导航器中两个现有的故事点之间。

（4）重新排列故事点。可以根据需要，使用导航器在故事内拖放故事点。

要演示故事，可使用演示模式。单击工具栏上的"演示模式"按钮可进入和退出演示模式。要退出演示模式，可按 Esc 键。

也可以将包含故事的工作簿发布到 Tableau Server、Tableau Online，或将其保存到 Tableau Public。在发布故事之后，用户随后可以打开故事并在故事点之间导航，或者与故事交互，就像他们与视图和仪表板交互那样。但是，Web 用户无法创作故事或永久修改已发布的故事。

实验确认：□学生　　　□教师

【实验与思考】

示例：奥斯汀的教师更替情况（故事）

1. 实验目的

（1）以 Tableau 系统提供的 Excel"示例-超市"文件作为数据源，依照本章教学内容，循序渐进地实际完成 Tableau 可视化故事的各个案例,初步了解 Tableau 可视化故事分析技巧。

(2) 深入了解 Tableau 典型案例"奥斯汀的教师更替情况",了解如何使用 Tableau 通过数据来讲述故事,提高大数据可视化设计技巧和应用能力。

2. 工具/准备工作

在开始本实验之前,请认真阅读课程的相关内容。

需要准备一台安装有 Tableau Desktop(参考版本为 9.3)软件的计算机。

3. 实验内容与步骤

1) 课文实践

本章中以 Tableau 系统自带的 Excel"示例-超市"文件为数据源,介绍了 Tableau 可视化故事的操作方法。

请仔细阅读本章的课文内容,执行其中的 Tableau 可视化故事操作,实际体验 Tableau 可视化故事的操作方法与步骤。请在执行过程中对操作关键点做好标注,在对应的"实验确认"栏中打勾(√),并请实验指导老师指导并确认。(据此作为本【实验与思考】的作业评分依据。)

请记录:你是否完成了上述各个实例的实验操作? 如果不能顺利完成,请分析可能的原因是什么。

答:_____

_____

_____

2) 浏览与分析示例故事

Tableau 可视化库中包含十分丰富的 Tableau 可视化优秀作品,这些作品都可以通过互动操作动态地深入钻取或者广泛了解更多的相关信息。

步骤 1:登录 Tableau(中文简体)官方网站 https://www.tableau.com/zh-cn,将鼠标指针指向屏幕上方的"故事"项,在屏幕中弹出的选项(见图 9-5)中单击"Tableau 可视化库"图标,打开 Tableau 可视化库(见图 9-6)。

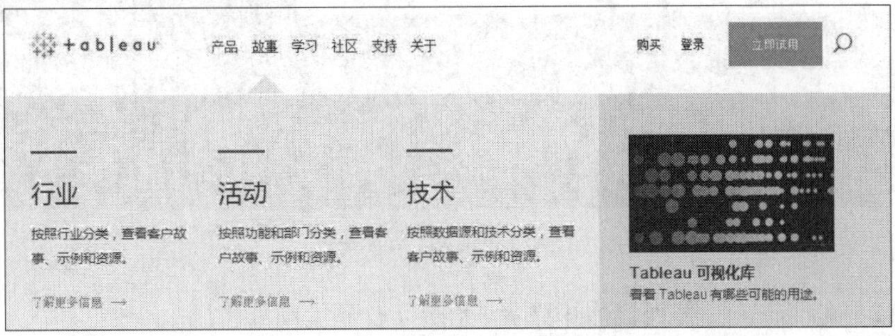

图 9-5　Tableau 官网"故事"选项

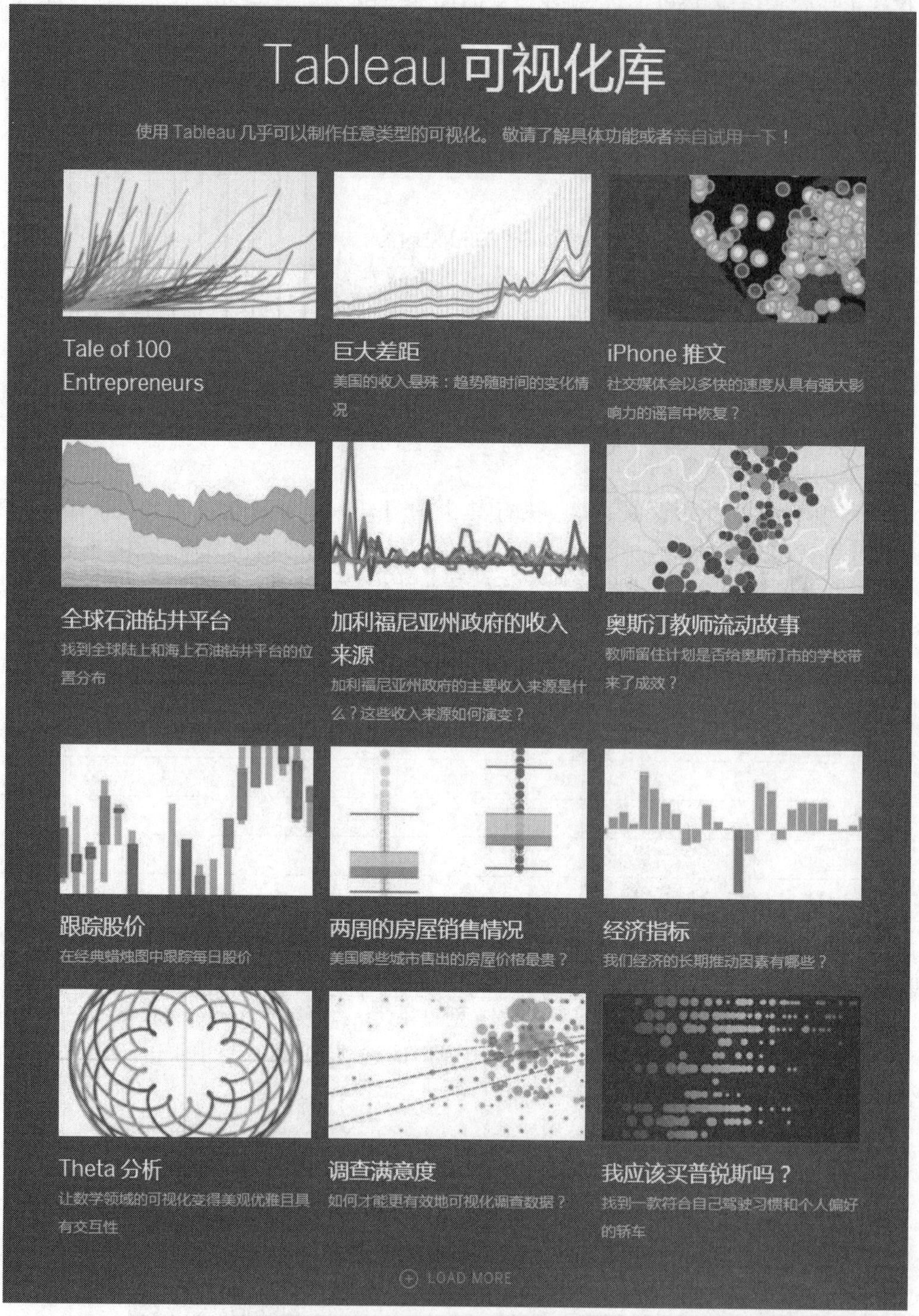

图 9-6　Tableau 可视化库

步骤 2：在 Tableau 可视化库中选择"奥斯汀教师流动故事"。

与美国很多学区一样，德克萨斯州奥斯汀市的学区同样面临着一个旷日持久的难题：

如何才能招到并留住教师。2010 年,该市斥资数百万美元启动了一项名为"Reach"(覆盖)的计划,旨在遏制教师流动现象。此仪表板采用了 Tableau"故事点"功能,将这些数据转化成可立即吸引受众注意的故事。

步骤 3:故事点 1。如图 9-7 所示的故事点 1 仪表板展示了:教师更替是全市都存在的问题,但 2013 年,东奥斯汀的教师更替情况尤其糟糕。

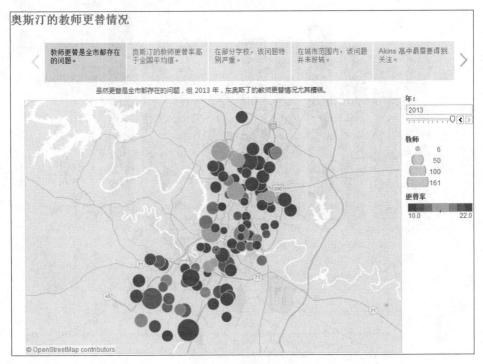

图 9-7　故事点 1

请阅读视图,通过鼠标指针在视图中的移动和单击,动态分析和了解各项指标的具体细节,分析和钻取相关信息并简单记录:通过信息钻取,你获得了哪些信息或产生了什么想法?

答:_____

_____

_____

_____

_____

步骤 4:故事点 2。如图 9-8 所示的故事点 2 仪表板展示了:奥斯汀教师的年更替率。大多数年份的更替率高于全国平均值。

请阅读视图,通过鼠标指针在视图中的移动和单击,动态分析和了解各项指标的具体细节,分析和钻取相关信息并简单记录:通过信息钻取,你获得了哪些信息或产生了什么想法?

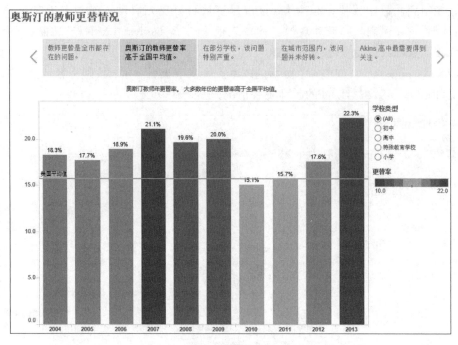

图 9-8　故事点 2

答：_____

_____

_____

_____

_____

步骤 5：故事点 3。在如图 9-9 所示的故事点 3 仪表板展示了：在部分（三所）学校中，教师更替情况更为严重。

请阅读视图，通过鼠标指针在视图中的移动和单击，动态分析和了解各项指标的具体细节，分析和钻取相关信息并简单记录：通过信息钻取，你获得了哪些信息或产生了什么想法？

答：_____

_____

_____

_____

_____

步骤 6：故事点 4。如图 9-10 所示的故事点 4 展示了：有报告称，即使投入了数百万美元，但计划的执行并没有降低教师更替率。

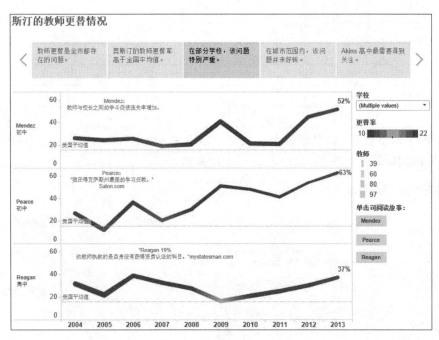

图 9-9 故事点 3

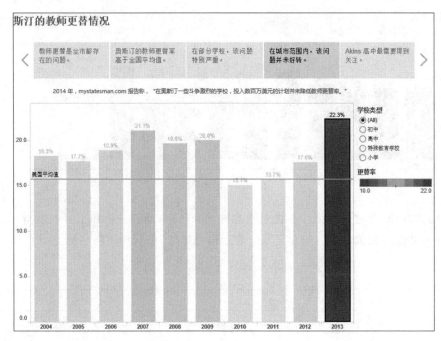

图 9-10 故事点 4

请阅读视图,通过鼠标指针在视图中的移动和单击,动态分析和了解各项指标的具体细节,分析和钻取相关信息并简单记录:通过信息钻取,你获得了哪些信息或产生了什么想法?

答：_____

_____

_____

_____

_____

步骤 7：故事点 5。如图 9-11 所示的故事点 5 展示了：Aking 高中的教师更替率在经过了持续较低的几年后，在 2013 年达到了最高值。

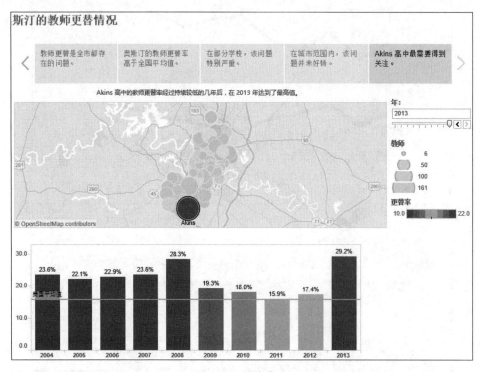

图 9-11　故事点 5

请阅读视图，通过鼠标指针在视图中的移动和单击，动态分析和了解各项指标的具体细节，分析和钻取相关信息并简单记录：通过信息钻取，你获得了哪些信息或产生了什么想法？

答：_____

_____

_____

_____

_____

请记录：你是否完成了上述各个实例的实验操作？如果不能顺利完成，请分析可能的原因是什么。

答：_____

_____

_____

_____

4. 实验总结

_____

_____

_____

5. 实验评价（教师）

_____

_____

Tableau 分享与发布

【导读案例】

Tableau 案例分析：加州政府的收入来源

在预算紧缩时代，政府机构需要了解自己财政收入的具体来源，还有这些来源随时间的变化情况，以及预计未来发生的变化。

在 Tableau 可视化库中选择（单击）"加利福尼亚州政府的收入来源"（见图 10-1）。此仪表板显示了加利福尼亚州政府的主要收入来源及其历史趋势。单击图中瀑布图上的收入来源即可筛选历史视图。

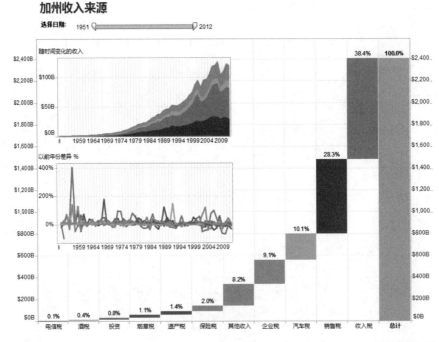

图 10-1　加州政府的收入来源

阅读视图，通过移动鼠标，分析和钻取相关信息并简单记录。

（1）在"以前年份差异％"中，有一个突变的数据点，请分析：

财年：_____

来源：_____

与以前的金额差异值%：_____

可能进一步了解到的幕后故事：_____

_____

（2）通过信息钻取，你还获得了哪些信息或产生了什么想法？

答：_____

_____

_____

_____

（3）请简单描述你所知道的上一周发生的国际、国内或者身边的大事。

答：_____

_____

_____

_____

_____

10.1　导出和发布数据（源）

Tableau 对于导出一个工作表所使用的部分或者全部数据提供了多种方法，而导出工作簿中所使用的数据源也有多种方式，如导出成.tds（数据源）文件、.tdsx（打包数据源）文件或者.tde（数据提取）文件。有时也可能需要把不同类型的数据源发布到 Tableau 服务器上，以便让更多的人可以查看、使用、编辑或者更新。

10.1.1　通过将数据复制到剪贴板导出数据

为体验导出数据（源）的操作，操作步骤如下。

步骤 1：启动 Tableau 软件，在如图 4-8 所示的"开始"页面单击"示例-超市"图标，打开超市示例。

步骤 2：在视图上右击并在弹出的快捷菜单上单击"全选"，或者在视图上右击并在弹出的快捷菜单上选择"复制"→"数据"，或者通过选择"工作表"→"复制"→"数据"，这样就会把视图中的数据复制到剪贴板中。打开 Excel 工作表，然后将数据粘贴到新工作表中即可导出数据。

或者，步骤 3：也可以在视图上右击并在弹出的快捷菜单上单击"查看数据"，此时会弹出"查看数据"窗口（见图 10-2）。在窗口中选择要复制的数据，然后单击窗口右上角的"复制"按钮即会把视图中的数据复制到剪贴板中。打开 Excel 工作表，然后将数据粘贴到新工作表中，即可导出数据。

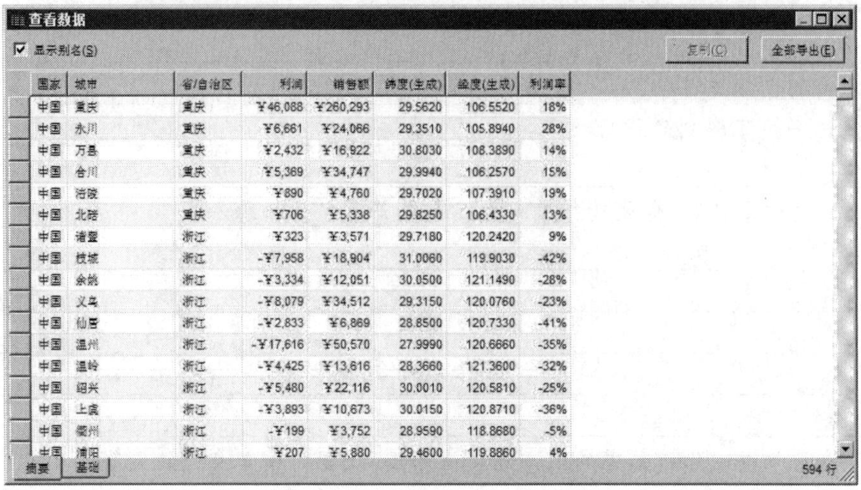

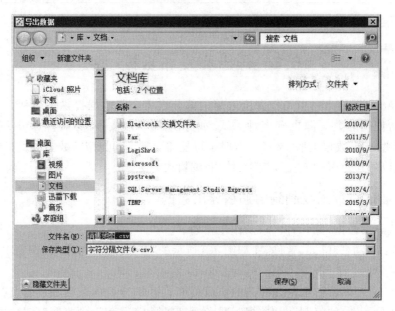

图 10-2 "查看数据"窗口

或者,步骤4:单击"查看数据"窗口右上角的"全部导出"按钮将会打开"导出数据"对话框(见图10-3),可在这里选择一个用于保存导出数据的位置,然后单击"保存"按钮,这样可以把全部数据导出为文本文件(逗号分隔)。

图 10-3 导出数据为文本文件(.csv)

或者,步骤5:还可以在视图上右击,并在弹出的快捷菜单上选择"复制"→"交叉表",从而把交义表(文本表)形式的视图数据复制到剪贴板。然后,打开 Excel 工作表,将数据粘贴到新工作表中,即可导出数据。

但是,不能对解聚的数据视图使用此种方法导出数据,因为交叉表是聚合数据视图。换言之,若要使用此方法导出数据,必须选择"分析"菜单中的"聚合度量"选项。

10.1.2　以交叉分析(Excel)方式导出数据

选择菜单栏中"工作表"→"导出"→"交叉分析 Excel"，Tableau 将自动创建一个 Excel 文件，并把当前视图中的交叉表数据粘贴到这个新的 Excel 工作簿中。

将交叉表复制到 Excel 更为直接，但由于它会带格式复制数据，因此可能会降低性能。如果需要导出的视图包含大量数据，会看到一个对话框，要选择是否复制格式设置选项，如果选择不复制格式则可以提高性能。此外，不能对解聚的数据视图使用此方法，因为交叉表是聚合数据视图。

此外，也可以以 Access 数据库文件的方式导出当前工作表中的数据，方法是选择"工作表"→"导出"→"数据"，在弹出对话框中为待导出的 Access 数据库文件指定存放路径和文件名(Access 数据库的文件扩展名为.mdb)。

10.1.3　导出数据源

有两种方法可以将所有数据或数据子集导出到新数据源。

第一种方法是在"数据"菜单上选择数据源，然后选择"添加到已保存的数据源"来导出数据源。这种方法将会以数据源(.tds)文件或打包数据源(.tdsx)文件保存数据。

第二种方法是使用 Tableau 数据提取导出数据源，这种方法创建的是数据源的已保存子集(.tde)文件，可用于提高性能，还可提供对数据的脱机访问，从而进行脱机分析。

1. 利用"添加到已保存的数据源"导出数据源

通过"数据"→"<数据源名称>"→"添加到已保存的数据源"(见图 10-4)可以导出数据源文件(.tds)和打包数据源文件(.tdsx)，使用这种方式导出的数据源不必在每次需要使用该数据源时都创建新连接。因此，如果经常多次连接同一数据源，推荐用这种方式导出数据源。

在"添加到已保存的数据源"对话框中选择一个用于保存数据源文件的位置。默认情况下，数据源文件存储在 Tableau 存储库的数据源文件夹中。如果不更改存储位置，新.tds或.tdsx 文件将在开始页面中的"数据"区域中的"已保存数据源"部分中列出。

由图 10-4 可以看出，可采用以下两种格式来导出数据源。

(1) 数据源(.tds)。如果连接的是本地文件数据源(Excel、Access、文本、数据提取)，导出的数据源文件(.tds)包含数据源类型和文件路径。如果连接的是实时数据源，导出的数据源文件(.tds)包含数据源类型和数据源连接信息(服务器地址、端口、账号)。无论连接到本地文件还是数据库服务器数据源，数据源文件(.tds)都还包括数据源的默认属性(数字格式、聚合方式和排序顺序等)和自定义字段(如组、集、计算字段和分级字段)。

(2) 打包数据源(.tdsx)。如果连接的是本地文件数据源(Excel、Access、文本、数据提取)，导出的打包数据源文件(.tdsx)不但包含数据源文件(.tds)中的所有信息，还包含本地文件数据源的副本，因此可与无法访问你计算机上本地存储的原始数据的人共享.tdsx 数据源。如果连接的是实时数据源，采用打包数据源(.tdsx)和数据源(.tds)两种格式所导出文件包含的内容完全相同。

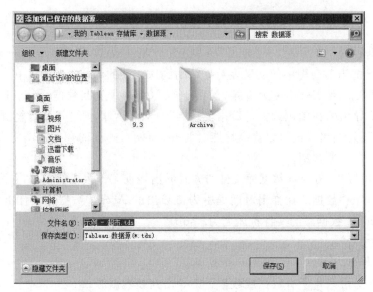

图 10-4　利用"添加到已保存的数据源"导出数据源

如果创建了参数，并在自定义字段时使用了参数，之后使用"添加到已保存的数据源"方式导出数据源文件(.tds 或.tdsx)，数据源文件中将包含创建的参数；如果仅创建了参数，但没有被自定义字段使用，之后使用"添加到已保存的数据源"方式导出数据源文件(.tds 或.tdsx)，数据源文件中将不包含创建的参数。

打包数据源.tdsx 文件类型是一个压缩文件，可用于与无法访问你计算机上本地存储的原始数据的人共享数据源。

2. 利用"数据提取"导出数据源

通过"数据"→"<数据源名称>"→"提取数据"打开"提取数据"对话框(见图 10-5)。在对话框中，可以定义筛选器来限制将提取的数据，也可以指定是否聚合数据来进行数据提取(如果对数据进行聚合可以最大限度地减小数据提取文件的大小并提高性能，如按照月度聚合数据)，还可以选定想要提取的数据行数，或者指定数据刷新方式(增量刷新或者完全刷新)，完成后请单击"数据提取"。在随后显示的对话框中要选择一个用于保存提取数据的位置，然后为该数据提取文件指定文件名称，最后单击"保存"按钮便可创建数据提取文件(.tde)并完成数据源的导出。

用这种方式导出数据源有很多好处：可以避免频繁连接数据库，从而减轻数据库负载；若进行包含数据样本的数据提取，在制作视图时，不必在每次将字段放到功能区上时都执行耗时的查询，因而可以提高性能；在不方便新建数据源服务器时，数据提取可提供对数据的脱机访问，进行脱机分析；而且当基础数据发生改变时，还可以刷新提取数据，与数据库服务器端的数据保持一致。

使用数据提取方式导出的数据源文件(.tde)，包括数据源类型、数据源连接信息、默认属性(数字格式、聚合方式和排序顺序等)和自定义字段(如组、集、计算字段和分级字

图 10-5 "提取数据"对话框

段),但不包含参数。如果创建自定义字段时使用了参数,并且之后进行了数据提取,那么再使用提取数据时,使用了参数的自定义字段将变成无效字段。

10.1.4 发布数据源

还可以将本地文件数据源或实时连接的数据库数据源发布到 Tableau Online 服务器或 Tableau Server 服务器。将数据源发布到 Tableau Server 和发布到 Tableau Online 服务器上的方法类似。

在"数据"菜单上选择数据源,然后选择"发布到服务器"。如果尚未登录 Tableau Server,则会弹出"Tableau Server 登录"对话框,请在对话框中输入服务器名称或 URL、用户名和密码(见图 10-6)。

图 10-6 连接 Tableau Server 服务器

成功登录 Tableau Server 服务器后会看到"将数据源发布到 Tableau Server"对话框。在对话框中需要指定以下内容。

(1)项目。一个项目就像是一个可包含工作簿和数据源的文件夹,在 Tableau Server 上创建。Tableau Server 自带一个名为"默认值"的项目,所有数据源都必须发布到项目中。

（2）名称。在"名称"文本框中提供数据源的名称。使用下拉列表选择服务器上的现有数据源，使用现有数据源名称进行发布时，服务器上的数据源将被覆盖。发布者必须具有"写入/另存到 Web"权限才能覆盖服务器上的数据源。

（3）身份验证。如果数据源需要用户名和密码，则可以指定在将数据源发布到服务器上时应如何处理身份验证。可用选项取决于所发布的数据源的类型：当发布的数据源是本地文件时，身份验证只有"无"选项；当发布数据提取数据源时，身份验证有"无"和"嵌入式密码"两个选项；当发布的数据源是实时新建数据源时，身份验证有"提示用户"和"嵌入式密码"两个选项。

（4）添加标记。可以在"标记"文本框中输入一个或多个描述数据源的关键字。在服务器上浏览数据源时，标记可帮助查找数据源。各标记应通过逗号或空格来分隔，如果标记中包含空格，则输入该标记时应将其放在引号中（如"Profit Data"）。

所发布的数据源的类型不同，"将数据源发布到 Tableau Server"对话框中的选项也会略有差异。

实验确认：□学生　　□教师

10.2　导出图像和 PDF 文件

通过复制图像、导出图像以及打印为 PDF 这三种方式，可将 Tableau 动态交互文件转换为打印的静态文件，以导出 Tableau 页面。

10.2.1　复制图像

在工作表工作区环境下，选择"工作表"→"复制"→"图像"，并在弹出的"复制图像"对话框中选择要包括在图像中的内容以及图例布局（如果该视图包含图例），然后单击"复制"按钮，此时 Tableau 会将当前视图复制到剪贴板中（见图 10-7）。

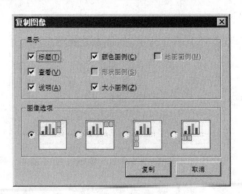

图 10-7　复制图像

在仪表板工作区环境下选择"仪表板"→"复制图像"，或者在故事工作区环境下选择"故事"→"复制图像"，可以将仪表板中的整个视图或故事中当前故事点的整个视图复制到剪贴板。用这两种方法复制图像均不会弹出"复制图像"对话框。

把视图复制至剪贴板中后，可以打开目标应用程序，然后从剪贴板粘贴。

10.2.2　导出图像

选择菜单栏中的"工作表"→"导出"→"图像"，并在弹出的"导出图像"对话框（类似图 10-6）中选择要包括在图像中的内容以及图例布局（如果该视图包含图例），然后单击"保存"按钮，此时弹出"保存图像"对话框（见图 10-8）。

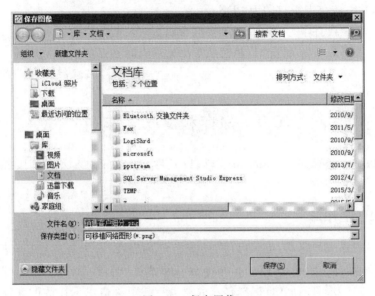

图 10-8　保存图像

还可以在仪表板工作区环境下选择"仪表板"→"导出图像"，或者在故事工作区环境下选择"故事"→"导出图像"，同样会看到"保存图像"对话框。

导出图像与复制图像不同，导出图像会弹出"保存图像"对话框，在对话框中可以对导出图片的类型（如 jpg、png、bmp 等）、名称和路径进行设置。

10.2.3　打印为 PDF

选择菜单栏中的"文件"→"打印为 PDF"，并在弹出的"打印为 PDF"对话框中单击"确定"按钮，这样可以将一个视图、一个仪表板、一个故事或者整个工作簿发布为 PDF（见图 10-9）。

通过"打印为 PDF"对话框选择和设置以下选项。

（1）打印范围设置：选择"整个工作簿"选项将把工作簿中的所有工作表发布为 PDF，选择"当前工作表"将仅发布工作簿中当前显示的工作表，选择"选定工作表"选项仅发布选定的工作表。

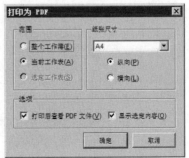

图 10-9　打印为 PDF

（2）纸张尺寸选择：可以利用"纸张尺寸"下拉菜单选择打印纸张大小。如果"纸张尺寸"选择为"未指定"，则纸张尺寸将扩展至能够在一页上放置整个视图的所需大小。

（3）选项：如果选中"打印后查看PDF文件"选项，创建PDF后将自动打开文件，但请注意只有在计算机上安装了Adobe Acrobat Reader或Adobe Acrobat时才会提供此选项。如果选中"显示选定内容"选项，视图中的选定内容将保留在PDF中。

说明：

（1）打印工作表时，不包含快速筛选器。若要显示快速筛选器，可创建一个包含工作表的仪表板，并将该仪表板打印为PDF。

（2）在将仪表板打印为PDF时，不会包含网页对象的内容。

（3）在将故事打印为PDF时，将把故事中的所有故事点都发布为PDF。

实验确认：□学生　　□教师

10.3　保存和发布工作簿

用户可以保存配置好的Tableau文件，以及将Tableau内容发布到服务器进行成果共享和发布。

10.3.1　保存工作簿

工作簿是工作表的容器，用于保存创建的工作内容，由一个或多个工作表组成。在打开Tableau Desktop应用程序时，Tableau会自动创建一个新工作簿。选择"文件"→"保存"，会弹出"另存为"对话框（首次保存才会弹出），其中要指定工作簿的文件名和保存路径（见图10-10）。

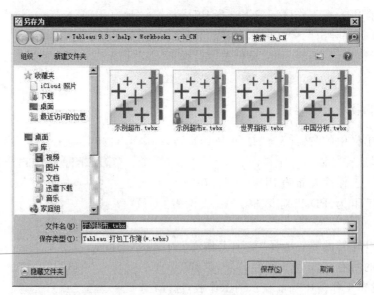

图10-10　保存工作簿

默认情况下，Tableau 使用.twbx 扩展名来保存文件，默认位置为 Tableau 存储库中的工作簿文件夹，但也可以选择将 Tableau 工作簿保存到任何其他目录。

若要另外保存已打开工作簿的副本，可选择"文件"→"另存为"，然后用新名称保存文件。

10.3.2　保存打包工作簿

保存成工作簿文件时也将保存指向数据源和其他一些资源（如背景图片文件、自定义地理编码文件）的链接，下次打开该工作簿时将自动使用相关数据和资源来生成视图。这是大多数情况下的工作簿保存方式。但是，如果想要与无法访问所使用数据和资源的其他人共享工作簿，可以把制作好的工作簿以打包工作簿的形式保存。

Tableau 使用.twbx 扩展名来保存打包工作簿文件，文件中包含本地文件数据源（Excel、Access、文本、数据提取等文件）的副本、背景图片文件和自定义地理编码。保存打包工作簿的方式有如下两种。

方式 1：在菜单中选择"文件"→"另存为"，在弹出的"另存为"对话框中指定打包工作簿的文件名，并在"保存类型"下拉列表中选择"Tableau 打包工作簿(.twbx)"，最后单击"保存"按钮。

方式 2：在菜单中选择"文件"→"导出打包工作簿"，在弹出的"导出打包工作簿"对话框中指定打包工作簿的文件名，最后单击"保存"按钮。

打包工作簿文件(.twbx)类型是一个压缩文件，可以在 Windows 资源管理器中的打包工作簿文件上右击，然后选择"解包"。将工作簿解包后会看到一个普通工作簿文件和一个文件夹，该文件夹包含与该工作簿一起打包的所有数据源和资源。

10.3.3　将工作簿发布到服务器

通过发布工作簿可将工作成果发布到 Tableau 服务器上，如 Tableau Server 服务器和 Tablcau Online 服务器。工作簿发布到 Tableau Server 和 Tableau Online 的操作是一致的，区别在于发布的目的地不同，及对数据源的类型要求略不同。

发布工作簿时可以将其添加到服务器上的指定项目下，隐藏某些工作表，添加标记以增强可搜索性，指定权限以控制对服务器上工作簿的访问，以及选择嵌入数据库密码以便在 Web 上进行自动身份验证。

在"服务器"菜单上选择数据源，然后选择"发布工作簿"。如果尚未登录 Tableau 服务器，将会看到"Tableau Server 登录"对话框。请在对话框中输入服务器名称或 URL、用户名和密码，然后单击"登录"按钮。

成功登录 Tableau 服务器后，会看到"将工作簿发布到 Tableau Server"对话框。所发布的工作簿中使用的数据源的类型不同，对话框中的选项也会略有差异。

10.3.4　将工作簿保存到 Tableau Public 上

除了可以把工作簿发布到 Tableau Server 和 Tableau Online 服务器，还可以把工作簿保存到由 Tableau 托管的免费且公开的服务器 Tableau Public 上。保存到 Tableau

Public 的工作簿的数据不得超过 100 万行,且无法把连接到实时数据源的工作簿保存到 Tableau Public。如果尝试把连接到实时数据源的工作簿保存到 Tableau Public 上,Tableau 会自动提取数据。

选择菜单"服务器"→Tableau Public→"保存到 Tableau Public"。

如未登录到服务器,会看到 Tableau Public 登录对话框,输入 Tableau Public 账号名和密码即可登录。如果未注册过 Tableau Public 账号,在登录对话框中选择 Create one for FREE!可以免费创建一个。执行本方法也可将工作簿发布到 Tableau Public。保存到 Tableau Public 的工作簿和基础数据是公开可用的。

实验确认:□学生　　□教师

【实验与思考】

熟悉 Tableau 分享与发布

1. 实验目的

以 Tableau 系统提供的 Excel"示例-超市"文件作为数据源,依照本章教学内容,循序渐进地实际完成 Tableau 可视化地图分析的各个案例,尝试建立 Tableau 符号地图、填充地图、多维度地图和混合地图,熟悉 Tableau 数据可视化分析技巧,提高大数据可视化应用能力。

2. 工具/准备工作

在开始本实验之前,请认真阅读课程的相关内容。

需要准备一台安装有 Tableau Desktop(参考版本为 9.3)软件的计算机。

3. 实验内容与步骤

本章中以 Tableau 系统自带的 Excel"示例-超市"文件为数据源,介绍了 Tableau 有关可视化分析作品分享与发布的各项操作。

请仔细阅读本章的课文内容,执行其中的 Tableau 分享与发布操作,实际体验 Tableau 数据与可视化分析作品分享与发布的操作方法与步骤。请在执行过程中对操作关键点做好标注,在对应的"实验确认"栏中打勾(√),并请实验指导老师指导并确认。(据此作为本【实验与思考】的作业评分依据。)

请记录:你是否完成了上述各个实例的实验操作?如果不能顺利完成,请分析可能的原因是什么。

答:_____

_____

_____

_____

4. 实验总结

_____

_____

_____

5. 实验评价（教师）

_____

_____

课程设计与实验总结

【导读案例】

Tableau 案例分析：世界指标-经济

"Tableau 案例分析"时，打开 Tableau 软件，在其开始页面中单击打开典型案例"世界指标"，以研究性的态度动态地观察和阅读，以获得对 Tableau 的最大限度的理解。

典型案例"世界指标"工作界面的下方列举了 7 个工作表，即人口、医疗、技术、经济、旅游业、商业和故事，分别展示了现实世界的若干侧面。其中，经济工作表的界面如图 11-1 所示。

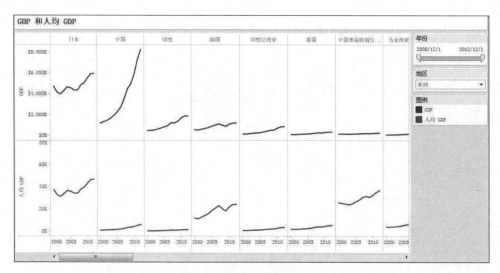

图 11-1　世界指标-经济

如图 11-1 所示，右侧"年份"栏可拖动左右侧的游标选择限定的分析年份，单击"地区"栏向下箭头可以选择全部、大洋洲、非洲、美洲、欧洲、亚洲、中东，以分地区钻取相关信息；"图例"栏提示了视图中两种颜色分别代表 GDP 和人均 GDP 信息。

阅读视图，通过移动鼠标分析和钻取相关信息并简单记录。

（1）以亚洲为例，由视图可见，2000 至 2010 年间，日本的 GDP 与人均 GDP 处于相对高位，总体保持着增长态势。这几年间，其 GDP 低谷值为 $3981B，人均 GDP 低谷值为 31236，GDP 高峰值为 $5938B，人均 GDP 高峰值为 46548。

其中,值得特别关注的国家(地区)有:

中　国:GDP 低谷值:$ ＿＿＿＿＿＿＿ B,人均 GDP 低谷值:＿＿＿＿＿＿＿;

GDP 高峰值:$ ＿＿＿＿＿＿＿ B,人均 GDP 高峰值:＿＿＿＿＿＿＿;

趋势:快速增长　增长　持平　下降　急速下降

韩　国:GDP 低谷值:$ ＿＿＿＿＿＿＿ B,人均 GDP 低谷值:＿＿＿＿＿＿＿;

GDP 高峰值:$ ＿＿＿＿＿＿＿ B,人均 GDP 高峰值:＿＿＿＿＿＿＿;

趋势:快速增长　增长　持平　下降　急速下降

新加坡:GDP 低谷值:$ ＿＿＿＿＿＿＿ B,人均 GDP 低谷值:＿＿＿＿＿＿＿;

GDP 高峰值:$ ＿＿＿＿＿＿＿ B,人均 GDP 高峰值:＿＿＿＿＿＿＿;

趋势:快速增长　增长　持平　下降　急速下降

中国香港:GDP 低谷值:$ ＿＿＿＿＿＿＿ B,人均 GDP 低谷值:＿＿＿＿＿＿＿;

GDP 高峰值:$ ＿＿＿＿＿＿＿ B,人均 GDP 高峰值:＿＿＿＿＿＿＿;

趋势:快速增长　增长　持平　下降　急速下降

中国澳门:GDP 低谷值:$ ＿＿＿＿＿＿＿ B,人均 GDP 低谷值:＿＿＿＿＿＿＿;

GDP 高峰值:$ ＿＿＿＿＿＿＿ B,人均 GDP 高峰值:＿＿＿＿＿＿＿;

趋势:快速增长　增长　持平　下降　急速下降

(2) 通过信息钻取,你还获得了哪些信息或产生了什么想法?

答:＿＿＿＿＿＿＿＿＿＿＿＿＿＿＿＿＿＿＿＿＿＿＿＿＿＿＿＿＿＿＿＿＿＿＿＿

＿＿＿＿＿＿＿＿＿＿＿＿＿＿＿＿＿＿＿＿＿＿＿＿＿＿＿＿＿＿＿＿＿＿＿＿＿＿＿

＿＿＿＿＿＿＿＿＿＿＿＿＿＿＿＿＿＿＿＿＿＿＿＿＿＿＿＿＿＿＿＿＿＿＿＿＿＿＿

(3) 请简单描述你所知道的上一周发生的国际、国内或者身边的大事:

答:＿＿＿＿＿＿＿＿＿＿＿＿＿＿＿＿＿＿＿＿＿＿＿＿＿＿＿＿＿＿＿＿＿＿＿＿

＿＿＿＿＿＿＿＿＿＿＿＿＿＿＿＿＿＿＿＿＿＿＿＿＿＿＿＿＿＿＿＿＿＿＿＿＿＿＿

＿＿＿＿＿＿＿＿＿＿＿＿＿＿＿＿＿＿＿＿＿＿＿＿＿＿＿＿＿＿＿＿＿＿＿＿＿＿＿

＿＿＿＿＿＿＿＿＿＿＿＿＿＿＿＿＿＿＿＿＿＿＿＿＿＿＿＿＿＿＿＿＿＿＿＿＿＿＿

11.1　课 程 设 计

至此,我们顺利完成了"大数据可视化技术"课程的教学任务及其相关的全部实验。为巩固通过实验所了解和掌握的相关知识和技术,请就所学的课程内容做一个全面的复习回顾,尝试完成指定案例(数据集)的可视化设计,并就本课程的学习和实验做一个系统总结。

由于篇幅有限,如果书中预留的空白不够,请另外附纸张粘贴在边上。

设计要求:请应用 Tableau Desktop 软件分析"某超市销售报告数据"("示例-超市"Excel 文件),要求其中至少包含三种可视化分析图形和一组仪表板(含故事),并予以发布(打印)。

（说明：学生也可以使用自己获得的其他数据源完成本作业。）

样本数据：由于所提供的数据集庞大，用于开展课程设计的案例样本数据将以 Excel 电子文档形式（某超市销售报告数据．xlsx）提供。

栏目说明：案例样本中电子表格"订单"的栏目（变量）共有 20 列，即：

(1) （A 列）行 ID：1～10 000

(2) （B 列）订单 ID

(3) （C 列）订货日期

(4) （D 列）发货日期

(5) （E 列）邮寄方式：一级、二级、标准级、当日

(6) （F 列）客户 ID

(7) （G 列）客户名称

(8) （H 列）细分：消费者、小型企业、公司

(9) （I 列）城市：国内

(10) （J 列）省/市/自治区：全国各地

(11) （K 列）国家：中国

(12) （L 列）地区：东北、华北、华东、西北、西南、中南

(13) （M 列）产品 ID

(14) （N 列）类别：办公用品、技术、家具

(15) （O 列）子类别：共 7 种

(16) （P 列）产品名称

(17) （Q 列）销售额

(18) （R 列）数量

(19) （S 列）折扣

(20) （T 列）利润

注意：将 Excel 数据读入 Tableau 后部分栏目要调整数据类型，例如，"省/市/自治区"应调整为"地理值"。

请记录：

(1) 你建立的可视化图表是（名字与简单说明，至少三项）：

① _____

② _____

③ _____

④ _____

⑤ _____

（2）你建立的仪表板是（名字与简单说明，至少一组）：

① _____

_____

② _____

_____

（3）通过对超市销售数据的可视化分析，你获得的数据发现（信息）有（至少 5 项）：

① _____

_____

② _____

_____

③ _____

_____

④ _____

_____

⑤ _____

_____

注意：请保存你所做的可视化分析的作品，以便教师检查或在班级演讲介绍。

实验确认：□学生　　　□教师

11.2　课程实验总结

11.2.1　实验的基本内容

（1）本学期学习的大数据可视化知识和完成的大数据可视化实验主要有（请根据实际完成的实验情况填写）：

第 1 章　主要内容是：_____

_____

第 2 章　主要内容是：_____

_____

第 3 章　主要内容是：_____

_____

第 4 章　主要内容是：_____

_____

第 5 章　主要内容是：_____

第 6 章　主要内容是：_____

_____

第 7 章　主要内容是：_____

_____

第 8 章　主要内容是：_____

_____

第 9 章　主要内容是：_____

_____

第 10 章　主要内容是：_____

_____

第 11 章　主要内容是：_____

_____

（2）请回顾并简述：通过实验，你初步了解了哪些有关大数据及其可视化技术的重要概念（至少三项）？

①　名称：_____

简述：_____

_____

②　名称：_____

简述：_____

_____

③　名称：_____

简述：_____

_____

④　名称：_____

简述：_____

_____

⑤ 名称：＿＿＿＿＿＿＿＿＿＿＿＿＿＿＿＿＿＿＿＿＿＿＿＿＿＿＿

简述：＿＿＿＿＿＿＿＿＿＿＿＿＿＿＿＿＿＿＿＿＿＿＿＿＿＿＿

＿＿＿＿＿＿＿＿＿＿＿＿＿＿＿＿＿＿＿＿＿＿＿＿＿＿＿＿＿＿＿＿

＿＿＿＿＿＿＿＿＿＿＿＿＿＿＿＿＿＿＿＿＿＿＿＿＿＿＿＿＿＿＿＿

11.2.2 实验的基本评价

（1）在全部实验中，你印象最深，或者相比较而言你认为最有价值的实验是：

① ＿＿＿＿＿＿＿＿＿＿＿＿＿＿＿＿＿＿＿＿＿＿＿＿＿＿＿＿＿＿

你的理由是：＿＿＿＿＿＿＿＿＿＿＿＿＿＿＿＿＿＿＿＿＿＿＿＿＿

＿＿＿＿＿＿＿＿＿＿＿＿＿＿＿＿＿＿＿＿＿＿＿＿＿＿＿＿＿＿＿＿

② ＿＿＿＿＿＿＿＿＿＿＿＿＿＿＿＿＿＿＿＿＿＿＿＿＿＿＿＿＿＿

你的理由是：＿＿＿＿＿＿＿＿＿＿＿＿＿＿＿＿＿＿＿＿＿＿＿＿＿

＿＿＿＿＿＿＿＿＿＿＿＿＿＿＿＿＿＿＿＿＿＿＿＿＿＿＿＿＿＿＿＿

（2）在所有实验中，你认为应该得到加强的实验是：

① ＿＿＿＿＿＿＿＿＿＿＿＿＿＿＿＿＿＿＿＿＿＿＿＿＿＿＿＿＿＿

你的理由是：＿＿＿＿＿＿＿＿＿＿＿＿＿＿＿＿＿＿＿＿＿＿＿＿＿

＿＿＿＿＿＿＿＿＿＿＿＿＿＿＿＿＿＿＿＿＿＿＿＿＿＿＿＿＿＿＿＿

② ＿＿＿＿＿＿＿＿＿＿＿＿＿＿＿＿＿＿＿＿＿＿＿＿＿＿＿＿＿＿

你的理由是：＿＿＿＿＿＿＿＿＿＿＿＿＿＿＿＿＿＿＿＿＿＿＿＿＿

＿＿＿＿＿＿＿＿＿＿＿＿＿＿＿＿＿＿＿＿＿＿＿＿＿＿＿＿＿＿＿＿

（3）对于本课程和本书的实验内容，你认为应该改进的其他意见和建议是：

＿＿＿＿＿＿＿＿＿＿＿＿＿＿＿＿＿＿＿＿＿＿＿＿＿＿＿＿＿＿＿＿

＿＿＿＿＿＿＿＿＿＿＿＿＿＿＿＿＿＿＿＿＿＿＿＿＿＿＿＿＿＿＿＿

＿＿＿＿＿＿＿＿＿＿＿＿＿＿＿＿＿＿＿＿＿＿＿＿＿＿＿＿＿＿＿＿

11.2.3 课程学习能力测评

请根据你在本课程中的学习情况，客观地对自己在大数据可视化知识方面做一个能力测评。请在表 12-1 的"测评结果"栏中合适的项下打"√"。

11.2.4 大数据可视化实验总结

＿＿＿＿＿＿＿＿＿＿＿＿＿＿＿＿＿＿＿＿＿＿＿＿＿＿＿＿＿＿＿＿

＿＿＿＿＿＿＿＿＿＿＿＿＿＿＿＿＿＿＿＿＿＿＿＿＿＿＿＿＿＿＿＿

＿＿＿＿＿＿＿＿＿＿＿＿＿＿＿＿＿＿＿＿＿＿＿＿＿＿＿＿＿＿＿＿

＿＿＿＿＿＿＿＿＿＿＿＿＿＿＿＿＿＿＿＿＿＿＿＿＿＿＿＿＿＿＿＿

表 12-1　课程学习能力测评

关 键 能 力	评价指标	测 评 结 果					备　注
		很好	较好	一般	勉强	较差	
大数据可视化基础	1. 了解大数据和大数据时代						
	2. 熟悉大数据时代的思维变革						
	3. 理解课文【导读案例】						
	4. 熟悉 Tableau 网站的可视化库						
数据可视化的基本概念	5. 了解数据可视化的应用						
	6. 了解数据可视化的主流设计工具与方法						
Excel 图表	7. 熟悉 Excel 数据图表						
	8. 熟悉数理统计中的常用统计量						
	9. 熟悉 Excel 数据可视化方法及其主要应用(直方、折线、圆饼等)						
	10. 掌握 Excel 数据图表设计方法						
Tableau 数据可视化	11. 熟悉 Tableau 数据可视化基础						
	12. 熟悉 Tableau 数据可视化设计方法						
	13. 了解 Tableau 可视化设计能力						
	14. 掌握 Tableau 地图分析功能						
	15. 了解 Tableau 预测分析功能						
	16. 掌握 Tableau 仪表板功能						
	17. 掌握 Tableau 故事功能						
	18. 掌握 Tableau 分享与发布功能						
解决问题与创新	19. 掌握通过网络提高专业能力、丰富专业知识的学习方法						
	20. 能根据现有的知识与技能创新地提出有价值的观点						

说明:"很好"5分,"较好"4分,以此类推。全表满分为100分,你的测评总分为:_____分。

11.2.5　教师对学习与实验总结的评价

参 考 文 献

1. [美]Nathan Yau(邱南森).数据之美:一本书学会可视化设计.张伸,译.北京:中国人民大学出版社,2014.

2. [美]Phil Simon.大数据可视化:重构智慧社会.北京:人民邮电出版社,2015.

3. 周苏等.大数据导论.北京:清华大学出版社,2016.

4. 周苏等.大数据可视化.北京:清华大学出版社,2016.

5. 周苏等.大数据技术与应用.北京:机械工业出版社,2016.

6. [英]Robert Spence.信息可视化:交互设计(第2版).陈雅茜,译.北京:机械工业出版社,2014.

7. [英]David McCandless.信息之美.温思玮等,译.北京:电子工业出版社,2012.

8. [美]大卫·芬雷布.大数据云图:如何在大数据时代寻找下一个大机遇.盛杨燕,译.杭州:浙江人民出版社,2014.

9. [美]Phil Simon.大数据应用:商业案例实践.漆晨曦,张淑芳,译.北京:人民邮电出版社,2014.

10. [日]城田真琴.大数据的冲击.周自恒,译.北京:人民邮电出版社,2013.

11. [英]维克托·迈尔-舍恩伯格,肯尼思·库克耶.大数据时代.盛杨燕,周涛,译.杭州:浙江人民出版社,2013.

12. [美]伊恩·艾瑞斯.大数据思维与决策.宫相真,译.北京:人民邮电出版社,2014.

13. [美]汤姆斯·戴文波特.大数据@工作力.江裕真,译.台北:远见天下文化出版股份有限公司,2014.

14. [美]Lawrence S Maisel,Gary Cokins.大数据预测分析:决策优化与绩效提升.北京:人民邮电出版社,2014.

15. [美]埃里克·西格尔.大数据预测——告诉你谁会点击、购买、死去或撒谎.周昕,译.北京:中信出版社,2014.

16. [美]史蒂夫·洛尔.大数据主义.胡小锐,朱胜超,译.北京:中信出版集团,2015.

17. [美]Bill Franks.驾驭大数据.黄海,车皓阳,王悦,等译.北京:人民邮电出版社,2013.

18. 周苏等.人机交互技术.北京:清华大学出版社,2016.

19. 周苏等.数字媒体技术基础.北京:机械工业出版社,2015.

20. 周苏.创新思维与TRIZ创新方法.北京:清华大学出版社,2015.

21. 周苏.创新思维与科技创新.北京:机械工业出版社,2016.

22. 周苏等.现代软件工程.北京:机械工业出版社,2016.